PRÉCIS

ÉLÉMENTAIRE

DE

PHYSIOLOGIE.

T. II.

PRÉCIS
ÉLÉMENTAIRE

DE

PHYSIOLOGIE,

PAR F. MAGENDIE,

Docteur en Médecine de la Faculté de Paris; Professeur d'Anatomie, de Physiologie et de Séméiotique; Membre des Sociétés Philomatique et Médicale d'émulation; Associé de la Société de Médecine de Stockholm, etc.

TOME SECOND,

Contenant l'Histoire des Fonctions nutritives et de la Génération, etc.

A PARIS,

Chez MÉQUIGNON-MARVIS, Libraire pour la partie de Médecine, rue de l'École de Médecine, n° 9.

1817.

PRÉCIS ÉLÉMENTAIRE

DE

PHYSIOLOGIE.

—

DES FONCTIONS NUTRITIVES.

Le but commun des fonctions nutritives est la nutrition, c'est-à-dire le mouvement intestin par lequel toutes les parties du corps se décomposent et se recomposent simultanément.

Ces fonctions sont au nombre de six, savoir :

1°. La digestion ;

2°. L'absorption et le cours du chyle ;

3°. Le cours de la lymphe ;

4°. Le cours du sang veineux ;

5°. La respiration ;

6°. Le cours du sang artériel.

Fonctions nutritives.

Après la description de ces fonctions et des rapports qu'elles ont entre elles, ainsi qu'avec les fonctions de relation, nous étudierons, non comme fonctions, mais comme actions d'organes isolées, les diverses sécrétions, nous finirons par l'histoire du mouvement nutritif lui-même.

Sécrétions et nutrition.

DE LA DIGESTION.

La digestion a pour objet immédiat la formation du chyle, matière destinée à la réparation des pertes habituelles que fait l'économie animale.

Les organes digestifs concourent encore de plusieurs autres manières à la nutrition.

Des alimens et des boissons.

On donne en général le nom d'*aliment* à toute substance qui, soumise à l'action des organes de la digestion, peut seule nourrir. Dans ce sens, un aliment est nécessairement extrait des végétaux ou des animaux; car il n'y a que les corps qui ont joui de la vie qui puissent servir utilement à la nutrition des animaux pendant un certain temps. Cette manière d'envisager les alimens paraît un peu trop restreinte. Pourquoi refuser le nom d'aliment à des substances qui, à la vérité, ne pourraient nourrir seules, mais qui concourent efficacement à la nutrition, puisqu'elles entrent dans la composition des organes et des fluides animaux ? Tels sont le muriate de soude, l'oxide de fer, la silice, et surtout l'eau, qui se trouve en si grande quantité dans le corps des animaux et y est si nécessaire. Il me paraît préférable de considérer comme aliment toute substance qui peut servir à la nutrition, en établissant toutefois la distinction importante des substances qui peuvent nourrir seules, et de celles qui ne servent à la nutrition que de concert avec les premières (1).

Des alimens.

Sous le rapport de leur nature, les alimens Des alimens. diffèrent entre eux par l'espèce de principe immédiat qui prédomine dans leur composition. On peut les distinguer en neuf classes.

1°. *Alimens farineux :* froment, orge, avoine, riz, seigle, maïs, pomme de terre, sagou, salep, pois, haricots, lentilles, etc.

2°. *Alimens mucilagineux :* carotte, salsifis,

---

(1) On a dit, d'après Hippocrate, qu'*il y a plusieurs espèces d'alimens, mais qu'il n'y a cependant qu'un seul aliment :* cette proposition ne m'a jamais présenté un sens clair ; en effet, veut-on dire que dans une substance alimentaire il n'y a qu'une partie qui soit nutritive ? Mais alors cette partie variera pour chaque aliment. Veut-on dire que les alimens servent, en dernière analyse, à former une substance toujours la même, qui est le chyle ? On ne dira point encore vrai, car le chyle a des qualités variables suivant les alimens. Pense-t-on que les alimens servent à renouveler dans le sang une substance particulière qui seule peut nourrir, et qui serait le *quod nutrit* des anciens ? Mais cette substance existe-t-elle ? Veut-on enfin croire qu'il y a dans tous les alimens un principe particulier, partout identique, essentiellement nutritif ? Rien n'est moins prouvé.

1.

betterave, navet, asperge, chou, laitue, artichaut, cardon, potiron, melon, etc.

3°. *Alimens sucrés :* les diverses espèces de sucre, les figues, les dattes, les raisins secs, les abricots, etc.

4°. *Alimens acidules :* oranges, groseilles, cerises, pêches, fraises, framboises, mûres, raisins, prunes, poires, pommes, oseille, etc.

5°. *Alimens huileux et graisseux :* cacao, olives, amandes douces, noisettes, noix, les graisses animales, les huiles, le beurre, etc.

6°. *Alimens caséeux :* les différentes espèces de lait, les fromages.

7°. *Alimens gélatineux :* les tendons, les aponévroses, le chorion, le tissu cellulaire, les animaux très-jeunes, etc.

8°. *Alimens albumineux :* le cerveau, les nerfs, les œufs, etc.

9°. *Alimens fibrineux :* la chair et le sang des divers animaux.

Médicamens nutritifs. On pourrait ajouter à cette liste un grand nombre de substances qui sont employées comme médicamens, mais qui, sans aucun doute, sont nutritives, au moins dans quelques-uns de leurs principes immédiats : tels sont la manne, les tamarins, la pulpe de casse, les extraits et les sucs végétaux , les décoctions animales ou végétales vulgairement nommées *tisanes*, etc.

Parmi les alimens , il en est peu qui soient employés tels que la nature les offre ; le plus souvent ils doivent être préparés , disposés d'une manière convenable avant d'être soumis à l'action des organes digestifs. Les préparations qu'on leur fait subir, varient à l'infini , suivant l'espèce d'aliment , suivant les peuples , les climats , les coutumes, le degré de la civilisation ; la mode même n'est pas sans influence sur l'art de préparer les alimens.

Entre les mains du cuisinier habile , les substances alimentaires changent presque entièrement de nature : forme , consistance , odeur , saveur , couleur , composition chimique, etc., tout est tellement modifié , qu'il est souvent impossible au goût le plus exercé de reconnaître la substance qui fait la base de certains mets. Le but utile de la cuisine est de rendre les alimens agréables aux sens et de facile digestion ; mais il est rare qu'elle s'arrête là : fréquemment, chez les peuples avancés dans la civilisation, l'objet qu'elle ambitionne est d'exciter des palais blasés et dédaigneux, de contenter des goûts bizarres, ou de satisfaire la vanité. Alors, bien loin d'être un art utile, elle devient un véritable fléau, qui entraîne le développement d'un grand nombre de maladies, et qui a amené plus d'une fois une mort prématurée.

Des boissons.

Des bois-sons.

On entend par boisson un liquide qui, lorsqu'il est introduit dans les organes digestifs, étanche la soif, et répare les pertes que nous faisons habituellement de la partie fluide de nos humeurs. A ce titre, il faut considérer les boissons comme de véritables alimens.

Les boissons se distinguent entre elles par leur composition chimique.

1°. L'*eau* et ses différentes espèces, l'eau de source, de rivière, de puits, etc.

2°. Les *sucs et infusions des végétaux et des animaux :* sucs de citron, de groseille, le petit-lait, le thé, le café, etc.

3°. Les *liqueurs fermentées :* le vin et ses nombreuses espèces, la bière, le cidre, le poiré, etc.

4°. Les *liqueurs alcoholiques :* l'eau-de-vie, l'alcohol, l'éther, le kirchenwasser, le rhum, le rack, les ratafias (1).

Appareil de la digestion.

Organes digestifs.

Si l'on juge de l'importance d'une fonction par le nombre et la variété des organes qui y con-

---

(1) Voyez l'*Encyclopédie méthodique* et le *Dictionnaire des Sciences médicales*, article ALIMENT.

courent, la digestion doit être placée en première ligne ; aucune autre fonction de l'économie ne présente un appareil aussi compliqué.

Il existe toujours une relation évidente entre l'espèce d'aliment dont un animal doit se nourrir, et la disposition de son appareil digestif. Si ses alimens sont très-éloignés par leur nature des élémens qui composent l'animal : si, par exemple, celui-ci est *herbivore,* l'appareil aura des dimensions très-considérables, et sera plus compliqué ; si, au contraire, l'animal se nourrit de chair, ses organes digestifs seront moins nombreux et plus simples, comme on le voit chez les carnassiers. L'homme, appelé à faire usage également d'alimens végétaux et d'alimens animaux, tient le milieu, pour la disposition et la complication de son appareil digestif, entre les herbivores et les carnivores, sans que, pour cela, on puisse l'appeler *omnivore.* Ne sait-on pas qu'un grand nombre de substances dont se nourrissent les animaux, ne peuvent être d'aucune utilité à l'homme pour son alimentation ?

On peut se représenter l'appareil digestif comme un long canal diversement contourné sur lui-même, large dans certains points, rétréci dans d'autres, susceptible de s'élargir et de se resserrer, et dans lequel sont versés une grande quantité de fluides au moyen de conduits particuliers. Les anatomistes partagent le canal digestif en plusieurs portions : 1°. la bouche , 2°. le pharynx , 3°. l'œsophage , 4°. l'estomac, 5°. l'intestin grêle , 6°. le gros intestin , 7°. l'anus.

Structure du canal digestif.

Deux couches membraneuses forment les parois du canal digestif dans toute son étendue. La plus intérieure, qui est destinée à être en contact avec les alimens, consiste en une *membrane muqueuse,* dont l'aspect et même la structure varient dans chacune des portions du canal, en sorte qu'elle n'est plus au pharynx ce qu'elle était à la bouche, à l'estomac ce qu'elle était à l'œsophage, etc. Aux lèvres et à l'anus, cette membrane se confond avec la peau.

La seconde couche des parois du canal digestif est *musculaire ;* elle se compose de deux plans de fibres, l'un longitudinal, l'autre circulaire. L'arrangement, l'épaisseur, la nature des fibres qui entrent dans la composition de ces plans, sont différens, suivant qu'on les observe à la bouche, à l'œsophage, au gros intestin, etc.

Vaisseaux du canal digestif.

Un grand nombre de vaisseaux sanguins se rendent au canal digestif ou en naissent ; mais la portion abdominale de ce canal en reçoit une quantité incomparablement plus grande que la partie qui est plus supérieure. Celle-ci n'en offre point au-delà de ce que comportent sa nutrition et la sécrétion peu considérable dont elle est le siége ; tandis que le nombre et le volume des vaisseaux

qui appartiennent à la portion abdominale, indiquent qu'elle doit être l'agent d'une sécrétion
considérable. Les vaisseaux chylifères prennent
exclusivement naissance de l'intestin grêle.

Quant aux nerfs, ils se distribuent, au canal
digestif, dans un ordre inverse des vaisseaux ;
c'est-à-dire que les parties céphalique, cervicale
et pectorale en reçoivent beaucoup plus que la
portion abdominale, à l'exception de l'estomac, où
se terminent les deux nerfs de la huitième paire.
Le reste du canal ne reçoit presque aucune branche des nerfs cérébraux. Les seuls nerfs qu'on y
observe, proviennent des ganglions sous - diaphragmatiques du grand sympathique. On verra
plus bas le rapport qui existe entre le mode de
distribution des nerfs et les fonctions de la portion
supérieure et de l'inférieure du canal digestif.

Nerfs du canal diges-tif.

Les corps qui versent des fluides dans le canal
digestif, sont, 1°. la *membrane muqueuse digestive*
elle-même ; 2°. des *follicules isolés*, qui sont répan-
dus en grand nombre dans toute l'étendue de cette
membrane ; 3°. les *follicules agglomérés* qui se rencontrent à l'isthme du gosier, entre les piliers du
voile du palais, et quelquefois à la jonction de l'œsophage et de l'estomac ; 4°. les *glandes muqueuses*,
qui existent en plus ou moins grand nombre dans
les parois des joues, dans la voûte du palais, autour de l'œsophage ; 5°. les *glandes parotides*,

Organes qui versent des fluides dans le canal digestif.

sous-maxillaires et *sublinguales*, qui sécrètent la salive répandue dans la bouche ; le *foie* et le *pancréas*, qui versent, le premier, la bile, le second, le suc pancréatique, par des canaux distincts, dans la partie supérieure de l'intestin grêle, nommée *duodénum*.

Tous les organes digestifs contenus dans la cavité abdominale sont immédiatement recouverts, et d'une manière plus ou moins complète, par la membrane séreuse, dite *péritoine*. Cette membrane, par la manière dont elle est disposée et par ses propriétés physiques et vitales, sert très-utilement dans l'acte de la digestion, soit en conservant aux organes leurs rapports respectifs, soit en favorisant leurs variations de volume, soit en rendant faciles les frottemens qu'ils exercent les uns sur les autres ou sur des parties voisines.

Nous donnerons les détails nécessaires sur l'appareil digestif, à mesure que nous en exposerons les fonctions ; nous nous bornons ici à faire quelques remarques sur les organes de la digestion, considérés dans l'état de vie, mais dans le temps où ils ne servent pas à la digestion des alimens.

Remarques sur les organes digestifs de l'homme et des animaux vivans.

La surface de la membrane muqueuse diges- Mucus du canal diges-tif. tive est toujours lubrifiée par une matière vis-queuse, filante, plus ou moins abondante, qu'on observe en plus grande quantité là où il n'existe pas de follicules; circonstance qui semble indi-quer que ces organes n'en sont pas seuls les organes sécréteurs. Une partie de cette matière, à laquelle on donne généralement le nom de *mucus*, se vapo-rise continuellement, en sorte qu'il existe habi-tuellement une certaine quantité de vapeurs dans chacun des points du canal digestif. La nature chimique de cette matière, prise à la surface in-testinale, est encore peu connue. Elle est trans-parente, avec une teinte légèrement grisâtre; elle adhère à la membrane qui la forme; sa saveur est salée, et les réactifs apprennent qu'elle est acide: sa formation continue encore quelque temps après la mort. Celle qui se forme dans la bouche, dans le pharynx et dans l'œsophage, arrive, mêlée avec le fluide des glandes muqueuses et avec la salive, jusque dans l'estomac, par des mouvemens de déglutition qui se succèdent à des intervalles assez rapprochés. Il semblerait, d'après cet ex- Liquide qui se rencontre quelquefois dans l'esto-mac. posé, que l'estomac doit contenir, lorsque depuis quelque temps il est vide d'alimens, une quantité considérable d'un mélange de mucus, de fluide folliculaire et de salive. C'est ce que l'observation ne constate pas au moins chez la plupart des individus. Cependant, chez quelques personnes qui sont évidemment dans une disposition particulière, il existe le matin, dans l'estomac, plusieurs onces de ce mélange. Dans certains cas, il est écumeux, très-peu visqueux, légèrement trouble, tenant en suspension quelques flocons de mucus; sa saveur est franchement acide, point désagréable, sensible surtout à la gorge, agissant sur les dents de manière à diminuer le poli de leur surface, et de rendre moins faciles les glissemens qu'elles exécutent les unes sur les autres. Ce liquide rougit la teinture et le papier de tourne-sol (1).

Dans d'autres circonstances, chez le même individu, avec les mêmes apparences pour la couleur, la transparence, la consistance, le liquide retiré de l'estomac n'a point de saveur, ni aucune propriété acide; il est tant soit peu salé : la dissolution de potasse, ainsi que les acides nitrique et sulfurique, n'y ont produit aucun effet apparent (2).

Un de mes anciens élèves, M. le docteur Pinel,

---

(1) *Expériences sur la digestion dans l'homme*, par S. de Montègre, 1804.

(2) *Idem.*

qui jouit de la faculté de vomir à volonté, m'a remis, il y a quelque temps, environ trois onces d'un
liquide qu'il avait, le matin, retiré de son estomac.
Ce liquide, qui présentait les mêmes propriétés
physiques que le précédent, a été examiné par
M. Thénard, qui l'a trouvé composé d'une très-
grande quantité d'eau, d'un peu de mucus, de
quelques sels à base de soude et de chaux; il
n'avait, d'ailleurs, aucune acidité sensible ni à la
langue, ni par les réactifs.

Le même médecin m'a remis, récemment, environ deux onces d'un liquide obtenu de la même
manière. M. Chevreul l'a analysé, et y a reconnu :
beaucoup d'eau, une assez grande quantité de
mucus, de l'acide lactique de M. Berzélius, uni
à une matière animale soluble dans l'eau et insoluble dans l'alcohol, un peu d'hydrochlorate d'ammoniaque, d'hydrochlorate de potasse, et d'une
certaine quantité d'hydrochlorate de soude.

Composition du liquide acide de l'estomac.

Relativement à la quantité de ce liquide, M. Pinel a observé que si, avant de le rejeter en vo-
missant, il avale une gorgée d'eau ou une bouchée
d'un aliment quelconque, il peut en obtenir en
très-peu de temps jusqu'à une demi-livre. M. Pinel croit avoir observé que la saveur de ce même
liquide varie suivant l'espèce d'aliment dont il a
fait usage la veille.

Lorsqu'on examine les cadavres de personnes

mortes d'accident, l'estomac n'ayant pas reçu d'a-limens ni de boisson depuis quelque temps, cet organe ne contient que très-peu de mucosités acides, adhérentes aux parois de l'estomac, et dont une partie, qui se trouve dans la portion pylorique du viscère, paraît réduite en chyme. Il est donc extrêmement probable que le liquide qui devrait se trouver dans l'estomac est digéré par ce viscère comme une substance alimentaire, et que c'est la raison pour laquelle il ne s'y accu-mule point.

Dans les animaux dont l'organisation se rap-proche de celle de l'homme, tels que les chiens et les chats, on ne trouve pas non plus de liquide dans l'estomac après un ou plusieurs jours d'abstinence absolue ; on n'y voit qu'un peu de mucosité visqueuse, adhérente aux parois de l'organe vers son extrémité splénique. Cette ma-tière a la plus grande analogie, sous le rapport physique et chimique, avec celle qu'on trouve dans l'estomac de l'homme. Mais, si l'on fait avaler à ces animaux un corps qui ne soit pas susceptible d'être digéré, un caillou, par exem-ple, il se forme, au bout de quelque temps, dans la cavité de l'estomac une certaine quan-tité d'un liquide acide, muqueux, de couleur gri-sâtre, sensiblement salé, qui se rapproche par sa composition de celui qui se rencontre quelquefois chez l'homme, et dont nous venons de donner l'analyse approximative d'après M. Chevreul.

C'est au liquide, résultat du mélange des mucosités de la bouche, du pharynx, de l'œsophage et de l'estomac avec le liquide sécrété par les follicules des mêmes parties et avec la salive, que les physiologistes ont donné le nom de *suc gastrique*, et auquel ils ont attribué des propriétés particulières.

Dans l'intestin grêle, il se forme de même une grande quantité de matière muqueuse, qui reste habituellement attaché aux parois de l'intestin; elle diffère peu de celle dont nous avons parlé plus haut; elle est visqueuse, filante, a une saveur salée et est acide; elle se renouvelle avec une grande promptitude. Si l'on met à nu la membrane muqueuse de cet intestin sur un chien, et qu'on enlève la couche de mucosité qui s'y trouve, en l'absorbant avec une éponge, il faut à peine une minute pour qu'elle reparaisse. On peut répéter autant qu'on veut cette observation, jusqu'à ce que l'intestin s'enflamme par suite du contact de l'air et des corps étrangers. La mucosité de l'estomac ne pénètre dans la cavité de l'intestin grêle que sous la forme d'une matière pulpeuse, grisâtre, opaque, qui a toute l'apparence d'un chyme particulier.

C'est à la surface de cette même portion du ca-

Manière
dont la bile
coule dans
l'intestin
grêle.

nal digestif que la bile est versée, ainsi que le liquide sécrété par le pancréas. Je ne crois pas qu'on ait jamais observé sur un homme vivant la manière dont se fait l'écoulement de la bile et du liquide pancréatique. Sur les animaux, tels que les chiens, l'écoulement de ces fluides se fait par intervalles, c'est-à-dire qu'environ deux fois dans une minute, on voit sourdre de l'orifice du canal cholédoque ou biliaire une goutte de bile, qui se répand aussitôt uniformément et en nape sur les parties environnantes, qui en sont déjà imprégnées ; aussi trouve-t-on toujours dans l'intestin grêle une certaine quantité de bile.

Manière
dont le fluide
pancréati-
que coule
dans l'in-
testin grêle.

L'écoulement du liquide formé par le pancréas se fait d'une manière analogue ; mais il est beaucoup plus lent : il se passe quelquefois un quart d'heure avant que l'on voie sortir une goutte de ce fluide par l'orifice du canal qui le verse dans l'intestin. J'ai vu cependant, dans quelques cas, l'écoulement du fluide pancréatique se faire avec assez de rapidité.

Les différens fluides qui sont déposés dans l'intestin grêle ; savoir, la matière chymeuse, qui vient de l'estomac, le mucus, le fluide folliculaire, la bile, et le liquide pancréatique se mêlent ; mais, à raison de ses propriétés et peut-être de sa proportion, la bile prédomine et donne au mélange sa couleur et sa saveur. Une grande partie de ce mélange descend vers le gros intestin et y pénètre ; dans ce trajet, il prend de la consistance, et la couleur jaune clair qu'il avait d'abord devient jaune foncé et ensuite verdâtre. Il y a cependant, sous ce rapport, des différences individuelles très-tranchées.

Dans le gros intestin, la sécrétion muqueuse et folliculaire paraît moins active que dans l'intestin grêle. Le mélange des fluides provenant de l'intestin grêle y acquiert plus de consistance ; il y contracte une odeur fétide , analogue à celle des matières fécales ordinaires : il en a d'ailleurs l'apparence, en raison de sa couleur, de son odeur, etc.

La connaissance de ces faits permet de concevoir comment une personne qui ne fait point usage d'alimens, peut continuer à rendre des excrémens, et comment, dans certaines maladies, la quantité de ceux-ci est très-considérable , quoique le malade soit depuis long-temps privé de toute substance alimentaire, même liquide.

Autour de l'anus il existe des follicules qui sécrètent une matière grasse et d'une odeur particulière assez forte.

On rencontre presque constamment des gaz dans le canal intestinal ; l'estomac n'en contient que très-peu. Leur nature chimique n'a point encore été examinée avec soin ; mais comme la salive que nous avalons est toujours imprégnée

2.　　　　　　　　　　　　　2

d'air atmosphérique, il est probable que c'est l'air de l'atmosphère, plus ou moins altéré, qui se trouve dans l'estomac. Du moins je me suis assuré, par l'expérience, qu'on y rencontre de l'acide carbonique. L'intestin grêle ne contient aussi qu'une très-petite quantité de gaz ; c'est un mélange d'acide carbonique, d'azote et d'hydrogène. Le gros intestin contient de l'acide carbonique, de l'azote et de l'hydrogène, tantôt carboné, tantôt sulfuré. J'ai vu vingt-trois centièmes de ce gaz dans le rectum d'un individu récemment supplicié, dont le gros intestin ne contenait point de matière fécale.

Quelle est l'origine de ces gaz ? Viennent-ils du dehors ? sont-ils sécrétés par la membrane muqueuse digestive, ou bien sont-ils le résultat de la réaction des élémens qui composent les matières contenues dans le canal intestinal ? Cette question sera examinée plus tard ; remarquons cependant qu'il y a des circonstances où nous avalons, sans le savoir, beaucoup d'air atmosphérique.

Couche musculaire du canal digestif. La couche musculeuse du canal digestif doit être remarquée sous le rapport des différens modes de contraction qu'elle présente. Les lèvres, les mâchoires, dans la plupart des cas la langue, les joues, se meuvent par une contraction entièrement semblable à celle des muscles de la locomotion. Le voile du palais, le pharynx, l'œsophage, et dans quelques circonstances particulières la langue, offrent bien des mouvemens qui ont une analogie manifeste avec la contraction musculaire, mais qui en diffèrent beaucoup, puisqu'ils s'exécutent sans la participation de la volonté. J'ai pourtant eu occasion de voir quelques personnes qui pouvaient mouvoir volontairement le voile du palais et la partie supérieure du pharynx.

Ceci ne veut pas dire que les mouvemens des parties que je viens de nommer soient hors de l'influence nerveuse, l'expérience prouve directement le contraire. Si, par exemple, on coupe les nerfs qui se rendent à l'œsophage, on prive ce conduit de sa faculté contractile.

Les muscles du voile du palais, ceux du pharynx, les deux tiers supérieurs de l'œsophage, ne se contractent guère comme organes digestifs que lorsqu'il s'agit de faire pénétrer quelques substances de la bouche dans l'estomac. Le tiers inférieur de l'œsophage présente un phénomène particulier qu'il est important de connaître : c'est un mouvement alternatif de contraction et de relâchement qui existe d'une manière continue. La contraction commence à la réunion des deux tiers supérieurs du conduit avec le tiers inférieur; elle se prolonge avec une certaine rapidité jusqu'à l'in-

2.

sertion de l'œsophage dans l'estomac; une fois produite, elle persiste un temps variable : sa durée moyenne est au moins de trente secondes. Contracté ainsi dans son tiers inférieur, l'œsophage est dur et élastique comme une corde fortement tendue. Le relâchement qui succède à la contraction arrive tout à coup et simultanément dans chacune des fibres contractées; dans certains cas cependant, il semble se faire des fibres supérieures vers les inférieures. Dans l'état de relâchement, l'œsophage présente une flaccidité remarquable qui contraste singulièrement avec l'état de contraction.

Mouvement de l'œsophage.

Ce mouvement de l'œsophage est sous la dépendance des nerfs de la huitième paire. Quand on a coupé ces nerfs sur un animal, l'œsophage ne se contracte plus, mais il n'est pas non plus dans le relâchement que nous venons de décrire; ses fibres, soustraites à l'influence nerveuse, se raccourcissent avec une certaine force, et le canal se trouve dans un état intermédiaire de la contraction et du relâchement. La vacuité ou la distension de l'estomac influent sur la durée et l'intensité de la contraction de l'œsophage (1).

____

(1) Le mouvement alternatif du tiers inférieur de l'œsophage n'existe pas chez le cheval; mais chez cet animal les piliers du diaphragme ont sur l'extrémité cardiaque de ce conduit une action particulière qui n'existe point chez les

Depuis l'extrémité inférieure de l'estomac jusqu'à la fin de l'intestin rectum, le canal intestinal
présente un mode de contraction qui diffère, sous
presque tous les rapports, de la contraction de la
partie sus-diaphragmatique du canal. Cette contraction se fait toujours lentement et d'une manière irrégulière ; il se passe quelquefois une
heure sans qu'on en aperçoive aucune trace, d'autres fois plusieurs portions intestinales se contractent à la fois. Elle paraît très-peu influencée par le
système nerveux ; elle continue, par exemple, dans
l'estomac après la section des nerfs de la huitième
paire ; elle devient plus active par l'affaiblissement
des animaux et même par leur mort ; chez quelques-uns, elle prend, par cette cause, une accélération considérable ; elle persiste, quoique le canal intestinal ait été entièrement séparé du corps.
La portion pylorique de l'estomac, l'intestin grêle,
sont les points du canal intestinal où elle se présente le plus souvent et d'une manière plus constante. Ce mouvement, qui résulte de la contraction
successive ou simultanée des fibres longitudinales
et circulaires du canal intestinal, a été diverse-

Mouvement péristalti-
que de l'es-
tomac et des
intestins.

---

animaux qui vomissent aisément. *Voyez* le détail des expériences que j'ai faites sur ce sujet, et le rapport des commissaires de l'Institut, dans le *Bulletin de la Société philomatique*, année 1815.

ment désigné par les auteurs : les uns l'ont nommé *vermiculaire*, ceux-ci *péristaltique*, ceux-là *contractilité organique sensible*, etc. Quoi qu'il en soit, la volonté ne paraît exercer sur lui aucune influence sensible.

Les muscles de l'anus se contractent volontairement.

La portion sus-diaphragmatique du conduit digestif n'est point susceptible d'éprouver une dilatation considérable ; il est facile de voir, par sa structure et le mode de contraction de sa couche musculeuse, qu'elle ne doit point laisser séjourner les alimens dans sa cavité, mais qu'elle est plutôt destinée à transporter ces substances de la bouche dans l'estomac : ce dernier organe et le gros intestin sont au contraire évidemment disposés pour se prêter à une distension très-grande ; aussi les substances qui sont introduites dans le canal alimentaire s'accumulent-elles et font-elles un séjour plus ou moins long à leur intérieur.

Le diaphragme et les muscles abdominaux déterminent continuellement une sorte de ballottement des organes digestifs contenus dans la cavité abdominale ; ils exercent sur ces mêmes organes une pression continuelle, qui devient quelquefois très-considérable. Nous verrons plus bas comment ces deux causes, réunies ou séparées, concourent à différens actes de la digestion.

De la faim et de la soif.

La digestion nécessite de la part de l'homme et des animaux un certain nombre d'actions pour se procurer et saisir les alimens, et les introduire dans l'estomac : cette introduction doit cesser à l'époque où l'estomac est rempli, ou ne doit se faire qu'en raison des besoins de l'économie ; en général il est avantageux qu'elle ne se fasse qu'après que la digestion précédente est terminée ; il est aussi d'autres circonstances où elle serait nuisible. Il était donc nécessaire que l'homme et les animaux fussent avertis du moment où il est nécessaire de porter des alimens solides ou liquides dans l'estomac, et des cas où il serait désavantageux de le faire. La nature est arrivée à ce but important en faisant développer plusieurs sentimens instinctifs qui nous avertissent des besoins de l'économie et de l'état particulier des organes digestifs. Ces sentimens indicateurs de nos besoins varient suivant l'espèce de ceux-ci ; ils peuvent être divisés en ceux qui nous excitent à faire usage de telle ou telle substance, et en ceux qui nous en éloignent. Les premiers se rapportent à la *faim* et à la *soif,* les seconds à la *satiété* et au *dégoût.*

De la faim
et de la soif.

De la faim.

De la faim.

Le besoin des alimens solides est caractérisé par un sentiment particulier dans la région de l'estomac et par une faiblesse générale plus ou moins marquée. En général ce sentiment se renouvelle quand l'estomac est vide depuis quelque temps; il est très-variable pour l'intensité et pour la nature, suivant les individus, et même chez le même individu. Chez les uns, sa violence est extrême; chez d'autres il se fait à peine sentir; quelques-uns même ne l'éprouvent jamais, et mangent seulement, parce que l'heure des repas est arrivée. **Phénomènes de la faim.** Plusieurs personnes éprouvent un tiraillement, un resserrement plus ou moins pénible dans la région épigastrique; chez d'autres, c'est une chaleur douce dans la même région, accompagnée de bâillemens, et d'un bruit particulier, produit par le déplacement des gaz contenus dans l'estomac, qui se contracte. Lorsqu'on ne satisfait pas à ce besoin, il s'accroît et peut se transformer en une vive douleur : il en est de même de la sensation de faiblesse et de fatigue générale qu'on éprouve, et qui peut aller jusqu'au point de rendre les mouvemens difficiles ou même impossibles.

Les auteurs distinguent dans la faim des phénomènes locaux et des phénomènes généraux.

Cette distinction en elle-même est bonne, et

peut être avantageuse à l'étude; mais n'a-t-on pas souvent décrit, comme phénomènes locaux ou généraux de la faim, des suppositions gratuites dont la théorie rendait l'existence probable? Ce point de physiologie est un de ceux où le défaut d'expériences directes se fait le plus vivement sentir.

On compte parmi les phénomènes locaux de la faim le resserrement et la contraction de l'estomac : « Les parois du viscère deviennent, dit-on, plus épaisses; il a changé de forme, de situation, et tiré un peu à lui le duodénum ; sa cavité contient de la salive mêlée d'air, des mucosités, de la bile hépatique, qui a reflué par suite du tiraillement du duodénum : il y a d'autant plus de ces diverses humeurs dans l'estomac que la faim est plus prolongée. La bile cystique ne coule pas dans le duodénum ; elle s'amasse dans la vésicule biliaire, et y est d'autant plus abondante et d'autant plus noire, que l'abstinence dure depuis long-temps. Il y a un changement dans l'ordre de la circulation des organes digestifs ; l'estomac reçoit moins de sang, soit à cause de la flexuosité de ses vaisseaux, plus grande alors, parce qu'il est resserré, soit à cause de la compression de ses nerfs par suite de ce même resserrement, et dont l'influence sur la circulation serait alors diminuée. D'un autre côté, le foie, la rate, l'épiploon en reçoivent davantage et font l'office de diverticulum ; le foie et

Phénomènes locaux de la faim.

**Phéno-
mènes lo-
caux de la
faim.**

la rate, parce qu'ils sont moins soutenus quand
l'estomac est vide, et qu'ils offrent dès lors un
abord plus facile au sang; et l'épiploon, parce
qu'alors les vaisseaux sont moins flexueux, etc. (1).»
La plupart de ces données sont conjecturales et
à peu près dénuées de preuves; elles ont déjà,
en partie, été réfutées par Bichat, mais quelques-unes des objections de cet ingénieux physiologiste ne sont pas elles-mêmes à l'abri de
toute critique. Ne pouvant entrer ici dans les
détails de cette discussion, je dirai seulement les
observations que j'ai faites à cette occasion.

**Observa-
tions sur l'é-
tat de l'es-
tomac pen-
dant la faim.**

Après vingt-quatre, quarante-huit et même
soixante heures d'abstinence complète, je n'ai
jamais vu la contraction et le resserrement de
l'estomac dont parlent les auteurs : cet organe m'a
toujours présenté des dimensions assez considérables, surtout dans son extrémité splénique; ce
n'est que passé le quatrième ou cinquième jour
qu'il m'a paru revenir sur lui-même, diminuer
beaucoup de capacité et changer légèrement de
position; encore ces effets ne sont-ils très-mar-
qués que lorsque le jeûne a été rigoureusement
observé.

Bichat pense que la pression soutenue par l'estomac quand il est vide, est égale à celle qu'il

---

(1) *Dictionnaire des Sciences médicales*, art. DIGESTION.

supporte quand il est distendu par des alimens, attendu, dit-il, que les parois abdominales se resserrent à mesure que le volume de l'estomac diminue. On peut aisément s'assurer du contraire en mettant un ou deux doigts dans la cavité abdominale, après avoir incisé ses parois; il sera facile alors de reconnaître que la pression soutenue par les viscères est, en quelque sorte, en raison directe de la distension de l'estomac : si l'estomac est plein, le doigt sera fortement pressé, et les viscères feront effort pour s'échapper à travers l'ouverture ; s'il est vide, la pression sera très-peu marquée, et les viscères auront peu de tendance à sortir de la cavité abdominale. On sent que dans cette expérience il ne faut pas confondre la pression exercée par les muscles abdominaux lorsqu'ils sont relâchés, avec celle qu'ils exercent en se contractant avec force. Aussi, lorsque l'estomac est vide, tous les réservoirs contenus dans l'abdomen se laissent-ils plus facilement distendre par les matières qu'ils doivent retenir quelque temps. C'est, je crois, la principale raison pour laquelle la bile s'accumule dans la vésicule du fiel. Quant à la présence de la bile dans l'estomac, que quelques personnes regardent comme l'une des causes de la faim, je crois qu'à moins de circonstances maladives la bile ne s'y introduit point, quoique son écoulement continue dans l'intestin grêle, comme je m'en suis directement assuré.

La quantité de mucosité que présente la cavité de l'estomac est d'autant moins considérable, que l'abstinence se prolonge davantage. Mes expériences sur ce point sont entièrement d'accord avec celle de Dumas.

Relativement à la quantité de sang qui se porte à l'estomac dans l'état de vacuité, à raison du volume de ses vaisseaux et du mode de circulation qui existe alors, je suis tenté de croire qu'il reçoit moins de ce fluide que lorsqu'il est rempli d'alimens ; mais, loin d'être sous ce rapport en opposition avec les autres organes abdominaux, cette disposition me paraît être commune à tous les organes contenus dans l'abdomen.

Phénomènes généraux de la faim.

On rapporte aux phénomènes généraux de la faim un affaiblissement et une diminution de l'action de tous les organes ; la circulation et la respiration se ralentissent, la chaleur du corps baisse, les sécrétions diminuent, toutes les fonctions s'exercent avec plus de difficulté. On dit que l'absorption seule devient plus active, mais rien n'est rigoureusement démontré à cet égard.

Sentimens qu'il ne faut pas confondre avec la faim.

La faim, l'appétit même, qui n'est que son premier degré, doivent être distingués du sentiment qui nous porte à nous nourrir de préférence de tel ou tel genre d'aliment, de celui qui nous fait, dans un repas, porter notre choix sur un mets plutôt que sur un autre, etc. Ces sentimens sont très-éloignés de la faim réelle, qui exprime les besoins véritables de l'économie; ils tiennent en grande partie à la civilisation, aux habitudes, à certaines idées relatives aux propriétés des alimens. Quelques - uns sont en rapport avec la saison, le climat, et alors ils deviennent tout aussi légitimes que la faim elle-même : tel est celui qui nous porte vers le régime végétal dans les pays chauds, ou durant les chaleurs de l'été.

Certaines circonstances rendent la faim plus intense et la font revenir à des intervalles plus rapprochés : tels sont un air froid et sec, l'hiver, le printemps, les bains froids, les frictions sèches sur la peau, l'exercice du cheval, la marche, les fatigues du corps, et en général toutes les causes qui mettent en jeu l'action des organes et accélèrent le mouvement nutritif, avec lequel la faim est essentiellement liée. Quelques substances introduites dans l'estomac excitent un sentiment qui a de l'analogie avec la faim, mais qu'il ne faut cependant pas confondre avec elle. *Causes qui rendent la faim plus intense.*

Il est des causes qui diminuent l'intensité de la faim et qui éloignent les époques auxquelles elle se manifeste habituellement : de ce nombre sont l'habitation des pays chauds et des lieux humi- *Causes qui diminuent la faim.*

des, le repos du corps et de l'esprit, les passions tristes, et enfin toutes les circonstances qui
s'opposent à l'action des organes et diminuent l'activité de la nutrition. On connaît aussi des substances qui, portées dans les voies digestives, font
cesser la faim, ou empêchent son développement,
comme l'opium, les boissons chaudes, etc.

Causes pro-
chaines de la
faim.

Que n'a-t-on pas dit sur les causes de la faim ?
Elle a été tour à tour attribuée à la prévoyance du
principe vital, aux frottemens des parois de l'estomac l'une contre l'autre, au tiraillement du foie
sur le diaphragme, à l'action de la bile sur l'estomac, à l'âcreté et à l'acidité du suc gastrique, à
la fatigue des fibres de l'estomac contractées, à la
compression des nerfs de ce viscère, etc., etc.
La faim résulte, comme toutes les autres sensations internes, de l'action du système nerveux ;
elle n'a d'autre siége que ce système lui-même et
d'autres causes que les lois générales de l'organisation. Ce qui prouve bien la vérité de cette
assertion, c'est qu'elle continue quelquefois, quoique l'estomac soit rempli d'alimens ; c'est qu'elle
peut ne pas se développer, quoique l'estomac soit
vide depuis long-temps ; enfin, c'est qu'elle est
soumise à l'habitude, au point de cesser spontanément quand l'heure habituelle du repas est
passée. Ceci est vrai, non-seulement du sentiment qu'on éprouve dans la région de l'estomac,

mais encore de la faiblesse générale qui l'accompagne, et qui par conséquent ne peut être considérée comme réelle, au moins dans les premiers instans où elle se manifeste.

Plusieurs auteurs confondent la faim avec les effets d'une abstinence complète et prolongée jusqu'à ce que la mort arrive : nous ne suivrons pas leur exemple. La faim, considérée comme phénomène instinctif, appartient à la physiologie ; considérée comme cause de maladie, elle n'est plus du ressort de cette science et appartient à la séméiotique.

De la soif.

On nomme *soif* le désir de faire usage de boisson. Il varie suivant les individus, et il est rarement semblable chez une même personne. En général il consiste en un sentiment de sécheresse, de constriction et de chaleur, qui règne dans l'arrière-bouche, le pharynx, l'œsophage et quelquefois dans l'estomac. Pour peu que la soif se prolonge, il survient de la rougeur et du gonflement à ces parties, la sécrétion muqueuse cesse presque entièrement ; celle des follicules s'altère, devient épaisse et tenace ; l'écoulement de la salive diminue et la viscosité de ce fluide augmente sensiblement. Ces phénomènes s'accompagnent d'une inquiétude vague, d'une ardeur générale ; les yeux deviennent rouges, l'esprit éprouve un certain trouble, le mouvement du sang s'accélère, la respiration devient haletante, la bouche est souvent et largement ouverte, afin de mettre l'air extérieur en contact avec les parties irritées, et d'éprouver un soulagement instantané.

Causes de la soif.

Le plus souvent, l'envie de boire se développe quand, par une cause quelconque, la chaleur et la sécheresse dé l'atmosphère, par exemple, le corps a fait une perte abondante en liquide ; mais elle se manifeste dans un grand nombre de circonstances différentes, telles que d'avoir parlé long-temps, mangé certains alimens, avalé une substance qui s'arrête dans l'œsophage, etc. L'habitude vicieuse de boire fréquemment, et le désir d'éprouver la saveur de quelques liquides, comme le vin, l'eau-de-vie, etc., déterminent le développement d'un sentiment qui a la plus grande analogie avec la soif.

Il y a des personnes qui n'ont jamais ressenti la soif, qui prennent, en quelque sorte, des boissons par convenance, mais qui vivraient très-long-temps sans y songer et sans éprouver aucun inconvénient de leur privation ; il en est d'autres chez qui la soif se renouvelle souvent et devient très-impérieuse, jusqu'à leur faire boire vingt ou trente litres de liquide dans vingt-quatre heures :

on remarque sous ce rapport de nombreuses différences individuelles.

Remonterons-nous, avec certains auteurs, à la cause prochaine de la soif ? dirons-nous qu'elle est l'effet de la prévoyance de l'âme ? placerons-nous son siége dans les nerfs du pharynx , dans les vaisseaux sanguins ou dans les vaisseaux lymphatiques? Ces considérations ne doivent plus désormais trouver place que dans l'histoire de la physiologie. La soif est une sensation interne, un sentiment instinctif; elle tient essentiellement à l'organisation, elle ne comporte aucune explication.

Nous ne parlerons pas non plus des phénomènes morbides qui accompagnent et qui précèdent la mort par la privation complète des boissons ; cette étude appartient tout entière à la physiologie pathologique.

Des actions digestives en particulier.

Les actions digestives qui , par leur réunion , forment la digestion , sont , 1°. la *préhension des alimens* ; 2°. la *mastication* ; 3°. l'*insalivation* ; 4°. la *déglutition* ; 5°. *l'action de l'estomac* ; 6°. *l'action de l'intestin grêle* ; 7°. *l'action du gros intestin* ; 8°. *l'expulsion des matières fécales.*

Toutes les actions digestives ne concourent pas également à la production du chyle ; l'action de l'estomac et celle de l'intestin grêle sont les seules qui y soient absolument indispensables.

La digestion des alimens solides réclame le plus souvent les huit actions digestives ; celle des boissons est beaucoup plus simple : elle ne comprend que la préhension, la déglutition, l'action de l'estomac et l'action de l'intestin grêle. Il est très-rare que les boissons arrivent jusqu'au gros intestin.

Nous nous occuperons d'abord de la digestion des alimens ; nous traiterons ensuite de celle des boissons.

De la préhension des alimens solides.

De la préhension des alimens solides.

Les organes de la préhension des alimens sont les membres supérieurs et la bouche. Nous avons parlé ailleurs des membres supérieurs ; disons quelques mots des différentes parties qui constituent la bouche.

Organes de la préhension des alimens solides.

Pour les anatomistes, la bouche est la cavité ovalaire formée, en haut, par le palais et la mâchoire supérieure ; en bas, par la langue et la mâchoire inférieure ; latéralement, par les joues ; postérieurement, par le voile du palais et le pharynx, et antérieurement par les lèvres. Les dimensions de la bouche sont variables suivant les individus, et sont susceptibles de s'agrandir dans tous les sens ; de haut en bas, par l'abaissement de la langue et l'écartement des mâchoires ; transversalement, par la distension des joues, et d'avant en arrière par les mouvemens des lèvres et du voile du palais.

Ce sont les mâchoires qui déterminent plus particulièrement la forme et les dimensions de la bouche; la supérieure fait partie essentielle de la face, et ne se meut qu'avec la tête; l'inférieure, au contraire, est douée d'une très-grande mobilité.

De petits corps très-durs nommés *dents* garnissent les mâchoires; on les envisage généralement comme des os, mais ils en diffèrent sous les rapports les plus importans, et particulièrement sous ceux de la structure, du mode de formation, des usages, de l'inaltérabilité au contact de l'air; mais ils s'en rapprochent sous ceux de la dureté et de la composition chimique.

Tout le monde sait qu'il y a trois espèces de dents : les *incisives*, qui occupent la partie antérieure des mâchoires; les *molaires*, qui en occupent la partie postérieure, et les *canines*, qui sont situées entre les incisives et les molaires.

On distingue deux parties dans les dents : l'une, extérieure, ou *couronne*; l'autre, contenue dans les mâchoires, ou *racine*. Ces deux parties ont une disposition très-différente. La couronne, appelée à remplir des usages particuliers dans chaque espèce de dents, a une forme qui varie. Elle est cubique dans les molaires, conique dans les ca-

3.

nines , et sphénique (1) dans les incisives. Quelle que soit sa forme, la couronne est d'une dureté excessive ; elle s'use avec le temps, à la manière des corps inertes qui subissent des frottemens répétés.

Racines des dents. Les racines remplissant, dans les trois espèces de dents, un usage commun, celui d'assurer la solidité de la jonction des dents avec les mâchoires, et de transmettre à celles - ci les efforts quelquefois très-grands que les dents supportent, devaient avoir et ont en effet une forme commune.

Alvéoles. Elles sont reçues dans des cavités nommées *alvéoles;* elles les remplissent exactement. Il paraît que les parois de ces cavités exercent sur les racines des dents une pression assez considérable ; on peut du moins le conjecturer, car ces cavités se resserrent, s'effacent même quand elles ne contiennent pas la racine des dents ou quelque chose qui en ait la forme et la résistance.

Les dents incisives et les dents canines n'ont qu'une racine ; les molaires en ont ordinairement plusieurs. Mais, quel que soit leur nombre, les racines ont toujours la forme d'un cône, dont la base correspond à la couronne et le sommet au fond de l'alvéole; dans certains cas , elles présentent des courbures plus ou moins prononcées (2).

---

(1) En forme de coin.

(2) Voyez quelques autres détails relatifs aux dents , à l'article *Mastication.*

Le bord alvéolaire est revêtu d'une couche *Gencive.*
épaisse, fibreuse, résistante, qu'on appelle *gen-*
cive. Cette couche environne exactement la partie
inférieure de la couronne des dents, y adhère
avec force, et ajoute ainsi à la solidité de la
jonction des dents avec les mâchoires. Elle peut
supporter sans inconvénient des pressions très-
fortes : on verra les avantages qui résultent de
cette disposition.

On doit compter au nombre des parties qui
concourent à la préhension des alimens, les
muscles qui meuvent les mâchoires, et particulièrement l'inférieure. Il en est de même pour la
langue, dont les nombreux mouvemens influent
beaucoup sur les dimensions de la bouche.

Mécanisme de la préhension des alimens.

Rien n'est plus simple que la préhension des
alimens ; elle consiste dans l'introduction des
substances alimentaires dans la bouche. A cet
effet, les mains saisissent les alimens, les partagent en petites portions susceptibles d'être contenues dans la bouche, et les y introduisent soit
directement, soit par l'intermédiaire d'instrumens
commodes pour cet usage.

Mais, pour qu'ils puissent pénétrer dans cette *Mouvemens*
cavité, il faut que les mâchoires s'écartent, au- *d'écarte-*
ment des
trement dit, que la bouche s'ouvre. Or, on a *mâchoires.*

discuté long-temps pour savoir si, dans l'ouverture de la bouche, la mâchoire inférieure seule se meut, ou bien si les deux mâchoires s'éloignent en même temps l'une de l'autre. Sans entrer dans cette discussion, qui ne mérite peut-être pas toute l'importance qu'on y a attachée, nous dirons que l'observation la plus simple a bientôt fait voir que la mâchoire inférieure se meut seule quand la bouche s'ouvre médiocrement. Quand elle s'ouvre largement, la supérieure s'élève, c'est-à-dire que la tête se renverse légèrement sur la colonne vertébrale : mais, dans tous les cas, la mâchoire inférieure est toujours celle dont les mouvemens sont plus étendus, à moins qu'un obstacle physique ne s'oppose à son abaissement. Alors l'ouverture de la bouche dépend uniquement du renversement de la tête sur la colonne vertébrale, ou, ce qui est la même chose, de l'élévation de la mâchoire supérieure.

Action des dents incisives.

Dans beaucoup de cas, lorsque l'aliment est introduit dans la bouche, les mâchoires se rapprochent pour le retenir et prendre part à la mastication ou à la déglutition ; mais fréquemment l'élévation de la mâchoire inférieure concourt à la préhension des alimens. On en a un exemple quand on veut *mordre* dans un fruit : alors les dents incisives s'enfoncent, chacune en sens opposé, dans la substance alimentaire, et, agissant comme les branches de ciseaux, elles détachent une portion de la masse.

Ce mouvement est principalement produit par la contraction des muscles élévateurs de la mâchoire inférieure, qui représente un levier du troisième genre, dont la puissance est, à l'insertion des muscles élévateurs, le point d'appui dans l'articulation temporo-maxillaire, et la résistance, dans la substance sur laquelle agissent les dents.

Le volume du corps placé entre les dents incisives influe sur la force avec laquelle il peut être pressé. S'il est peu volumineux, la force sera beaucoup plus grande, car tous les muscles élévateurs s'insèrent perpendiculairement à la mâchoire, et la totalité de leur force est employée à mouvoir le levier qu'elle représente ; si le volume du corps est tel qu'il puisse à peine être introduit dans la bouche, pour peu qu'il présente de résistance, les dents incisives ne pourront l'entamer, car les muscles masséters, crotaphytes et ptérygoïdiens internes s'insèrent très-obliquement à la mâchoire, d'où résulte la perte de la plus grande partie de la force qu'ils développent en se contractant.

Quand l'effort que les muscles des mâchoires exercent n'est pas suffisant pour détacher une Manière dont on peut aider l'ac-

portion de la masse alimentaire, la main agit sur celle-ci de manière à la séparer de la portion retenue par les dents. D'un autre côté, les muscles postérieurs du cou tirent fortement la tête en arrière, et de la combinaison de ces efforts résulte l'isolement d'une portion d'aliment qui reste dans la bouche. Dans ce mode de préhension, les dents incisives et canines sont le plus ordinairement employées; il est rare que les molaires y prennent part (1).

Par la succession des mouvemens de préhension, la bouche se remplit, et, à raison de la souplesse des joues et de la facile dépression de la langue, une assez grande quantité d'alimens peut s'y accumuler.

Quand la bouche est *pleine*, le voile du palais est abaissé, son bord inférieur est appliqué sur la partie la plus reculée de la base de la langue, en sorte que toute communication est interceptée entre la bouche et le pharynx.

Mastication et insalivation des alimens.

Indépendamment de ce que nous venons de dire sur la bouche, à l'occasion de la préhension des

---

(1) Dans les animaux carnassiers, où ce mode de préhension est fréquemment mis en usage, les trois espèces de dents y participent, mais surtout les canines.

alimens, pour concevoir les usages qu'elle remplit dans la mastication et l'insalivation, il est utile de remarquer que des fluides provenant de diverses sources abondent dans la bouche. D'abord la membrane muqueuse, qui en tapisse les parois, sécrète une mucosité abondante; de nombreux follicules isolés ou agglomérés, qu'on observe à l'intérieur des joues, à la jonction des lèvres avec les gencives, sur le dos de la langue, à la face antérieure du voile du palais et de la luette, versent continuellement le liquide qu'ils forment à la surface interne de la bouche. Il en est de même des glandes muqueuses qui existent en grand nombre dans l'épaisseur du palais et des joues.

Enfin, c'est dans la bouche qu'est versée la salive sécrétée par six glandes, trois de chaque côté, et qui portent les noms de *parotides*, de *sous-maxillaires* et de *sublinguales*. Les premières, placées entre l'oreille externe et la mâchoire, ont chacune un canal excréteur qui s'ouvre au niveau de la seconde petite molaire supérieure; chaque glande maxillaire en a un qui se termine sur les côtés du filet de la langue; près de là s'ouvrent ceux des glandes sublinguales.

Il est probable que ces fluides varient de propriétés physiques et chimiques selon l'organe qui les forme; mais la chimie n'a pas encore pu en établir la distinction d'après des expériences directes : le mélange seul, sous le nom de *salive*, a été analysé d'une manière exacte (1).

Parmi les substances alimentaires déposées dans la bouche, les unes ne font que traverser cette cavité, et n'y éprouvent aucun changement; les autres, au contraire, y font un séjour assez prolongé et y éprouvent plusieurs modifications importantes. Les premières sont les alimens mous ou presque liquides, dont la température s'éloigne peu de celle du corps; les secondes sont les alimens durs, secs, fibreux, et ceux dont la température est plus ou moins éloignée de celle qui est propre à l'économie animale. Les uns et les autres ont cependant ceci de commun, qu'en traversant la bouche ils sont appréciés par les organes du goût.

On peut rapporter à trois modifications principales les changemens que les alimens éprouvent dans la bouche : 1°. changement de température; 2°. mélange avec les fluides qui sont versés dans la bouche, et quelquefois dissolution dans ces fluides ; 3°. pression plus ou moins forte, et très-souvent division, broiement qui détruit la cohésion de leurs parties. En outre, elles sont facilement et fréquemment transportées d'un

De la salive.

Changemens que les alimens éprouvent dans la bouche.

____

(1) **Voyez** *Sécrétion de la salive.*

point de cette cavité dans un autre. Ces trois modes d'altération ne s'effectuent pas successivement, mais simultanément et en se favorisant réciproquement.

Le changement de température des alimens retenus dans la bouche est évident; la sensation qu'ils y excitent pourrait seule en fournir la preuve. S'ils ont une température basse, ils produisent une impression vive de froid, qui se prolonge jusqu'à ce qu'ils aient absorbé le calorique nécessaire pour approcher de la température des parois de la bouche; le contraire a lieu si leur température est plus élevée que celle de ces parois.

Change-ment de tem-pérature.

Il en est des jugemens que nous portons dans cette occasion, comme de ceux qui ont rapport à la température des corps qui touchent la peau : nous y mêlons, à notre insu, une comparaison avec la température de l'atmosphère et avec celle des corps qui ont été antérieurement en contact avec la bouche; de manière qu'un corps, conservant le même degré de chaleur, pourra nous paraître alternativement froid ou chaud, suivant la température des corps avec lesquels la bouche aura été précédemment en rapport.

Le changement de température que les alimens éprouvent dans la bouche n'est qu'un phénomène accessoire; leur trituration et leur mélange plus ou moins intimes avec les fluides versés dans cette cavité, sont ceux qui méritent une attention particulière.

Pression que la langue exerce sur les alimens.

Aussitôt qu'un aliment est introduit dans la bouche, la langue le presse en l'appliquant contre le palais ou contre telle autre partie des parois buccales. Si l'aliment a peu de consistance, si ses parties ont peu de cohésion, cette simple pression suffit pour l'écraser ; la substance alimentaire est-elle composée d'une partie liquide et d'une partie solide, par l'effet de cette pression le liquide est exprimé, la partie solide seule reste dans la bouche. La langue détermine d'autant mieux l'effet dont nous parlons, que son tissu est musculaire et qu'un grand nombre de muscles sont destinés à la faire mouvoir.

On pourrait s'étonner qu'un organe aussi mou que la langue puisse exercer une action assez forte pour écraser un corps même peu résistant; mais, d'une part, elle durcit en se contractant comme tous les muscles, et, en outre, elle présente au-dessous de la membrane muqueuse qui revêt sa face supérieure, une couche fibreuse, dense et épaisse.

Tels sont les phénomènes qui se passent si les alimens ont peu de résistance; mais s'ils en présentent davantage, ils sont alors soumis à l'action des organes *masticatoires*.

Les agens essentiels de la mastication sont les

muscles qui meuvent les mâchoires, la langue, les joues et les lèvres : les os maxillaires et les dents y servent comme de simples instrumens.

Quoique les mouvemens des deux mâchoires puissent concourir à la mastication , presque toujours ce sont ceux de l'inférieure qui la produisent. Cet os peut être abaissé, élevé et pressé très-fortement contre la mâchoire supérieure; porté en avant, en arrière, et même être dirigé un peu sur les côtés. Ces divers mouvemens sont produits par les muscles nombreux qui s'attachent à la mâchoire.

Mais les mâchoires n'auraient jamais pu remplir l'usage qui leur est confié dans la mastication, si elles n'avaient été garnies de dents, dont les propriétés physiques sont appropriées particulièrement à cette action digestive.

Quelques remarques sur ces corps sont nécessaires pour l'intelligence de ce qui suit.

Les dents molaires sont celles qui servent le plus à broyer les alimens ; elles sont au nombre de vingt, dix à chaque mâchoire, cinq à droite et cinq à gauche. La forme de leur couronne est celle d'un cube irrégulier; la face, par laquelle elles se correspondent, est hérissée d'aspérités pyramidales, en nombre variable, selon qu'on les examine dans les molaires antérieures ou *petites*, ou bien dans les postérieures ou *grosses*.

Ces aspérités sont disposées de façon que celles des dents supérieures s'engrènent aisément entre celles des inférieures, et réciproquement.

A la partie inférieure et au centre de la couronne, il existe une cavité remplie par l'organe qui, dans le jeûne âge, a sécrété la dent. La racine est creusée d'un canal que traversent une artère, un filet de nerf, une veine, destinés au bulbe de la dent.

Remarques sur les dents.

La substance qui forme les dents est d'une dureté excessive, particulièrement la couche extérieure, ou *émail*; et cette disposition était bien nécessaire. D'abord, destinées à écraser des corps dont la résistance est quelquefois très-grande, il fallait qu'elles présentassent une dureté proportionnée; de plus, comme elles exercent cet office pendant toute la durée de la vie, ou à peu près, il fallait qu'elles ne s'usassent qu'avec beaucoup de lenteur. Sous ce dernier rapport, leur extrême dureté était indispensable; car aucun corps, quelque dur qu'il soit, n'échappe à l'usure causée par des frottemens répétés; à plus forte raison, les corps dont la dureté est moindre, à frottement égal, doivent-ils s'user plus promptement.

Composition chimique des dents.

La matière qui forme le corps et la racine des dents paraît homogène dans toutes ses parties; l'émail qui revêt la couronne, au contraire, pré-

sente des fibres disposées en général perpendiculairement à la surface de la dent et très-adhérentes
entre elles. Le phosphate et le carbonate de chaux
forment presque entièrement la dent de l'homme;
sur 100 parties on trouve 99,5 de ces sels; le
surplus est de la matière animale (1). L'émail en
est presque entièrement dépourvu : c'est à cette
cause qu'on doit attribuer sa blancheur et sa
dureté plus grandes.

Nous avons déjà fait voir combien est solide
l'articulation des dents avec les mâchoires; les
dents molaires, en raison de leur usage, devaient
en présenter une plus solide encore : aussi ont-
elles plusieurs racines, ou, si elles n'en ont
qu'une, elle est plus grosse. Du reste, soit qu'elles
soient simples ou multiples, leur forme est conique, et elles sont reçues dans des alvéoles de
forme semblable. Chaque racine représente un
coin qui serait enfoncé dans les mâchoires.

L'ensemble des dents propres à chaque mâchoire forme ce qu'on appelle, en anatomie, les
arcades dentaires.

Arcades
dentaires.

-----

(1) Des expériences m'ont appris que la proportion de
la matière animale est beaucoup plus grande dans les animaux herbivores, et plus grande encore dans les carnassiers. La quantité proportionnelle de carbonate de chaux est
plus grande dans les herbivores que dans les carnassiers et
dans l'homme.

La forme de ces arcades est demi-parabolique;
l'inférieure est un peu plus grande que la supérieure ; la face inférieure de celle-ci est un peu
inclinée en dehors , tandis que la face supérieure
de l'inférieure l'est en dedans. Ces faces présentent,
dans la partie formée par les dents molaires, un
sillon central, bordé par deux rangées d'éminen-
ces. Lorsque les mâchoires sont rapprochées , les
dents incisives et canines inférieures sont placées
en partie derrière les supérieures ; le bord saillant externe de l'arcade dentaire inférieure s'enfonce dans le sillon de l'arcade supérieure. Dans
les circonstances où les incisives se rencontrent
par leur bord, il reste un intervalle entre les molaires.

Pour ajouter à la solidité de la jonction des
dents avec les mâchoires, la nature les a disposées de façon qu'elles se touchent presque toutes
par leurs côtés, qui présentent à cet effet une
facette particulière.

Il résulte de cette disposition que quand une
dent supporte un effort quelconque, une partie
de cet effort est supportée par toute l'arcade dont
elle fait partie.

Ces faits étant connus, il est aisé de concevoir
l'explication du mécanisme de la mastication.

Mécanisme de la mastication.

Pour que la mastication commence, il faut que la mâchoire inférieure s'abaisse , effet qui est produit par le relâchement de ses muscles élévateurs et par la contraction des abaisseurs. Les alimens doivent être ensuite poussés entre les arcades dentaires, soit par la langue, soit par toute autre cause : alors la mâchoire inférieure est élevée par les muscles masséters, ptérygoïdiens internes, et temporaux, dont l'intensité de contraction est mesurée sur la résistance que présentent les alimens. Ceux-ci, pressés entre deux surfaces inégales, dont les aspérités s'engrènent, sont divisés en petites portions, dont le nombre est en raison de la facilité avec laquelle ils ont cédé.

Mais un seul mouvement de ce genre n'atteint qu'une partie des alimens contenus dans la bouche, et il faut qu'ils y soient tous également divisés. C'est ce qui arrive par la succession des mouvemens de la mâchoire inférieure, et par la contraction des muscles des joues, de ceux de la langue et des lèvres, qui portent successivement et avec promptitude les alimens entre les dents, pendant l'écartement des mâchoires, afin qu'ils soient écrasés lorsqu'elles se rapprocheront.

Quand les substances alimentaires sont molles et faciles à écraser, deux ou trois mouvemens de mastication suffisent pour diviser tout ce qui est contenu dans la bouche ; les trois espèces de dents y prennent part. Il faut une mastication plus prolongée quand les substances sont résistantes, fibreuses, coriaces : dans ce cas, on ne *mâche* qu'avec les dents molaires, et souvent que d'un seul côté à la fois, comme pour permettre à l'autre de se reposer. En employant les dents molaires, on a l'avantage de raccourcir le bras de levier que représente la mâchoire, et de le rendre ainsi moins désavantageux pour la puissance qui le fait mouvoir.

Transmission aux mâchoires des efforts que supportent les dents.

Dans la mastication, les dents ont à supporter des efforts quelquefois très-considérables, qui les auraient inévitablement ébranlées ou même déplacées sans l'extrême solidité de leur articulation avec les mâchoires. Chaque racine agit comme un coin, et transmet aux parois des alvéoles la force avec laquelle elle est pressée.

L'avantage de la forme conique des racines n'est point douteux. En raison de cette forme, la force qui presse la dent, et qui tend à l'enfoncer dans la mâchoire, est décomposée ; une partie fait effort pour écarter les parois alvéolaires, l'autre pour les abaisser ; et la transmission, au lieu de se faire à l'extrémité de la racine, ce qui n'aurait pas manqué d'arriver si elle eût été cylindrique, se fait sur toute la surface de l'alvéole. Les dents

molaires, qui avaient des efforts plus considérables à soutenir, ont plusieurs racines, ou au
moins une racine très-grosse. Les dents incisives
et canines, qui n'ont qu'une seule racine assez
grêle, n'ont jamais de pression très-forte à supporter.

Si les gencives n'avaient point offert une surface lisse et un tissu dense, placées comme elles
le sont autour du collet des dents, et remplissant leurs intervalles, à chaque instant elles
auraient été déchirées ; car, dans la mastication
des substances dures et de forme irrégulière,
elles sont à tout moment exposées à être pressées
fortement par les bords et les angles de ces substances. Cet inconvénient survient en effet chaque
fois que leur tissu se ramollit, comme on le voit
dans les affections scorbutiques.

Pendant tout le temps que dure la mastication, la bouche est close en arrière par le voile du palais, dont la face antérieure est appliquée contre la base de la langue ; en avant, les alimens sont retenus par les dents et les lèvres.

Usage du voile du palais dans la mastication.

Insalivation des alimens.

Lorsqu'on éprouve l'appétit, la vue des alimens détermine un afflux plus considérable de
salive dans la bouche ; chez quelques personnes
il est assez fort pour que la salive soit lancée à

4.

plusieurs pieds de distance. J'ai actuellement sou[s] les yeux un exemple de ce genre. La présence des alimens dans la bouche entretient, excite encore cette abondante sécrétion.

Insalivation des alimens.

Tandis que les alimens sont broyés et triturés par les organes masticateurs, ils sont imbibés, pénétrés de toutes parts par les fluides qui sont continuellement versés dans la bouche, et particulièrement par la salive. Il est aisé de concevoir que la division des alimens et les nombreux déplacemens qu'ils éprouvent durant la mastication, favorisent singulièrement leur mélange avec les sucs salivaires et muqueux. A leur tour, ces sucs facilitent la mastication en ramollissant les alimens.

La plupart des substances alimentaires soumises à l'action de la bouche se dissolvent ou se suspendent, en tout ou en partie, dans la salive, et dès ce moment elles deviennent propres à être introduites dans l'estomac, et ne tardent pas à être avalées.

Utilité de la mastication et de l'insalivation des alimens.

A raison de sa viscosité, la salive absorbe de l'air, avec lequel elle est en quelque manière battue dans les divers mouvemens qu'exige la mastication; mais la quantité d'air absorbé dans cette circonstance est peu considérable et a été en général exagérée.

De quelle utilité est la trituration des alimens

et leur mélange avec la salive? Est-ce une simple division qui les rendra plus propres aux altérations qu'ils doivent subir dans l'estomac, ou bien éprouvent-ils dans la bouche un premier degré d'animalisation? On ne sait rien de positif sur ce point.

Remarquons que la mastication et l'insalivation changent la saveur et l'odeur des alimens; qu'une mastication suffisamment prolongée rend, en général, la digestion plus prompte et plus facile; qu'au contraire, les personnes qui ne mâchent point leurs alimens ont souvent, par cette seule cause, des digestions lentes et pénibles.

Nous sommes avertis que la mastication et l'insalivation sont poussées assez loin, par le degré de résistance que présentent les alimens et la saveur qu'ils excitent; d'ailleurs les parois de la bouche étant douées du tact, et la langue d'un véritable toucher, peuvent très-bien apprécier les changemens physiques qui surviennent aux alimens.

De quelle manière on reconnaît que la mastication et l'insalivation sont poussées assez loin.

Quelques auteurs attribuent cet usage à la luette (1); je doute que leur opinion soit fondée,

---

(1) C'est, disent-ils, une *sentinelle vigilante*, qui juge de l'instant où le bol alimentaire peut être avalé sans inconvénient; elle tient *en éveil* les organes de la déglutition et

car la luette, par sa situation, n'a aucun rapport avec les alimens pendant la mastication. J'ai observé plusieurs fois des personnes qui avaient perdu entièrement la luette, soit par un ulcère vénérien, soit par une excision, et je n'ai jamais remarqué que leur mastication éprouvât le moindre dérangement, ni qu'elles avalassent hors de propos.

De la déglutition des alimens.

On entend par *déglutition* le passage d'une substance solide, liquide ou gazeuse, de la bouche dans l'estomac. La déglutition des alimens solides est la seule qui doive nous occuper en ce moment.

Déglutition. Fort simple en apparence, la déglutition est cependant la plus compliquée de toutes les actions musculaires qui servent à la digestion. Elle est produite par la contraction d'un grand nombre de muscles, et exige le concours de plusieurs organes importans.

Appareil de la déglutition. Tous les muscles de la langue, ceux du voile du palais, du pharynx, du larynx, et la couche musculaire de l'œsophage, prennent part à la déglutition. On doit en avoir une connaissance

l'estomac, qui, selon l'impression qu'il en a reçue, *se dispose* à les bien recevoir ou à les rejeter.

exacte et détaillée, si l'on veut se faire une juste idée de cet acte. La nature de cet ouvrage ne nous permet pas d'exposer des détails anatomiques de ce genre; nous nous contenterons de présenter quelques observations sur le voile du palais, le pharynx et l'œsóphage.

Le *voile du palais* est une sorte de soupape attachée au bord postérieur de la voûte palatine; sa forme est à peu près quadrilatère; son bord, libre ou inférieur, se prolonge en pointe, et forme la *luette*. Semblable aux autres valvules du canal intestinal, le voile du palais est essentiellement formé par une duplicature de la membrane muqueuse digestive; il entre dans sa composition beaucoup de follicules muqueux, surtout à la luette. Huit muscles le meuvent : les deux *ptérygoïdiens internes* l'élèvent; les deux *ptérygoïdiens externes* le tendent transversalement; les deux *pharyngo-staphylins* et les deux *glosso-staphylins* le portent en bas. Ces quatre derniers s'aperçoivent au fond de la gorge, où ils soulèvent la membrane muqueuse, et forment les *piliers* du voile du palais, entre lesquels sont situées les *tonsilles* ou *amygdales*, amas de follicules muqueux. L'ouverture comprise entre la base de la langue en bas, le voile du palais en haut, et les piliers latéralement, s'appelle *isthme du gosier*.

Au moyen de cet appareil musculaire, le voile

Du voile du palais.

du palais peut éprouver plusieurs changemens dè position. Dans l'état le plus ordinaire, il est placé verticalement, l'une de ses faces est antérieure et l'autre postérieure; dans certains cas, il devient horizontal : il a alors une face supérieure et une inférieure, et son bord libre correspond à la concavité du pharynx. Cette dernière position est déterminée par la contraction des muscles élévateurs.

Bichat dit que l'élévation du voile peut aller au point qu'il s'applique contre l'ouverture des narines postérieures : ce mouvement paraît impossible ; aucun muscle n'est disposé de manière à pouvoir le produire, et la disposition des piliers s'y oppose évidemment. L'abaissement du voile se fait par la contraction des muscles qui forment les piliers. Nous avons déjà dit que ces mouvemens n'étaient pas, chez le plus grand nombre des individus, soumis à la volonté.

Du pharynx.

Le *pharynx* est un vestibule dans lequel viennent s'ouvrir les fosses nasales, les trompes d'Eustache, la bouche, le larynx et l'œsophage, et qui remplit des fonctions importantes dans la production de la voix, dans la respiration, l'audition et la digestion.

Le pharynx s'étend, de haut en bas, depuis l'apophyse basilaire de l'occipital, à laquelle il s'attache, jusqu'au niveau de la partie moyenne du cou. Ses dimensions transversales sont déterminées par l'os hyoïde, le larynx et l'aponévrose *ptérygo-maxillaire*, où il est fixé. La membrane muqueuse, qui le revêt intérieurement, est remarquable par le développement de ses veines, qui forment un réseau très-apparent. Autour de cette membrane est la couche musculeuse, dont les fibres circulaires forment les trois muscles *constricteurs du pharynx*, et dont les fibres longitudinales sont représentées par les muscles *stylo-pharyngiens* et *pharyngo-staphylins*. Les contractions que présentent ces différens muscles ne sont pas, en général, soumises à la volonté.

L'œsophage fait suite immédiate au pharynx, et se prolonge jusqu'à l'estomac, où il se termine. Sa forme est cylindrique; il est uni aux parties environnantes par du tissu cellulaire lâche et extensible, qui se prête à sa dilatation et à ses mouvemens. Pour pénétrer dans l'abdomen, l'œsophage passe entre les piliers du diaphragme, avec lesquels il est assez intimement uni.

De l'œsophage.

La membrane muqueuse de l'œsophage est blanche, mince et lisse; elle forme des plis longitudinaux, propres à favoriser la dilatation du canal. En haut, elle se confond avec celle du pharynx. M. le docteur Rullier a dernièrement rappelé à l'attention des anatomistes qu'en bas elle forme plusieurs dentelures, terminées par un bord frangé, libre dans la cavité de l'esto-mac (1).

On rencontre dans son épaisseur un assez grand nombre de follicules muqueux, et l'on aperçoit à sa surface l'orifice de plusieurs canaux excréteurs de glandes muqueuses.

La couche musculeuse de l'œsophage est assez épaisse, son tissu est plus dense que celui du pharynx; les fibres longitudinales sont les plus externes et les moins nombreuses; les circulaires sont placées à l'intérieur, et sont très-multipliées.

Autour de la portion pectorale et inférieure de l'œsophage, les deux nerfs de la huitième paire forment un plexus qui embrasse le canal, et y envoie beaucoup de filets.

La contraction de l'œsophage se fait sans la participation de la volonté.

Mécanisme de la déglutition.

Division de la déglutition en trois temps. Pour en faciliter l'étude, divisons la déglutition en trois temps. Dans le *premier*, les alimens

---

(1) Il y a entre la muqueuse de l'œsophage et celle de l'estomac, chez l'homme, une différence aussi frappante que celle qui existe pour cette même membrane entre la moitié splénique et la moitié pylorique de l'estomac du cheval.

passent de la bouche dans le pharynx; **dans le**
second, ils franchissent l'ouverture de la glotte ,
celle des fosses nasales , et arrivent jusqu'à l'œsophage; dans le *troisième*, ils parcourent ce conduit et pénètrent dans l'estomac (1).

Supposons le cas le plus ordinaire, celui où
nous avalons en plusieurs fois les alimens qui
sont dans la bouche, et à mesure que la mastication s'effectue.

Premier temps de la déglutition.

· Aussitôt qu'il y a une certaine quantité d'alimens suffisamment mâchés , ils sont, par l'effet
même des mouvemens de mastication, placés en
partie sur la face supérieure de la langue, sans
qu'il soit nécessaire, comme quelques-uns le
croient, que la pointe de cet organe parcoure les
différens recoins de la bouche pour les rassem-
bler. Alors la mastication s'arrête ; la langue est
élevée et appliquée à la voûte du palais, successivement de la pointe vers la base. La portion
d'alimens placés sur sa face supérieure, ou le *bol*
alimentaire, n'ayant pas d'autre voie pour échapper à la force qui le presse, est dirigé vers le
pharynx; il rencontre bientôt le voile du palais
appliqué sur la base de la langue et en détermine l'ascension ; le voile devient horizontal ,

____

(1) Voyez, pour la division de la déglutition par temps ,
ma *Thèse* soutenue à l'Ecole de Médecine de Paris, en 1808.

de manière à faire suite au palais. La langue, continuant de presser les alimens, les porterait vers les fosses nasales, si le voile ne s'y opposait par la tension qu'il reçoit des muscles péristaphylins externes, et surtout par la contraction de ses piliers : il devient ainsi capable de résister à l'action de la langue, et de contribuer à diriger les alimens vers le pharynx.

Les muscles qui déterminent plus particulièrement l'application de la langue à la voûte palatine et au voile du palais, sont les muscles propres de l'organe, aidés par les mylo-hyoïdiens.

Ici se termine le premier temps de la déglutition. Les mouvemens y sont volontaires, à l'exception de ceux du voile du palais. Les phénomènes y arrivent successivement et avec peu de promptitude ; ils sont en petit nombre et faciles à saisir.

Second temps de la déglutition. Il n'en est pas de même du second temps : là, les phénomènes sont simultanés, multipliés, et se produisent avec une promptitude telle, que Boerrhaave les considérait comme une sorte de convulsion.

L'espace que le bol alimentaire doit parcourir dans ce second temps est très-court, car il doit seulement passer de la partie moyenne du pharynx à sa partie inférieure ; mais il devait éviter l'ouverture de la glotte et celle des fosses nasales, où sa présence serait nuisible. En outre, son passage devait être assez prompt pour que la libre communication entre le larynx et l'air extérieur ne fût que momentanément interrompue.

Voyons comment la nature est parvenue à ce résultat important.

Le bol alimentaire n'a pas plutôt touché le pharynx, que tout entre en mouvement. D'abord le pharynx se contracte, embrasse et serre le bol; le voile du palais, tiré en bas par ses piliers, agit de même. D'un autre côté, et toujours dans le même instant, la base de la langue, l'os hyoïde, le larynx, sont élevés et portés en avant, et vont à la rencontre du bol, afin de rendre plus rapide son passage sur l'ouverture de la glotte. En même temps que l'os hyoïde et le larynx s'élèvent, ils se rapprochent l'un de l'autre, c'est-à-dire que le bord supérieur du cartilage thyroïde s'engage derrière le corps de l'os hyoïde; la glande épiglottique est poussée en arrière; l'épiglotte s'abaisse, s'incline en arrière et en bas, de manière à couvrir l'entrée du larynx. Le cartilage cricoïde fait un mouvement de rotation sur les cornes inférieures du thyroïde, d'où il résulte que l'entrée du larynx devient oblique de haut en bas, et d'avant en arrière. Le bol glisse à sa surface, et, toujours pressé par la contraction du pharynx et du voile du palais, il parvient à l'œsophage.

Second temps de la déglutition.

Il n'y a pas encore long-temps que l'on considérait la position que prend dans ce cas l'épiglotte, comme le seul obstacle qui s'opposât à l'entrée des alimens dans le larynx, au moment de la déglutition ; mais j'ai fait voir, par une série d'expériences, que cette cause ne devait être considérée que comme accessoire. On peut, en effet, enlever en totalité l'épiglotte à un animal, et la déglutition n'en souffre aucun dommage.

Quelle est donc la raison pour laquelle aucune parcelle d'aliment ne s'introduit dans le larynx au moment où l'on avale? La voici. Dans l'instant où le larynx s'élève et s'engage derrière l'os hyoïde, la glotte se ferme avec la plus grande exactitude (1). Ce mouvement est produit par les mêmes muscles qui resserrent la glotte dans la production de la voix ; en sorte que si l'on coupe à un animal les nerfs laryngés et récurrens, en lui laissant l'épiglotte intacte, on rend sa déglutition très-difficile, parce qu'on a éloigné la cause principale, qui s'oppose à l'introduction des alimens dans la glotte.

Second temps de la déglutition.

Immédiatement après que le bol alimentaire a franchi la glotte, le larynx descend, l'épiglotte

------

(1) Voyez mon *Mémoire sur l'Épiglotte,* lu à l'Institut. Paris, 1813.

se relève et la glotte s'ouvre pour donner passage à l'air (1).

D'après ce qui vient d'être dit, il est aisé de concevoir pourquoi les alimens avalés arrivent à l'œsophage sans pénétrer dans aucune des ouvertures qui aboutissent au pharynx. Le voilé du palais, qu'embrasse en se contractant le pharynx, protége les narines postérieures et les orifices des trompes d'Eustache ; l'épiglotte, et surtout le mouvement par lequel la glotte se ferme, garantit le larynx.

Second temps de la déglutition.

Ainsi s'accomplit le deuxième temps de la déglutition, par l'effet duquel le bol alimentaire parcourt le pharynx et s'engage dans la partie supérieure de l'œsophage. Tous les phénomènes qui y coopèrent se passent simultanément et avec une grande promptitude : ils ne sont pas soumis à la volonté ; ils diffèrent donc, sous plusieurs rapports, des phénomènes qui appartiennent au premier temps.

---

(1) J'ai deux observations d'individus qui manquaient entièrement d'épiglotte, et chez qui la déglutition se faisait sans aucune difficulté. Si dans les phthisies laryngées, avec destruction de l'épiglotte, la déglutition est laborieuse et imparfaite, c'est que les cartilages arythénoïdes sont cariés et les bords de la glotte ulcérés, au point de ne plus pouvoir fermer exactement l'ouverture de la glotte.

Le troisième temps de la déglutition est celui qui a été étudié avec le moins de soin, probablement à cause de la situation de l'œsophage, qui n'est facile à observer que dans sa portion cervicale.

Les phénomènes qui s'y rapportent n'ont rien de compliqué. En se contractant, le pharynx pousse le bol alimentaire dans l'œsophage, avec assez de force pour dilater convenablement la partie supérieure de cet organe. Bientôt ses fibres circulaires supérieures, excitées par la présence du bol, se contractent, et poussent l'aliment vers l'estomac, en déterminant la distension de celles qui sont plus inférieures. Celles-ci se contractent à leur tour, et la même chose se répète jusqu'à ce que le bol parvienne à l'estomac.

Dans les deux tiers supérieurs de l'œsophage, le relâchement des fibres circulaires suit immédiatement la contraction par laquelle elles ont déplacé le bol alimentaire. Il n'en est pas de même pour le tiers inférieur; celui-ci reste quelques instans contracté après l'introduction de l'aliment dans l'estomac.

On s'abuserait si l'on croyait rapide la marche du bol alimentaire dans l'œsophage; j'ai été frappé, dans mes expériences, de la lenteur de sa progression. Quelquefois il met deux ou trois minutes avant d'arriver dans l'estomac; d'autres

Troisième temps de la déglutition.

fois il s'arrête à diverses reprises, et fait un séjour assez long à chaque station. Je l'ai vu, dans d'autres circonstances, remonter de l'extrémité inférieure de l'œsophage vers le col, pour redescendre ensuite. Lorsqu'un obstacle s'oppose à son entrée dans l'estomac, ce mouvement se répète un grand nombre de fois avant que l'aliment soit rejeté par la bouche. N'est-il pas arrivé à tout le monde de sentir distinctement les alimens s'arrêter dans l'œsophage, et d'être obligé de boire pour les faire descendre dans l'estomac?

Quand le bol alimentaire est très-volumineux, sa progression est encore plus lente et plus difficile. Elle est accompagnée d'une douleur vive, produite par la distension des filets nerveux qui entourent la portion pectorale du canal. Quelquefois le bol s'arrête et peut donner lieu à des accidens graves.

M. le professeur Hallé a observé sur une femme atteinte d'une maladie qui permettait de voir l'intérieur de l'estomac, que l'arrivée d'une portion d'aliment dans ce viscère était immédiatement suivie de la formation d'une sorte de bourrelet à l'orifice cardiaque. Ce bourrelet était produit par le déplacement de la membrane muqueuse de l'œsophage, que poussait dans l'estomac la contraction des fibres circulaires de ce conduit.

La muco-
sité favorise
la dégluti-
tion.

Toute l'étendue de la surface muqueuse que le bol alimentaire doit parcourir dans les trois temps de la déglutition, est lubrifiée par une mucosité abondante. Chemin faisant, le bol presse plus ou moins les follicules qu'il rencontre sur sa route; il les vide du fluide qu'ils pouvaient contenir, et glisse d'autant plus facilement sur la membrane muqueuse. Remarquons qu'aux endroits où le bol doit passer rapidement et être pressé avec plus de force, les organes sécréteurs de la mucosité sont beaucoup plus abondans. Par exemple, dans l'étroit espace où le second temps de la déglutition a lieu, on trouve : les tonsilles, les papilles fongueuses de la base de la langue, les follicules du voile du palais et de la luette, ceux de l'épiglotte, et les glandes arythénoïdes. Dans ce cas, la salive et la mucosité remplissent des usages analogues à ceux de la synovie.

Le mécanisme par lequel nous avalons les autres bouchées d'alimens ne diffère point de celui que nous venons d'exposer.

Influence
de la volon-
té sur la dé-
glutition.

Rien de plus aisé que d'exécuter la déglutition, et cependant presque tous les actes qui la composent sont hors de l'influence de la volonté et du domaine de l'instinct. Il nous est impossible de faire à vide un mouvement de déglutition. Si la substance contenue dans la bouche n'est pas suffisamment mâchée, si elle n'a point la forme, la consistance et les dimensions du bol alimentaire, et si l'on n'a point fait les mouvemens de mastication qui précèdent immédiatement la déglutition, quelque effort que nous fassions, il nous sera souvent impossible de l'avaler. Combien ne rencontre-t-on pas de personnes qui ne peuvent avaler une pilule ou un bol médicamenteux, et qui sont obligées de recourir à divers moyens pour parvenir à les introduire dans l'œsophage?

Pour prendre une idée de la part que peut avoir la volonté dans la déglutition, on peut faire sur soi-même l'expérience suivante. Cherchez à exécuter de suite cinq ou six mouvemens de déglutition, dans lesquels on avalera la salive contenue dans la bouche : le premier et même le second se feront facilement; le troisième sera plus difficile, car il ne restera que très-peu de salive à avaler; le quatrième ne pourra être exécuté qu'au bout d'un certain temps, quand il sera arrivé de nouvelle salive dans la bouche; enfin, le cinquième et le sixième seront impossibles, parce qu'il n'y aura point de salive à avaler. On peut se rappeler, d'ailleurs, combien la déglutition est difficile toutes les fois que la bouche et le pharynx sont peu ou point humectés.

De l'abdomen.

Les actions digestives qui nous restent à examiner se passent dans la cavité de l'abdomen, dont la disposition mérite d'être étudiée avec attention.

L'abdomen est la plus spacieuse des cavités du corps, et elle peut, plus qu'aucune autre, augmenter ses dimensions. Elle loge un grand nombre d'organes destinés à des fonctions importantes, telles que la génération, la digestion, la sécrétion de l'urine, etc. Ses parois sont en grande partie musculaires, et ont une action très-marquée sur les organes qu'elle contient.

La forme de la cavité abdominale est irrégulièrement ovoïde. A cause de ses dimensions considérables, et afin de donner de la précision au langage, on la partage en plusieurs régions, qui ont reçu chacune un nom particulier.

Pour comprendre cette division purement artificielle, il faut supposer deux plans horizontaux, dont l'un couperait l'abdomen au niveau de la crête des os des îles, et l'autre à la hauteur du rebord des fausses côtes. La partie de l'abdomen placée au-dessous du premier plan se nomme *région hypogastrique*; celle qui se trouve au-dessus du second est appelée *région épigastrique*, et celle qui est comprise entre les deux plans se nomme la *région ombilicale*.

Supposons maintenant deux autres plans qui, au lieu d'être horizontaux comme les premiers, seraient verticaux, et qui, partant des deux côtés de la tête, viendraient tomber vers les épines antérieures et inférieures des os des îles, en partageant l'abdomen d'avant en arrière : il est clair que chacune des trois régions abdominales dont nous venons de parler se trouverait partagée en trois compartimens, de dimensions à peu près égales, dont un serait moyen et deux autres latéraux. On est convenu de désigner ces subdivisions par les noms suivans. On nomme *épigastre* la partie moyenne de la région épigastrique, et *hypochondres* ses parties latérales ; on appelle *ombilic* la partie moyenne de la région ombilicale, et *flancs* les divisions latérales ; enfin, on donne le nom d'*hypogastre* à la division moyenne de la région hypogastrique, tandis qu'on appelle ses côtés *régions iliaques*.

Au moyen de ces divisions artificielles, on peut fixer avec exactitude la position, et les rapports respectifs des organes contenus dans l'abdomen ; et ce résultat, utile en physiologie, l'est bien davantage en médecine.

En haut, l'abdomen est séparé de la poitrine par le *diaphragme*, muscle disposé en forme de voûte, et dont la contraction a une influence trèsgrande sur la position et même sur l'action des

organes contenus dans l'abdomen. La circonférence du diaphragme est attachée au rebord des
fausses côtes et à la colonne vertébrale. Dans
l'état de relâchement, son centre s'élève jusqu'au
niveau de la sixième ou septième vraie côte : il
en résulte que, dans l'instant où ce muscle se
contracte avec énergie, il peut opérer une diminution très-considérable de la cavité abdominale,
comprimer tous les organes qu'elle contient, et
distendre les parties molles qui en forment ailleurs les parois.

*Parois ab-
dominales.*

La partie inférieure de l'abdomen est formée
par le bassin, dont les os immobiles supportent
le poids d'une partie des viscères, servent d'insertion aux muscles, et ne se prêtent que dans des
circonstances extrêmement rares à des variations
de capacité de l'abdomen. Il faut remarquer que
l'espace compris entre le coccyx, les tubérosités
de l'ischion et l'arcade du pubis, n'est rempli que
par des parties molles, et particulièrement par
les muscles *ischio-coccygiens, releveur de l'anus,*
et *sphincter externe.*

En avant et latéralement, les parois abdominales sont formées par les muscles *abdominaux.*
Ces muscles, que nous avons déjà vus concourir
puissamment aux diverses attitudes et aux mouvemens du tronc, ont aussi une action efficace
dans la digestion, la génération, etc.

Parmi ces muscles, ceux qui sont larges et situés sur les côtés sont destinés à resserrer l'abdomen et à comprimer les viscères qui y sont renfermés.

Les muscles longs, situés antérieurement, sont le plus souvent les antagonistes des premiers. Ils résistent à leur action, et peuvent, dans certains cas, augmenter les dimensions de l'abdomen et diminuer la pression que supportent les viscères.

Parois abdominales.

Depuis l'appendice sternal jusqu'au pubis, il existe un cordon fibreux, formé par l'entre-croisement des aponévroses des muscles abdominaux : c'est la *ligne blanche* des anatomistes ; ses usages seront exposés ailleurs.

Le plus souvent, les muscles qui entrent dans la composition des parois abdominales sont dirigés par la volonté ; mais il y a aussi des circonstances où ils entrent instinctivement en contraction, et alors ils ont une énergie supérieure à celle qu'ils développent dans les cas ordinaires.

Action de l'estomac sur les alimens.

Jusqu'ici nous n'avons vu que des actions physiques de la part des organes digestifs sur les alimens ; maintenant ce sont des altérations chimiques qui s'offriront presque toujours à notre examen.

Dans l'estomac, les alimens sont transformés

en une matière propre aux animaux, qui est le *chyme*; mais avant de traiter des phénomènes que présente sa formation, disons quelques mots de l'estomac lui-même.

De l'estomac.

De l'esto-
mac.

L'estomac est intermédiaire à l'œsophage et au duodénum; il occupe, dans l'abdomen, l'épigastre et une partie de l'hypochondre gauche; sa forme, quoique variable, est en général celle d'un conoïde recourbé sur lui-même. La moitié gauche de l'estomac a toujours des dimensions beaucoup plus grandes que la moitié droite; et comme la part que prennent ces deux moitiés dans la formation du chyme est différente, je crois utile de nommer l'une la *partie splénique*, parce qu'elle est appuyée sur la rate, et l'autre *partie pylorique*, parce qu'elle correspond au pylore. Ces deux parties sont le plus souvent séparées l'une de l'autre par un rétrécissement particulier.

L'estomac étant destiné à laisser accumuler les alimens dans sa cavité, il est évident que ses dimensions, sa situation dans l'abdomen et ses rapports avec les organes voisins, doivent éprouver de grandes variations.

Orifices de
l'estomac.

Cet organe a deux orifices : l'un correspond à l'œsophage; c'est *l'orifice cardiaque* ou *œsopha-*

gien : l'autre communique avec l'intestin grêle ; il se nomme *orifice intestinal*, ou *pylore*.

Les trois membranes ou tuniques qui composent l'estomac, présentent les dispositions les plus favorables aux variations de volume de l'organe. La plus extérieure, ou la *péritonéale*, est formée de deux lames peu adhérentes au viscère, qui se prolongent sans s'unir le long de ses bords, où elles forment les *épiploons*, dont l'étendue est par conséquent en raison inverse du volume de l'estomac.

La membrane muqueuse de l'estomac est d'un rouge blanchâtre et marbré ; elle présente un grand nombre de plis irréguliers, situés particulièrement le long des bords inférieurs et supérieurs de l'organe ; on en voit aussi à son extrémité splénique : ils sont d'autant plus nombreux et marqués, que l'estomac est plus resserré sur lui-même.

Aucune partie de la membrane muqueuse digestive ne présente des villosités aussi abondantes et aussi fines que celle de l'estomac. Elle est habituellement recouverte, surtout dans la partie splénique, d'une mucosité adhérente à sa surface. On rencontre beaucoup de follicules dans son épaisseur ; mais il est important de remarquer qu'ils sont très-abondans dans la portion pylorique ; on en voit un certain nombre au voisinage de l'orifice cardiaque; ils sont très-rares dans le reste de la membrane.

Au pylore, la membrane muqueuse forme un repli circulaire, nommé *valvule pylorique*. Entre ses deux lames, on trouve un tissu assez dense, fibreux, désigné, par quelques auteurs, par le nom de *muscle pylorique*.

Quant à la couche musculaire de l'estomac, elle est très-mince. Ses fibres circulaires et longitudinales sont écartées les unes des autres, surtout dans la partie splénique. Cet écartement augmente ou diminue avec le volume de l'estomac.

Il est peu d'organes qui reçoivent autant de sang que l'estomac; quatre artères, dont trois considérables, y sont presque exclusivement destinées. Ses nerfs ne sont pas moins nombreux; ils se composent des deux huitièmes paires, et d'un grand nombre de filets provenant du plexus *soléaire* du grand sympathique.

Accumulation des alimens dans l'estomac.

Avant d'exposer les changemens que les alimens éprouvent dans l'estomac, il est nécessaire de connaître les phénomènes de leur accumulation dans ce viscère, ainsi que les effets locaux et généraux qui en résultent.

Les premières bouchées d'alimens avalées se

logent facilement dans l'estomac. Cet organe est peu comprimé par les viscères environnans; ses parois s'écartent aisément, et cèdent à la force qui pousse le bol alimentaire : mais à mesure que de nouvelles portions d'alimens arrivent, sa distension devient plus difficile, car elle doit être accompagnée du refoulement des viscères abdominaux et de l'extension des parois abdominales. C'est surtout vers l'extrémité droite et la partie moyenne que se fait l'accumulation : la moitié pylorique s'y prête plus difficilement.

En même temps que l'estomac se laisse distendre, sa forme, ses rapports, sa position même, subissent des modifications : au lieu d'être aplati sur ses faces, de n'occuper que l'épigastre et une partie de l'hypochondre gauche, il prend une forme arrondie; son grand cul-de-sac s'enfonce dans cet hypochondre et le remplit presqu'en totalité; la grande courbure descend vers l'ombilic, surtout du côté gauche; le pylore seul, fixé par un repli du péritoine, conserve sa position et ses rapports avec les parties environnantes.

A cause de la résistance qu'offre en arrière la colonne vertébrale, la face postérieure de l'estomac ne peut se dilater de ce côté : il en résulte que ce viscère, en totalité, est porté en avant; et comme le pylore et l'œsophage ne peuvent être déplacés dans ce sens, il fait un mouvement de rotation, par lequel sa grande courbure est dirigée un peu en avant; sa face postérieure s'incline en bas et la supérieure en haut.

Tout en éprouvant ces changemens de rapports et de position, il conserve cependant la forme conoïde recourbée qui lui est propre. Cet effet dépend de la manière dont les trois tuniques contribuent à sa dilatation. Les deux lames de la séreuse s'écartent et font place à l'estomac. La musculeuse éprouve une véritable distension; ses fibres s'allongent, mais de manière à conserver la forme particulière à l'estomac. Enfin, la membrane muqueuse cède, surtout dans les points où les rides sont multipliées. On se rappelle que celles-ci se rencontrent particulièrement le long de la grande courbure, ainsi qu'à l'extrémité splénique.

La seule dilatation de l'estomac produit dans l'abdomen des changemens importans. Le volume total de cette cavité augmente; le ventre devient saillant; les viscères abdominaux sont comprimés avec plus de force ; souvent le besoin de rendre l'urine ou les matières fécales se fait sentir. Le diaphragme est refoulé vers la poitrine, il s'abaisse avec quelque difficulté ; de là plus de gêne dans les mouvemens de la respiration et dans les phénomènes qui en dépendent, comme la parole, le chant, etc.

Dans certains cas, la dilatation de l'estomac peut être portée au point que les parois abdominales sont douloureusement distendues et que la respiration devient réellement difficile.

Pour produire de pareils effets, il faut que la contraction de l'œsophage, qui pousse les alimens dans l'estomac, soit très-énergique. Nous avons fait remarquer plus haut l'épaisseur considérable de la couche musculeuse de ce canal, et la grande quantité de nerfs qui s'y rendent; il ne faut rien moins que cette disposition pour rendre raison de la force avec laquelle les alimens distendent l'estomac. Pour plus de certitude, on n'a qu'à introduire un doigt dans l'œsophage d'un animal par son orifice cardiaque, on sera frappé de la vigueur de sa contraction.

Mais si les alimens exercent une influence aussi marquée sur les parois de l'estomac et de l'abdomen, ils doivent éprouver eux-mêmes une réaction proportionnée, et tendre à s'échapper par les deux ouvertures de l'estomac. Pourquoi cet effet n'a-t-il pas lieu? On dit généralement que le cardia et le pylore se ferment, mais je ne vois nulle part que ce phénomène ait été soumis à des recherches spéciales.

Voici ce que mes expériences m'ont appris à cet égard.

C'est le mouvement alternatif de l'œsophage

alimens d'ê-tre repous-sés dans l'œsophage.

qui s'oppose au retour des alimens dans sa cavité. Plus l'estomac est distendu, plus la contraction devient intense et prolongée, et le relâchement de courte durée. La contraction coïncide ordinairement avec le moment de l'inspiration, où l'estomac est plus fortement comprimé. Le relâchement arrive le plus souvent dans l'instant de l'expiration.

On aura une idée de ce mécanisme en mettant à nu l'estomac d'un chien, et en cherchant à faire pénétrer les alimens dans l'œsophage, en comprimant l'estomac avec les deux mains. Il sera à peu près impossible d'y réussir, quelque force qu'on emploie, si l'on agit dans l'instant de la contraction de l'œsophage ; mais le passage s'effectuera en quelque sorte de lui-même, si l'on comprime le viscère dans l'instant du relâchement.

Cause pour laquelle les alimens ne traversent pas le pylore.

La résistance qu'oppose le pylore à la sortie des alimens est d'une autre espèce. Dans les animaux vivans, que l'estomac soit vide ou plein, cette ouverture est habituellement fermée par le resserrement de son anneau fibreux et la contraction de ses fibres circulaires. On voit fréquemment à l'estomac un autre resserrement, à un ou deux pouces de distance (1), qui paraît destiné à

----

(1) Cette disposition est très-évidente dans les animaux carnassiers et dans les herbivores à un seul estomac.

empêcher les alimens d'arriver jusqu'au pylore ; on aperçoit aussi des contractions irrégulières et péristaltiques, qui commencent au duodénum et se prolongent dans la portion pylorique de l'estomac, dont l'effet est de repousser les alimens vers la partie splénique.

D'ailleurs, quand le pylore ne serait pas naturellement fermé, les alimens auraient peu de tendance à s'y introduire, car ils ne cherchent à s'échapper que pour passer dans un lieu où la pression serait moindre ; et elle serait tout aussi grande dans l'intestin grêle que dans l'estomac, puisqu'elle est à peu près également répartie dans toute la cavité abdominale.

Au nombre des phénomènes produits par la présence des alimens dans l'estomac, il en est plusieurs dont l'existence, quoique généralement admise, ne paraît pas suffisamment démontrée : telle est la diminution de volume de la rate et celle des vaisseaux sanguins du foie, des épiploons, etc. ; tel est encore un mouvement de l'estomac, nommé par les auteurs *péristole*, qui présiderait à la réception des alimens, les répartirait également, en exerçant sur eux une pression douce, de manière que sa dilatation, loin d'être passive, serait un phénomène essentiellement actif. J'ai souvent ouvert des animaux dont l'estomac venait d'être rempli d'alimens ; j'ai examiné des cadavres de suppliciés, peu de temps après la mort, je n'ai jamais rien vu qui fût en faveur de ces assertions.

Sensations internes qui accompagnent l'accumulation des alimens dans l'estomac.

L'accumulation des alimens dans l'estomac s'accompagne de plusieurs sensations dont il faut tenir compte : c'est, d'abord, le sentiment agréable ou le plaisir d'un besoin satisfait. La faim s'apaise par degrés, la faiblesse générale qui l'accompagnait est remplacée par un état dispos et un sentiment de force nouvelle. Si l'introduction des alimens continue, on éprouve un sentiment de plénitude et de satiété qui indique que l'estomac est suffisamment rempli ; et si, malgré cet avertissement instinctif, on persiste à faire usage d'alimens, le dégoût et les nausées ne tardent pas à survenir, et bientôt elles sont suivies elles-mêmes de vomissement.

Ce n'est pas seulement au volume des alimens qu'il faut rapporter ces diverses impressions : toutes choses égales, d'ailleurs, un aliment nutritif amène plus promptement le sentiment de satiété. Une substance peu nourrissante calme difficilement la faim, même lorsqu'elle a été prise en quantité considérable.

La membrane muqueuse de l'estomac est donc douée d'une sensibilité assez développée, puisqu'elle distingue la nature des substances mises en contact avec elle. Cette propriété se manifeste d'une manière bien évidente, si l'on a avalé une substance vénéneuse irritante : on ressent alors des douleurs intolérables. On sait aussi que l'estomac est sensible à la température des alimens.

A la rougeur de la membrane muqueuse, à la quantité de fluide qu'elle sécrète, au volume des vaisseaux qui s'y portent, on ne peut guère douter que la présence des alimens dans l'estomac n'y détermine une excitation très-grande, mais utile pour le travail de la chymification. Cette excitation de l'estomac influe sur l'état général des fonctions, comme nous le dirons plus bas.

Le séjour des alimens dans l'estomac est assez long, ordinairement il est de plusieurs heures ; c'est pendant ce séjour qu'ils sont transformés en *chyme*.

Étudions les phénomènes de cette transformation, sur laquelle on n'a que des données fort incomplètes.

Altérations des alimens dans l'estomac.

Il se passe ordinairement plus d'une heure avant que les alimens subissent aucune autre altération apparente dans l'estomac, que celle qui résulte de leur mélange avec les fluides perspiratoires et muqueux qui s'y trouvent et s'y renouvellent continuellement.

Pendant ce temps, l'estomac reste uniformé-

Formation du chyme.

ment distendu; mais ensuite la portion pyloriqu
se resserre dans toute son étendue, surtout dan
le point le plus voisin de la portion splénique
où se trouvent repoussés les alimens. Dès lors o
ne rencontre plus dans la portion pylorique qu
du chyme, mêlé à une très-petite quantité d'alimens non altérés.

Du chyme.   Mais qu'entend-on par *chyme?* Les auteur
les plus recommandables s'accordent pour l
regarder comme une substance homogène, pul-
tacée, grisâtre, d'une saveur douceâtre, fade
légèrement acide, et qui conserve quelques propriétés des alimens. Cette description laisse beaucoup à désirer.

En effet, dans quel cas a-t-on vu le chyme
avec ces caractères? quels étaient les alimens
dont on avait fait usage? On n'en fait aucune
mention, et cependant il était très-important de
le déterminer.

J'ai cru que de nouvelles expériences sur ce
point pourraient être utiles : je ne puis consigner ici tous les détails de celles que j'ai faites;
j'en rapporterai les résultats les plus importans.

Expériences sur la formation du chyme.   A. Il y a autant d'espèces de chyme qu'il y a
d'espèces d'alimens, si l'on en juge par la cou-
leur, la consistance, l'aspect, etc., comme on
peut aisément s'en assurer en faisant manger à
des chiens différentes substances alimentaires

simples, et en les tuant pendant le travail de la digestion. J'ai plusieurs fois constaté le même résultat chez l'homme, sur des cadavres de suppliciés ou d'individus morts d'accidens.

B. En général, les substances animales sont plus aisément et plus complétement altérées que les substances végétales. Il arrive fréquemment que ces dernières traversent tout le canal intestinal en conservant leurs propriétés apparentes. J'ai plusieurs fois vu, dans le rectum et dans l'intestin grêle, les légumes qu'on ajoute au potage, les épinards, l'oseille, etc., ayant conservé la plupart de leurs propriétés : leur couleur seule paraissait sensiblement altérée par le contact de la bile.

C'est particulièrement dans la portion pylorique que se forme le chyme. Il paraît que les alimens s'y introduisent peu à peu, et que, pendant le séjour qu'ils y font, ils subissent la transformation. Il m'a semblé cependant voir plusieurs fois de la matière chymeuse à la surface de la masse d'alimens qui remplit la moitié splénique ; mais le plus souvent les alimens conservent leurs propriétés dans cette partie de l'estomac.

Il serait difficile de dire pourquoi la portion pylorique est plus apte à la formation du chyme que le reste de l'estomac ; peut-être le grand

Expériences sur la formation du chyme.

6.

nombre de follicules qu'on y observe apporte-t-il quelques modifications dans la quantité ou dans la nature du fluide qui y est sécrété.

La transformation des substances alimentaires en chyme se fait, en général, de la superficie vers le centre. Il se forme, à la surface des portions d'alimens avalées, une couche molle, facile à détacher. Il semble que les substances soient attaquées, corrodées par un réactif capable de les dissoudre. Un morceau de blanc d'œuf durci, par exemple, se comporte à peu près comme s'il était plongé dans du vinaigre faible ou dans une dissolution de potasse.

C. Quelle que soit la substance alimentaire dont on ait fait usage, le chyme a toujours une odeur et une saveur aigres, et rougit fortement le papier de tournesol.

D. On n'observe qu'une très-petite quantité de gaz dans l'estomac pendant la formation du chyme; quelquefois même il n'en existe pas. Ils y forment ordinairement une bulle peu volumineuse, à la partie supérieure de la portion splénique. Une seule fois, sur un cadavre de supplicié, et peu de temps après la mort, j'en ai recueilli, avec les précautions convenables, une quantité assez grande pour être analysée. M. Chevreul l'a trouvée composée de :

Oxigène. . . . . 11,00.
Acide carbonique. . . . . 14,00.
Hydrogène pur. . . . . 3,55.
Azote. . . . . 71,45.

Total . . . . 100,00.

Il est rare que l'on rencontre des gaz dans l'estomac du chien.

On ne peut donc croire, avec M. le professeur Chaussier, qu'à chaque mouvement de déglutition nous avalons une bulle d'air, poussée dans l'estomac par le bol alimentaire. S'il en était ainsi, on devrait trouver dans cet organe une quantité considérable d'air après le repas : or, on vient de voir le contraire.

E. Jamais une grande quantité de chyme ne s'accumule dans la portion pylorique; le plus que j'en aie vu équivalait à peine, en volume, à deux ou trois onces d'eau. Il paraît que la contraction de l'estomac influe sur la production du chyme : voici ce que j'ai observé à cet égard. Après avoir été quelque temps immobile, l'extrémité du duodénum se contracte, le pylore et la portion pylorique en font autant; ce mouvement repousse le chyme vers la portion splénique; mais ensuite il se fait, en sens inverse, c'est-à-dire qu'après s'être distendue et avoir permis au chyme de rentrer de nouveau dans sa

Mouvemens de l'estomac pendant la formation du chyme.

cavité, la portion pylorique se contracte de gauche à droite, et dirige vers le duodénum le chyme, qui franchit aussitôt le pylore et pénètre dans l'intestin. Le même phénomène se répète un certain nombre de fois, puis il s'arrête pour se montrer de nouveau au bout d'un certain temps. Quand l'estomac contient beaucoup d'alimens, ce mouvement est borné à la partie de l'organe la plus voisine du pylore; mais, à mesure qu'il se vide, le mouvement s'étend davantage, et se manifeste même dans la portion splénique quand l'estomac est presque entièrement vide. En général, il devient plus prononcé sur la fin de la chymification. Quelques personnes en ont distinctement la conscience à cet instant.

Usages du pylore. On a fait jouer au pylore un rôle très-important dans le passage du chyme de l'estomac à l'intestin. Il juge, dit-on, du degré de chymification des alimens; il s'ouvre pour ceux qui ont les qualités requises, se ferme devant ceux qui ne les présentent pas. Cependant, comme on observe journellement que des substances non digérées et même non digestibles, telles que des noyaux de cerises, le traversent facilement, on ajoute que, s'accoutumant à une substance non chymifiée qui se présente à plusieurs reprises, il finit par lui livrer passage. Ces considérations, en quelque sorte consacrées par la signification du mot *pylore* (*portier*), peuvent plaire à l'esprit, mais sont purement hypothétiques.

F. Toutes les substances alimentaires ne sont pas transformées en chyme avec la même promptitude.

En général, les substances grasses, les tendons, les cartilages, l'albumine concrète, les végétaux mucilagineux et sucrés, résistent davantage à l'action de l'estomac, que les alimens caséeux, fibrineux, glutineux. Quelques substances paraissent même réfractaires : tels sont les os, l'épiderme des fruits, leurs noyaux, les graines entières, etc.

Dans la détermination de la digestibilité des alimens, il faut avoir égard au volume des portions qui ont été avalées. J'ai souvent observé que les morceaux les plus gros, quelle qu'en fût d'ailleurs la nature, restaient les derniers dans l'estomac : au contraire, une substance même non digestible, pourvu qu'elle soit très-divisée, comme des pepins de raisins, ne s'arrête pas dans l'estomac, et passe promptement, avec le chyme, dans l'intestin.

Sous le rapport de la facilité et de la promptitude de la formation du chyme, on observe presque autant de différences qu'il y a d'individus.

D'après ce qui vient d'être dit, il est évident

Remarques
sur la for-
mation du
chyme.

que, pour fixer le temps nécessaire à la chymification de tous les alimens contenus dans l'estomac, on doit tenir compte de leur quantité, de leur nature chimique, de la manière dont la mastication s'est exercée sur eux, et de la disposition individuelle. Cependant, quatre ou cinq heures après un repas ordinaire, il est rare que la transformation de la totalité des alimens en chyme ne soit pas effectuée.

On ignore la nature des changemens chimiques que les alimens éprouvent dans l'estomac. Ce n'est pas qu'à différentes époques on n'ait tenté d'en donner des explications plus ou moins plausibles. D'anciens philosophes di-

Systèmes
sur la diges-
tion.

saient que les alimens se *putréfiaient* dans l'estomac ; Hippocrate attribuait la digestion à la *coction ;* Galien donnait à l'estomac les facultés *attractrice*, *rétentrice*, *concoctrice* et *expultrice*, et par leur secours il pensait expliquer la digestion. La doctrine de Galien a régné dans les écoles jusqu'au milieu du dix-septième siècle, où elle a été attaquée et renversée par les chimistes fermentateurs, qui établirent dans l'estomac une *effervescence*, une *fermentation* particulière, au moyen de laquelle les alimens étaient *macérés, dissous, précipités*, etc. Ce système n'eut pas une longue vogue ; il fut remplacé par des idées beaucoup moins raisonnables. On établit que la digestion n'était qu'une *trituration*, un écrasement, opérés par la contraction de l'estomac; on supposa une multitude innombrable de petits vers qui attaquaient et divisaient les alimens. Boerrhaave crut rencontrer la vérité en alliant les diverses opinions qui avaient régné avant lui. Haller s'écarta des idées de son maître; il regarda la digestion comme une simple *macération*. Il savait que les matières végétales et animales qui sont plongées dans l'eau ne tardent pas à se couvrir d'une couche molle et homogène; il crut que les alimens éprouvaient des phénomènes analogues en macérant dans la salive et le fluide sécrété par l'estomac.

Si l'on applique à ces divers systèmes la logique sévère, qui seule désormais doit régner en physiologie, on ne peut y voir qu'un effet du besoin qu'a l'homme de satisfaire son imagination, et de se faire illusion sur les choses qu'il ignore. Était-on, en effet, beaucoup plus avancé pour avoir dit que la digestion était une coction, une fermentation, une macération, etc.? Non, puisqu'on n'attachait aucun sens précis à ces mots.

Ce n'est point en suivant cette méthode que procédèrent Réaumur et Spallanzani. Ils firent des expériences sur les animaux, et démontrèrent la fausseté des anciens systèmes; ils firent voir que des alimens, renfermés dans des boules creuses, métalliques, et percées de petits trous, étaient digérés comme s'ils étaient libres dans la cavité de l'estomac. Ils constatèrent que l'estomac contient un fluide particulier, qu'ils nommèrent *suc gastrique*, et que ce fluide était l'agent principal de la digestion ; mais ils en exagérèrent beaucoup les propriétés, et ils s'abusèrent quand ils crurent avoir expliqué la digestion en la considérant comme une *dissolution :* car, n'expliquant point la dissolution, ils n'expliquaient point davantage l'altération des alimens dans l'estomac.

Au lieu de nous arrêter à l'exposition et à la réfutation faciles de ces différentes hypothèses, et qui d'ailleurs se trouvent dans tous les ouvrages, nous ferons sur le phénomène de la formation du chyme les réflexions suivantes :

Il faut avoir égard, dans la formation du chyme, 1°. aux circonstances dans lesquelles se trouvent les alimens contenus dans l'estomac ; 2°. à la nature chimique de ces substances.

Réflexions sur la formation du chyme. Les circonstances au milieu desquelles se trouvent les alimens pendant toute la durée de leur séjour dans l'estomac, et qui doivent être remarquées, sont peu nombreuses. 1°. Ils éprouvent une pression plus ou moins forte, soit de la part des parois abdominales, soit de celle des parois de l'estomac ; 2°. ils sont mus en totalité par les mouvemens de la respiration ; 3º. ils sont exposés à une température de trente à trente-deux degrés de Réaumur ; 4º. ils sont exposés à l'action de la salive, des mucosités provenant de la bouche et de l'œsophage, ainsi qu'à celle du fluide sécrété par la membrane muqueuse de l'estomac.

On se rappelle que ce fluide est légèrement visqueux, qu'il contient beaucoup d'eau, du mucus, des sels à base de soude et d'ammoniaque, et de l'acide lactique de M. Berzélius.

Quant à la nature des alimens, nous avons déjà vu combien elle est variable, puisque tous les principes immédiats, animaux ou végétaux, peuvent, sous des formes ou des proportions différentes, être portés dans l'estomac, et servir utilement à la formation du chyme.

Réflexions sur la formation du chyme.

Maintenant pouvons-nous, en tenant compte de la nature des alimens et des circonstances où ils sont placés dans l'estomac, arriver à nous rendre raison des phénomènes connus de la formation du chyme ?

La température de trente à trente-deux degrés, la pression et le ballottement que supportent les alimens, ne peuvent point être considérés comme causes principales de leur transformation en chyme ; il est probable seulement qu'elles y coopèrent : restent l'action de la salive et celle du fluide sécrété dans l'estomac ; mais, d'après la composition connue de la salive, il n'est guère possible qu'elle attaque et qu'elle change la nature des alimens; elle peut tout au plus servir à les diviser, à les imbiber, de manière à écarter leurs molécules : c'est donc à l'action du fluide formé par la membrane interne de l'estomac, qu'il faut s'arrêter. Il paraît certain que c'est ce fluide qui, agissant chimiquement sur des substances alimentaires, les dissout de la surface vers le centre.

Digestions artificielles. Pour en donner une preuve palpable, on a tenté, avec le fluide dont nous parlons, ce qu'on appelle en physiologie, depuis Réaumur et Spallanzani, des *digestions artificielles*, c'est-à-dire qu'après avoir mâché des alimens, on les mêle à du suc gastrique, puis on les expose dans un tube ou tout autre vase, à une température égale à celle de l'estomac. Spallanzani a avancé que ces digestions réussissaient, et que les alimens étaient réduits en chyme; mais, d'après les dernières recherches de M. de Montègre, il paraît positif qu'il n'en est rien, et qu'au contraire les substances employées n'éprouvent aucune altération analogue à la chymification; ce qui est conforme à quelques expériences faites par Réaumur.

Mais de ce que le suc gastrique ne dissout pas les alimens avec lesquels il est renfermé dans un tube, il n'en faut pas conclure, avec quelques personnes, que le même fluide ne peut point dissoudre les alimens quand ils sont introduits dans l'estomac : les circonstances sont loin, en effet, d'être les mêmes; dans l'estomac, la température est égale, les alimens sont pressés et secoués, la salive et le suc gastrique se renouvellent continuellement; à mesure que le chyme est formé, il est emporté et poussé dans le duodénum. Rien de tout cela n'a lieu dans le tube ou dans le vase qui contient les alimens mêlés au suc gastrique; par conséquent le non succès des digestions artificielles ne prouve rien pour l'explication de la formation du chyme.

Mais comment se fait-il qu'un même fluide puisse agir d'une manière analogue sur le grand nombre des substances alimentaires, végétales ou animales? L'acidité qui le caractérise, propre à dissoudre certains alimens, comme l'albumine, par exemple, ne conviendra point pour dissoudre une matière grasse.

Réflexions sur la formation du chyme.

A cela on peut répondre que rien n'affirme que le suc gastrique soit toujours le même : le petit nombre d'analyses qu'on en a faites prouve, au contraire, qu'il présente des variétés considérables dans ses propriétés. Il est possible que le contact d'alimens différens sur la membrane muqueuse de l'estomac influe sur sa composition;

on est certain, du moins, qu'il varie dans les dif-férens animaux. Celui de l'homme, par exemple, est incapable d'attaquer le tissu des os; chacun sait que le chien digère parfaitement ces sub-stances (1).

En général, l'action par laquelle le chyme se forme empêche la réaction des élémens constitu-tifs des alimens les uns sur les autres : mais cet effet n'a lieu que dans les *bonnes* digestions; il paraît que, dans les *mauvaises*, la fermentation, ou même la putréfaction, peut avoir lieu : on peut le soupçonner à la grande quantité de gaz inodores qui se développent dans certains cas, et à l'hydrogène sulfuré qui se dégage dans d'autres.

Influence des nerfs de la huitième paire sur la formation du chyme. Depuis long-temps, on regarde les nerfs de la huitième paire comme destinés à présider à l'acte de la chymification : en effet, si on lie ou si l'on coupe ces nerfs au cou, les matières introduites dans l'estomac n'y subissent point d'altération. Mais la conséquence que l'on déduit de ce fait ne me paraît pas rigoureuse. N'aurait-on pas confondu

(1) Prenons garde cependant à ces variations conjectu-rées des fluides animaux. Plus la science de l'analyse chi-mique se perfectionne, et plus nous voyons que la compo sition des matières végétales et animales est beaucoup plus constante qu'on ne l'avait cru d'abord.

l'effet de la lésion de la respiration sur l'action de l'estomac, avec l'influence directe de la section des nerfs de la huitième paire sur cet organe? Je suis tenté de le croire ; car si, comme je l'ai fait plusieurs fois, l'on coupe les deux huitièmes paires dans la poitrine, au-dessous des branches qui vont au poumon, les alimens qui sont introduits ensuite dans l'estomac y sont transformés en chyme, et fournissent ultérieurement un chyle abondant.

Quelques personnes soupçonnent que l'électricité pourrait bien avoir part dans la production du chyme, et que les nerfs dont nous parlons pourraient en être les conducteurs : aucun fait positif ne justifie cette conjecture. Un usage plus probable des nerfs de la huitième paire, est d'établir des relations intimes entre l'estomac et le cerveau, d'avertir s'il s'est glissé quelques substances nuisibles dans les alimens, et s'ils sont de nature à être digérés.

Chez une personne robuste, le travail de la formation du chyme se fait à son insu; seulement elle s'aperçoit que le sentiment de plénitude et la gêne de la respiration, produits par la distension de l'estomac, disparaissent par degrés ; mais il est très-fréquent, surtout parmi les gens du monde d'une complexion délicate, que la digestion s'accompagne d'affaiblissement dans l'action des sens, d'un froid général, avec de légers frissons ; l'intelligence elle-même diminue d'activité et semble s'engourdir, il y a disposition au sommeil : on dit alors que les forces vitales se concentrent sur l'organe qui agit, et qu'elles abandonnent momentanément les autres. A ces effets généraux s'ajoutent la production de gaz qui s'échappent par la bouche, un sentiment de poids, de chaleur, de tournoiement, et d'autres fois de brûlure, suivi d'une sensation analogue le long de l'œsophage, etc. Ces effets se font particulièrement sentir vers la fin de la chymification. Il ne paraît pas cependant que ces *digestions laborieuses* soient beaucoup moins profitables que d'autres.

Action de l'intestin grêle.

De l'intestin grêle.

L'intestin grêle est la portion la plus longue du canal digestif ; il établit une communication entre l'estomac et le gros intestin. Peu susceptible de distension, il est contourné un grand nombre de fois sur lui-même, ayant une longueur beaucoup plus considérable que le trajet qu'il doit parcourir. Il est fixé à la colonne vertébrale par un repli du péritoine, qui se prête à ses mouvemens, quoiqu'en y donnant des limites ; ses fibres longitudinales et circulaires ne sont point écartées comme à l'estomac ; sa membrane muqueuse, qui présente beaucoup de villosités et une assez grande quantité de follicules muqueux, forme des replis irrégulièrement circulaires, dont le nombre est d'autant plus grand, qu'on examine l'intestin plus près de l'orifice pylorique. On nomme ces replis *valvules conniventes*.

L'intestin grêle reçoit beaucoup de vaisseaux sanguins ; ses nerfs naissent des ganglions du grand sympathique. A sa surface interne, s'ouvrent les orifices très-nombreux des vaisseaux *chylifères*.

On a divisé cet intestin en trois parties, distinguées par les noms de *duodénum*, de *jéjunum* et d'*iléum*; mais cette division est peu utile en physiologie.

De l'intestin grêle.

De même que la membrane muqueuse de l'estomac, celle de l'intestin grêle sécrète une mucosité abondante : je ne crois pas qu'elle ait jamais été analysée. Elle m'a paru visqueuse, filante, d'une saveur salée, et rougissant fortement le papier de tournesol; toutes propriétés que nous avons déjà remarquées dans le liquide sécrété par l'estomac. Haller donnait à ce fluide le nom de *suc intestinal;* il estimait à huit livres la quantité qui s'en forme en vingt-quatre heures.

Non loin de l'extrémité stomacale de l'intestin qui nous occupe, on remarque l'orifice commun des canaux biliaire et pancréatique, par lequel coulent dans la cavité de l'intestin les fluides sé-crétés par le foie et le pancréas (1).

Si la formation du chyme est encore un mys-tère, la nature des phénomènes qui se passent dans l'intestin grêle n'est pas mieux connue. Ici, nous suivrons encore notre méthode habituelle, c'est-à-dire que nous nous bornerons à décrire ce que l'observation fait connaître.

Nous allons d'abord parler de l'introduction du chyme et de son trajet dans l'intestin grêle ; nous traiterons ensuite des altérations qu'il y éprouve.

Accumulation et trajet du chyme dans l'intestin grêle.

Accumula-tion du chy-me dans l'in-testin grêle.

J'ai eu plusieurs fois l'occasion de voir, sur des chiens, le chyme passer de l'estomac dans le duo-dénum. Voici les phénomènes que j'ai observés. A des intervalles plus ou moins éloignés, on voit un mouvement de contraction se développer vers le milieu du duodénum ; il se propage assez rapi-dement du côté du pylore : cet anneau lui-même se resserre, ainsi que la partie pylorique de l'es-

Mouvement du pylore.

tomac ; en vertu de ce mouvement, les matières contenues dans le duodénum sont poussées vers le pylore, où elles sont arrêtées par la valvule, et celles qui se trouvent dans la partie pylorique sont

---

(1) Voyez *Sécrétion de la bile* et *Sécrétion du fluide pancréatique.*

repoussées en partie vers la partie splénique ; mais ce mouvement, dirigé de l'intestin vers l'estomac, est bientôt remplacé par un mouvement en sens opposé, c'est-à-dire qui se propage de l'estomac vers le duodénum, et dont le résultat est de faire franchir le pylore à une quantité de chyme plus ou moins considérable.

Ce fait conduit, il me semble, à penser que la valvule du pylore sert autant à empêcher les matières contenues dans l'intestin grêle de refluer dans l'estomac, qu'à retenir le chyme et les alimens dans la cavité de cet organe.

Passage du chyme à travers le pylore.

Le mouvement qui vient d'être décrit se répète ordinairement plusieurs fois de suite, avec des modifications pour la rapidité, l'intensité de la contraction, etc. ; puis il cesse pour reparaître au bout de quelque temps. Il est peu marqué dans les premiers momens de la formation du chyme ; l'extrémité seule de la partie pylorique y participe. Il augmente à mesure que l'estomac se vide, et, vers la fin de la chymification, j'ai plusieurs fois vu tout l'estomac y prendre part. Je me suis assuré qu'il n'est point suspendu par la section des nerfs de la huitième paire.

Ainsi, l'entrée du chyme dans l'intestin grêle n'est point continue. A mesure qu'elle se répète, le chyme s'accumule dans la première portion de l'intestin, il en distend un peu les parois et

7.

s'enfonce dans les intervalles des valvules ; sa présence excite bientôt l'organe à se contracter, et, par ce moyen, une partie s'avance dans l'intestin ; l'autre reste attachée à la surface de sa membrane et prend ensuite la même direction. Le même phénomène se continue jusqu'au gros intestin ; mais comme le duodénum reçoit de nouvelles portions de chyme, il arrive un moment où l'intestin grêle, dans toute sa longueur, est rempli de cette matière. On observe seulement qu'elle est beaucoup moins abondante dans le voisinage du cœcum qu'à l'extrémité pylorique.

Progression du chyme dans l'intestin grêle. Le mouvement qui détermine la progression du chyme à travers l'intestin grêle a la plus grande analogie avec celui du pylore : il est irrégulier, revient à des époques variables, se fait tantôt dans un sens et tantôt dans un autre, se manifeste quelquefois dans plusieurs parties à la fois. Il est toujours plus ou moins lent ; il détermine des changemens de rapports entre les circonvolutions intestinales. Il est entièrement hors de l'influence de la volonté.

On s'en formerait une fausse idée si l'on se bornait à examiner l'intestin grêle sur un animal récemment mort ; il a alors une activité qu'il est loin d'offrir pendant la vie. Cependant, dans les *mauvaises digestions*, il paraît acquérir une vi-

tesse et une énergie qu'il n'a pas ordinairement.

Quelle que soit la manière dont ce mouvement s'exécute, le chyme paraît marcher très-
lentement dans l'intestin grêle : les valvules nombreuses que l'on y remarque, la multitude d'aspérités qui hérissent la membrane muqueuse, les
courbures multipliées du canal, sont autant de
circonstances qui doivent contribuer à ralentir
sa progression, mais qui doivent favoriser son
mélange avec les fluides contenus dans l'intestin,
et la production du chyle, qui en est le résultat.

Changemens qu'éprouve le chyme dans l'intestin grêle.

Ce n'est guère qu'à la hauteur de l'orifice du
canal cholédoque et pancréatique que le chyme
commence à changer de propriétés. Jusque-là il
avait conservé sa couleur, sa consistance demi-
fluide, son odeur aigre, sa saveur légèrement
acide ; mais en se mêlant à la bile et au suc
pancréatique, il prend de nouvelles qualités :
sa couleur devient jaunâtre, sa saveur amère,
et son odeur aigre diminue beaucoup. S'il provient de matières animales ou végétales, qui
contenaient de la graisse ou de l'huile, on voit
se former çà et là, à sa surface, des filamens
irréguliers, quelquefois aplatis, d'autres fois arrondis, qui s'attachent promptement à la sur-

face des valvules, et paraissent être du *chyle brut.* On n'aperçoit point cette matière quand le chyme provient d'alimens qui ne contenaient point de graisse; c'est une couche grisâtre, plus ou moins épaisse, qui adhère à la membrane muqueuse, et qui paraît contenir les élémens du chyle.

Altérations du chyme dans l'intestin grêle.

Les mêmes phénomènes s'observent dans les deux tiers supérieurs de l'intestin grêle; mais, dans le tiers inférieur, la matière chymeuse devient plus consistante; sa couleur jaune prend une teinte plus foncée; elle finit même quelquefois par devenir d'un brun verdâtre, qui perce à travers les parois intestinales, et donne à l'iléon un aspect distinct de celui du duodénum et du jéjunum. Quand on l'examine près du cœcum, on n'y voit plus ou très-peu de stries blanchâtres chyleuses; elle semble, dans cet endroit, n'être que le résidu de la matière qui a servi à la formation du chyle.

D'après ce qui a été dit plus haut sur les variétés que présente le chyme, on doit pressentir que les changemens qu'il subit dans l'intestin grêle sont variables suivant ses propriétés : en effet, les phénomènes de la digestion dans l'intestin grêle varient avec la nature des alimens (1).

---

(1) Nous avons fait sur ce point beaucoup d'expériences; mais il aurait été peu utile d'en consigner les détails dans un ouvrage élémentaire.

Cependant le chyme y conserve sa propriété acide ; et s'il contient des parcelles d'alimens ou d'autres corps qui ont résisté à l'action de l'estomac, ceux-ci traversent l'intestin grêle sans y éprouver d'altération. Les mêmes phénomènes se manifestent quand on a fait usage des mêmes substances. J'ai pu récemment m'assurer de ce fait sur les cadavres de deux suppliciés qui, deux heures avant la mort, avaient fait un repas commun, où ils avaient mangé des mêmes alimens à peu près en quantité égale : les matières contenues dans l'estomac, le chyme dans la portion pylorique et dans l'intestin grêle, m'ont paru entièrement identiques pour la consistance, la couleur, la saveur, l'odeur, etc.

Il est rare que l'on ne rencontre pas de gaz dans l'intestin grêle pendant la formation du chyle. M. Jurine, de Genève, est le premier qui les ait examinés avec attention, et qui ait indiqué leur nature ; mais, à l'époque où ce savant médecin a écrit, les procédés eudiométriques étaient loin de la perfection qu'ils ont acquise en ce moment. J'ai donc cru nécessaire de faire de nouvelles recherches sur ce point intéressant ; M. Chevreul a encore bien voulu s'associer à moi pour exécuter ce travail. Nos expériences ont été faites sur des corps de suppliciés, ouverts peu de temps après la mort, et qui, jeunes et vigoureux, présentaient les conditions les plus favorables à de semblables recherches.

Sur un sujet de vingt-quatre ans, qui avait mangé, deux heures avant son supplice, du pain et du fromage de Gruyère, et bu de l'eau rougie, nous avons trouvé dans l'intestin grêle :

Oxigène.	0,00.
Acide carbonique.	24,39.
Hydrogène pur.	55,53.
Azote.	20,08.
Total	100,00.

Sur un second sujet, âgé de vingt-trois ans, qui avait mangé des mêmes alimens à la même heure, et dont le supplice avait eu lieu en même temps, nous avons rencontré :

Oxigène.	0,00.
Acide carbonique.	40,00.
Hydrogène pur.	51,15.
Azote.	8,85.
Total	100,00.

Dans une troisième expérience, faite sur un jeune homme de vingt-huit ans, qui, quatre heures avant d'être exécuté, avait mangé du pain, du bœuf, des lentilles, et bu du vin rouge, nous avons trouvé dans le même intestin :

Oxigène. . . . .   0,00.
Acide carbonique. . . . .   25,00.
Hydrogène pur. . . . .   8,40.
Azote. . . . .   66,60.

Total . . . . 100,00.

Nous n'avons jamais observé d'autres gaz dans l'intestin grêle.

Ces gaz pourraient avoir diverses origines. Il serait possible qu'ils vinssent de l'estomac, avec le chyme, ou qu'ils fussent sécrétés par la membrane muqueuse intestinale ; ils pourraient naître de la réaction réciproque des matières contenues dans l'intestin ; peut-être viennent-ils des trois sources à la fois.

Origine des gaz contenus dans l'intestin grêle.

Cependant l'estomac contient de l'oxigène et très-peu d'hydrogène, tandis que nous avons presque toujours rencontré beaucoup d'hydrogène dans l'intestin grêle, et jamais d'oxigène. Il est d'ailleurs d'observation journalière que, pour peu que l'estomac renferme des gaz, ils sont rendus par la bouche, vers la fin de la chymification, probablement parce qu'à cet instant ils peuvent plus aisément s'engager dans l'œsophage.

La probabilité de la formation des gaz par la sécrétion de la membrane muqueuse ne serait tout au plus admissible que pour l'acide carbonique, qui semble être formé de cette manière dans la respiration.

Quant à l'action réciproque des matières renfermées dans l'intestin, je dirai que j'ai vu plusieurs fois la matière chymeuse laisser échapper assez rapidement des bulles de gaz. Ce phénomène avait lieu depuis l'orifice du canal cholédoque jusque vers le commencement de l'iléon, on n'en apercevait aucune trace dans ce dernier intestin, ni dans la partie supérieure du duodénum, ni dans l'estomac. J'ai fait de nouveau cette observation sur le cadavre d'un supplicié, quatre heures après sa mort : il ne présentait aucune trace de putréfaction.

Nature des changemens que le chyme éprouve dans l'intestin grêle. Le mode d'altération qu'éprouve le chyme dans l'intestin grêle est inconnu ; on voit bien qu'elle résulte de l'action de la bile, du suc pancréatique, et du fluide sécrété par la membrane muqueuse sur le chyme. Mais quel est le jeu des affinités dans cette véritable opération chimique, et pourquoi le chyle vient-il se précipiter à la surface des valvules conniventes, tandis que le surplus reste dans l'intestin pour être ultérieurement expulsé ? Voilà ce qu'on ignore complétement.

On est un peu plus instruit sur le temps nécessaire pour que le chyme soit suffisamment altéré. Ce phénomène ne se fait pas très-promptement : sur les animaux, trois ou quatre heures après le repas, il arrive souvent qu'on ne rencontre point encore de chyle formé.

D'après ce qui vient d'être dit, on voit que dans l'intestin grêle le chyme est partagé en deux parties : l'une, qui s'attache aux parois, et qui est le chyle encore impur ; l'autre, véritable résidu, est destinée à être poussée dans le gros intestin, et ensuite rejetée tout-à-fait au dehors.

Ainsi s'accomplit le phénomène le plus important de la digestion, la production du chyle : ceux qui nous restent à examiner n'en sont que le complément.

Action du gros intestin.

Le gros intestin a une étendue considérable ; il forme un long circuit pour parvenir de la fosse iliaque droite, où il commence, jusqu'à l'anus, où il se termine.

On le divise en *cœcum*, en *côlon* et en *rectum*. Le cœcum est situé dans la région iliaque droite ; il est abouché avec la fin de l'intestin grêle. Le côlon est subdivisé en *portion ascendante*, qui s'étend du cœcum à l'hypochondre droit ; en *portion transversale*, qui se porte horizontalement de l'hypochondre droit au gauche ; et en *portion descendante*, qui se prolonge jusqu'à l'excavation du bassin. Le rectum est très-court ; il commence où finit le colon, et se termine en formant l'anus.

Dans ce trajet, le gros intestin est fixé par des replis du péritoine, disposé de façon à permettre aisément les variations de volume. Sa couche musculeuse a une disposition toute particulière. Les fibres longitudinales forment trois faisceaux étroits, fort éloignés les uns des autres quand l'intestin est dilaté. Ses fibres circulaires forment aussi des faisceaux, beaucoup plus nombreux, mais tout aussi écartés. Il résulte de là que, dans un grand nombre de points, l'intestin n'est formé que par le péritoine et la membrane muqueuse. Ces endroits sont disposés ordinairement en cavités distinctes, où s'accumulent les matières fécales. Le rectum seul ne présente pas cette disposition; la couche musculeuse y est très-épaisse, uniformément répandue, et paraît jouir d'une contraction plus énergique.

La membrane muqueuse du gros intestin n'est point recouverte de villosités comme celle de l'intestin grêle et de l'estomac; elle est, au contraire, lisse. Sa couleur est d'un rouge pâle; on n'y remarque qu'un petit nombre de follicules. A l'endroit de sa jonction avec l'intestin grêle, il existe dans le cœcum une valvule évidemment disposée pour permettre aux matières de pénétrer dans cet intestin, mais pour s'opposer à leur retour dans l'intestin grêle.

Beaucoup moins d'artères et de veines se rendent au gros intestin qu'au grêle : il en est de même pour les nerfs et les vaisseaux lymphatiques.

Accumulation et trajet des matières fécales dans le gros intestin.

C'est la contraction de la portion inférieure de l'iléon qui détermine la matière qu'il contient à pénétrer dans le cœcum. Ce mouvement, fort irrégulier, revient à des intervalles éloignés : il est rare qu'on l'aperçoive sur les animaux vivans; on le voit plus fréquemment sur les animaux qui viennent d'être tués. Il ne coïncide en aucune manière avec celui que présente le pylore.

A mesure que ce mouvement se répète, la matière qui vient de l'iléum s'accumule dans le cœcum : elle ne peut refluer dans l'intestin grêle, car la valvule iléo-cœcale y met obstacle; elle n'a d'issue que par l'ouverture qui communique avec le côlon. Une fois introduite dans le cœcum, elle prend les noms de *matière fécale* ou *stercorale,* de *fèces,* d'*excrémens,* etc.

Au bout d'un certain temps de séjour dans le cœcum, les matières fécales passent dans le côlon, dont elles parcourent successivement les diverses portions, tantôt en y formant une masse continue, et tantôt y formant des masses isolées, qui remplissent une ou plusieurs des loges que présente l'intestin dans toute sa longueur.

Cette progression, qui presque toujours est très-lente, se fait sous l'influence de la contraction des fibres musculaires et de la pression que supporte l'intestin, comme organe contenu dans l'abdomen : elle est favorisée par la sécrétion muqueuse et folliculaire de la membrane interne.

Arrivée au rectum, la matière s'y accumule, distend uniformément les parois, et y forme quelquefois une masse de plusieurs livres. Elle ne peut aller au-delà, car l'anus est habituellement fermé par la contraction des deux muscles *sphincters*.

La consistance des fèces dans le gros intestin est très-variable ; cependant, chez un homme en bonne santé, elle est toujours plus considérable que celle de la matière qui sort de l'intestin grêle. Ordinairement, sa consistance s'accroît à mesure qu'elle approche du rectum ; mais elle s'y ramollit en absorbant les fluides que sécrète la membrane muqueuse.

Altérations des matières fécales dans le gros intestin.

Changemens qu'éprouvent les fèces dans le gros intestin.

Avant de pénétrer dans le gros intestin, la matière excrémentielle n'a aucune odeur fétide propre aux excrémens humains ; elle contracte cette odeur pour peu qu'elle y ait séjourné. Sa couleur, brune-jaunâtre, prend aussi une teinte plus foncée ; mais, sous le rapport de la consistance, de l'odeur, de la couleur, etc., il y a des variétés nombreuses, qui tiennent à la nature des alimens digérés, à la manière dont se sont faites la chymification et la chylification, et à la disposition habituelle ou seulement à celle qui existait pendant le travail des digestions précédentes.

On retrouve dans les excrémens toutes les matières qui n'ont point été altérées par l'action de l'estomac : aussi y voit-on souvent des noyaux, des graines et d'autres substances végétales.

Plusieurs chimistes célèbres se sont occupés de l'analyse des excrémens humains ; M. Berzelius les a trouvés composés de :

Analyse des matières fécales.

Eau.	73,3.
Débris de végétaux et animaux.	7,0.
Bile.	0,9.
Albumine.	0,9.
Matière extractive particulière.	2,7.
Matière formée de bile altérée, de résine, de matière animale, etc.	14,0.
Sels.	1,2.
Total	100,0.

Ces analyses, faites dans le but d'éclairer le mystère de la digestion, ne peuvent nous être en ce moment que d'un faible secours : car, pour qu'elles pussent offrir cet avantage, il faudrait les varier beaucoup, tenir compte de la nature et de la quantité des alimens dont on a précédemment

fait usage, avoir égard à la disposition individuelle, n'agir d'abord que sur des excrémen-
provenant de substances alimentaires très-sim-
ples ; mais un travail de ce genre suppose un
perfection de moyens d'analyse à laquelle l.
chimie animale n'est peut-être point encore parvenue.

Gaz conte-
nus dans le
gros intes-
tin. Il existe aussi des gaz dans le gros intestin
quand il renferme des matières fécales. M. Jurin
a depuis long-temps déterminé leur nature, mai
il n'a fait qu'une seule expérience satisfaisant
sur ce sujet. Dans le gros intestin d'un fou trouv
mort de froid, le matin, dans sa loge, et ouver
aussitôt, il a reconnu l'existence de l'azote, d
l'acide carbonique, de l'hydrogène carboné c
sulfuré.

Nous avons, M. Chevreul et moi, examin
avec soin les gaz qui se trouvaient dans le gro
intestin des suppliciés dont j'ai parlé à l'articl
de l'*intestin grêle*.

Dans le sujet de la première expérience citée
le gros intestin contenait, sur cent parties de gaz,

Oxigène.	0,00.
Acide carbonique.	43,5o.
Hydrogène carboné et quelques traces	
d'hydrogène sulfuré.	5,47.
Azote.	51,o3.
Total	100,00.

Le sujet de la seconde expérience présentait, dans le même intestin :

Oxigène. . . . . 0,00.
Acide carbonique . . . . 70,00.
Hydrogène pur et hydrogène carboné . 11,06.
Azote. . . . . 18,04.

Total . . . . 100,00.

Sur le sujet de la troisième expérience , nous avons analysé séparément le gaz qui se trouvait dans le cœcum et celui qui se rencontrait dans le rectum. Nous avons eu pour résultat :

Gaz contenus dans le gros intestin.

Cœcum.

Oxigène. . . . . 0,00.
Acide carbonique. . . . . 12,50.
Hydrogène pur. . . . . 7,50.
Hydrogène carboné. . . . . 12,50.
Azote. . . . . 67,50.

Total . . . . 100,00.

Rectum.

Oxigène . . . . 0,00.
Acide carbonique . . . . 42,86.
Hydrogène carboné . . . . 11,18.
Azote. . . . . 45,96.

Total . . . . 100,00.

Quelques traces d'hydrogène sulfuré s'étaient manifestées sur le mercure avant l'instant où ce gaz fut analysé.

2.

Origine des
gaz du gros
intestin.

Ces résultats, sur lesquels on peut compter, puisqu'aucun des moyens d'éloigner les erreurs n'ont été négligés, s'accordent assez bien avec ceux qu'avait obtenus depuis long-temps M. Jurine, relativement à la nature des gaz; mais ils infirment ce qu'il avait dit à l'égard de l'acide carbonique, dont la quantité, suivant ce médecin, allait en décroissant depuis l'estomac jusqu'au rectum. On vient de voir qu'au contraire la proportion de cet acide s'accroît d'autant plus qu'on s'éloigne de l'estomac.

Les mêmes doutes que nous avons exprimés à l'occasion de l'origine des gaz contenus dans l'intestin grêle doivent être reproduits pour ceux du gros intestin. Viennent-ils de l'intestin grêle? sont-ils sécrétés par la membrane muqueuse? se forment-ils aux dépens de la réaction des principes constitutifs des matières fécales? ou bien proviennent-ils de cette triple source? Il n'est point facile de faire cesser l'incertitude où l'on est à cet égard.

Remarquons cependant que ces gaz diffèrent de ceux de l'intestin grêle. Dans ces derniers, l'hydrogène pur prédomine souvent, tandis qu'on n'en trouve point dans le gros intestin, mais bien de l'hydrogène carboné et sulfuré. J'ai vu, d'ailleurs, plusieurs fois des gaz sortir abondamment, sous la forme d'une multitude innombrable de petites bulles, de la matière que contenait le gros intestin.

D'après ce qu'on vient de voir, on peut conclure que l'action du gros intestin est de peu d'importance dans la production du chyle. Cet organe remplit assez bien les fonctions d'un réservoir, où vient se déposer, pour un certain temps, le résidu de l'opération chimique digestive, afin d'en être ensuite expulsé. On conçoit même que la digestion pourrait s'effectuer d'une manière complète, quand même le gros intestin n'y prendrait aucune part. La nature présente cette disposition chez les individus porteurs d'un anus artificiel, où vient aboutir l'extrémité cœcale de l'intestin grêle, et par lequel s'échappent les matières qui ont servi à la formation du chyme.

Expulsion des matières fécales.

Les principaux agens de l'excrétion des matières fécales sont le diaphragme et les muscles abdominaux ; le côlon et le rectum y coopèrent, mais d'une manière, en général, peu efficace.

Tant que les matières fécales ne sont point en grande quantité dans le gros intestin, et surtout tant qu'elles ne se sont pas accumulées dans le rectum, on n'a point la conscience de leur présence ; mais quand elles sont en proportion

8.

considérable et qu'elles distendent le rectum, alors on éprouve un sentiment vague de plénitude et de gêne dans tout l'abdomen. Ce sentiment est bientôt remplacé par un autre, beaucoup plus vif, qui nous avertit de la nécessité de nous débarrasser des matières fécales. Si l'on n'y satisfait pas, dans quelques occasions il cesse pour reparaître au bout d'un temps plus ou moins long; et dans d'autres il s'accroît avec promptitude, commande impérieusement, et déterminerait, malgré tous les efforts contraires, la sortie des excrémens, si l'on ne se hâtait d'y obéir.

La consistance des matières fécales modifie la vivacité de ce besoin. Il est presque impossible de résister au-delà de quelques instans quand il s'agit de l'expulsion de matières molles ou presque liquides, tandis qu'il est facile de retarder beaucoup celle des matières qui ont plus de dureté.

Rien de plus aisé à comprendre que le mécanisme de l'expulsion des excrémens : pour qu'elle s'effectue, il faut que les matières accumulées dans le rectum soient poussées avec une force supérieure à la résistance que présentent les muscles de l'anus. La contraction du rectum seule ne pourrait produire un semblable effet, malgré l'épaisseur assez considérable de sa couche musculaire ; d'autres puissances doivent intervenir : ce sont, d'une part, le diaphragme, qui pousse directement en bas toute la masse des viscères, et, de l'autre, les muscles abdominaux, qui les resserrent et les pressent contre la colonne vertébrale. De la combinaison de ces deux forces résulte une pression considérable, qui porte sur la matière stercorale amassée dans le rectum ; la résistance des sphincters se trouve surmontée; ils cèdent, la matière s'engage dans l'anus et se dirige bientôt au dehors.

Mais, comme la cavité du rectum est beaucoup plus spacieuse que l'ouverture de l'anus, qui d'ailleurs tend continuellement à se rétrécir, la matière, pour en sortir, doit se mouler sur le diamètre de cette ouverture : elle passe d'autant plus aisément, qu'elle a moins de consistance; aussi, lorsqu'elle en a davantage, faut-il employer beaucoup plus de force. Si elle est liquide, la seule contraction du rectum paraît suffisante pour la rejeter.

Un phénomène analogue à celui qui arrive à l'œsophage, lors de l'abord des alimens dans l'estomac, a été observé au rectum par M. Hallé. Ce savant professeur a remarqué que, dans les efforts pour aller à la garde-robe, la membrane interne de l'intestin est déplacée, poussée en bas, et qu'elle vient former un bourrelet près de l'anus. Cet effet doit, en grande partie, être produit par la contraction des fibres circulaires du rectum.

Epoques de
l'expulsion
des matières
fécales.

Le besoin de rendre les matières fécales se renouvelle à des époques variables, suivant la quantité et la nature des alimens dont on a fait usage,
et suivant la disposition individuelle. Ordinairement il ne se manifeste qu'après plusieurs repas
consécutifs. Chez quelques personnes, l'évacuation
se fait une fois ou même deux fois dans vingt-
quatre heures; mais il en est d'autres qui sont
jusqu'à dix ou douze jours sans en avoir aucune,
et qui jouissent cependant d'une santé parfaite.

L'habitude est une des causes qui ont le plus
d'influence sur le retour régulier de l'excrétion
des matières fécales : dès qu'elle est une fois contractée, on peut aller à la garde-robe exactement
à la même heure. Beaucoup de personnes, surtout les femmes, sont obligées de recourir à des
moyens particuliers, tels que des clystères, pour
parvenir à se débarrasser des matières contenues
dans le gros intestin.

Expulsion
des gaz que
contient le
gros intes-
tin.

Les gaz ne sont pas soumis à cette expulsion
périodique et en général régulière; ils marchent
plus rapidement. Leur déplacement étant très-
facile, ils arrivent promptement à l'anus par le
seul effet du mouvement péristaltique du gros
intestin; cependant il faut y joindre le plus souvent la contraction des parois abdominales pour
en déterminer la sortie, qui alors se fait avec
bruit : ce qui n'arrive que rarement quand ils

sont expulsés par la seule contraction du rectum.

Du reste, la sortie des gaz par l'anus n'a rien de régulier ni même de constant. Beaucoup de personnes n'en rendent jamais, ou très-rarement; d'autres, au contraire, en chassent à chaque instant. L'usage de certains alimens influe sur leur formation et sur la nécessité de les expulser. En général, leur développement est considéré comme un indice de mauvaise digestion. En santé, comme en maladie, la sortie répétée des vents par l'anus annonce le besoin prochain d'aller à la garde-robe.

Par l'expulsion des matières fécales s'accomplit cette fonction si compliquée, dont le but essentiel est la formation du chyle; mais nous n'en aurions qu'une idée fort incomplète, si, à l'exemple des auteurs les plus estimés, nous nous bornions à traiter de la digestion des alimens. Un autre genre de considération se présente à notre étude: c'est la digestion des alimens liquides ou des boissons.

De la digestion des boissons.

Il est assez singulier que les physiologistes, qui se sont tant occupés de la digestion des alimens solides, qui ont tant fait de systèmes pour l'expliquer, et même tant d'expériences pour l'éclairer, n'aient jamais donné une attention spéciale

Digestion des boissons.

à celle des boissons ; cependant cette étude présentait moins de difficultés apparentes que la première. Les boissons sont, en général, moins composées que les alimens, quoiqu'il y en ait de très-nourrissantes ; et presque toutes se digèrent plus aisément. Cette seule circonstance, que nous digérons des liquides, aurait dû faire rejeter les systèmes de la trituration, de la macération, etc. En effet, on ne voit rien à broyer ni à macérer dans les boissons, et pourtant elles satisfont la faim, réparent les forces, en un mot, nourrissent.

De la préhension des boissons.

Préhension des boissons.

La préhension des boissons peut s'exécuter d'une multitude de manières différentes ; mais Petit (1) a fait voir qu'on pouvait les rapporter toutes à deux principales.

Suivant la première, on *verse* le liquide dans la bouche ; il y entre par l'effet de sa propre pesanteur. On doit y rapporter la façon la plus ordinaire de boire, dans laquelle les lèvres étant en contact avec les bords du vase, le liquide est versé plus ou moins lentement ; l'action de *sabler*, qui consiste à projeter en une seule fois dans la

----

(1) *Mémoires de l'Académie des Sciences*, années 1715 et 1716.

,bouche tout ce que contenait le verre ; et l'action de *boire à la régalade*, dans laquelle la tête étant renversée et les mâchoires écartées, on laisse tomber d'une certaine hauteur et d'un jet continu le liquide dans la bouche.

Suivant le second mode de préhension des boissons, on fait le vide dans cette cavité, et la pression de l'atmosphère force les liquides à y pénétrer : telles sont l'action d'*aspirer*, celle de *humer*, celle de *sucer* ou de *téter*, etc.

Lorsqu'on aspire ou que l'on hume, la bouche est appliquée à la surface d'un liquide ; on dilate ensuite la poitrine, de manière à diminuer la pression de l'atmosphère sur la portion de la surface du liquide, interceptée par les lèvres. Le liquide vient aussitôt remplacer l'air qui a été soustrait de la bouche.

Action de humer.

Dans l'action de sucer ou de téter, la bouche représente assez bien une pompe aspirante, dont l'*ouverture* est formée par les lèvres, le *corps* par les joues, le palais, etc., et le *piston* par la langue. Veut-on la mettre en jeu, on applique exactement les lèvres autour du corps dont on doit extraire un liquide ; la langue elle-même s'y adapte ; mais bientôt elle se contracte, diminue de volume, se porte en arrière, et le vide est en partie produit entre sa face supérieure et le palais : le liquide contenu dans le corps que l'on

Action de sucer ou de téter.

suce n'étant plus également comprimé par l'atmosphère, se déplace, et la bouche se remplit.

N'ayant besoin ni de mastication, ni d'insalivation, les boissons ne séjournent point dans la
bouche ; elles sont avalées à mesure qu'elles y
arrivent. Les changemens qu'elles éprouvent en
traversant cette cavité ne portent guère que sur
leur température. Si cependant la saveur en est
forte ou désagréable, ou bien si, la trouvant
agréable, nous nous plaisons à la prolonger, il
arrive que la présence de la boisson dans la
bouche y détermine l'afflux d'une plus ou moins
grande quantité de salive et de mucosité, qui ne
manquent pas de se mêler à la boisson.

Déglutition des boissons.

Déglutition
des bois-
sons. Nous avalons les liquides par le même mécanisme que les alimens solides ; mais comme les
boissons glissent plus aisément à la surface de la
membrane muqueuse du palais, de la langue, du
pharynx, etc.; comme elles cèdent sans difficulté
à la moindre pression, et qu'elles présentent toujours les qualités requises pour traverser le pharynx, elles sont, en général, avalées avec moins
de difficulté que les alimens solides.

Je ne sais pourquoi l'opinion contraire est généralement répandue. On établit que les molécules des liquides ayant continuellement une

tendance à s'abandonner, doivent présenter plus de résistance à l'action des organes de la déglutition ; mais l'expérience dément chaque jour cette assertion.

Chacun peut avoir sur lui-même la preuve qu'il est plus aisé d'avaler les liquides, que des alimens solides, même quand ils sont suffisamment atténués et imprégnés de salive (1).

On appelle *gorgée* la portion de liquide avalée dans chaque mouvement de déglutition. Les gorgées varient beaucoup pour le volume ; mais, quelque volumineuses qu'elles soient, comme elles s'accommodent à la forme du pharynx et de l'œsophage, jamais elles ne produisent de distension douloureuse dans ces conduits, comme on le voit pour les alimens solides.

Dans la manière la plus ordinaire de boire, la déglutition des liquides présente les trois temps que nous avons décrits ; mais quand on *sable* ou qu'on *boit à la régalade*, le liquide étant directement porté dans le pharynx, les deux derniers temps seuls s'effectuent.

____

(1) On n'alléguera point, sans doute, la manière dont la déglutition s'exerce dans les maladies ; car, pour peu qu'il y ait une inflammation intense de la gorge, les malades ne peuvent avaler que des liquides.

Accumulation et durée du séjour des boissons dans l'estomac.

Accumulation des boissons dans l'estomac.

La manière dont se fait l'accumulation des boissons dans l'estomac diffère peu de celle des alimens; elle est, en général, plus prompte, plus égale et plus facile, probablement parce que les liquides se répartissent et distendent l'estomac plus uniformément. De même que les alimens, ils occupent plus particulièrement sa portion gauche et moyenne; l'extrémité droite ou pylorique en contient toujours beaucoup moins.

Il ne faut pas cependant que la distension de l'estomac soit portée trop promptement à un degré considérable, car le liquide serait bientôt rejeté par le vomissement. Cet accident arrive fréquemment aux personnes qui avalent coup sur coup une grande quantité de boisson. Quand on veut exciter le vomissement chez une personne qui a pris un émétique, un des meilleurs moyens est de faire boire brusquement plusieurs verres de liquide.

La présence des boissons dans l'estomac produit des phénomènes locaux semblables à ceux que nous avons décrits à l'article de l'*Accumulation des alimens*. Mêmes changemens dans la forme et dans la position de l'organe, même distension de l'abdomen, même resserrement du pylore et même contraction de l'œsophage, etc.

Les phénomènes généraux sont différens de ceux qui sont produits par les alimens : ce qui tient à l'action des liquides sur les parois de l'estomac, et à la promptitude avec laquelle ils sont portés dans le sang.

Passant rapidement à travers la bouche et l'œsophage, les boissons conservent, plus que les alimens, la température qui leur est propre, jusqu'au moment où elles arrivent dans l'estomac. Il en résulte que nous les préférons à ceux-ci quand nous voulons éprouver dans cet organe un sentiment de chaleur ou de froid : de là vient la préférence que nous donnons, en hiver, aux boissons chaudes, et, en été, à celles qui sont froides.

Chacun sait que les boissons restent bien moins long-temps dans l'estomac que les alimens ; mais la manière dont elles sortent de ce viscère est encore peu connue. On croit généralement qu'elles traversent le pylore et qu'elles passent dans l'intestin grêle, où elles sont absorbées avec le chyle ; cependant une ligature appliquée sur le pylore, de façon qu'elles ne puissent pas pénétrer dans le duodénum, ne ralentit pas beaucoup leur disparition de la cavité de l'estomac. Nous reviendrons sur ce point important en parlant des agens de l'absorption des boissons.

Séjour des boissons dans l'estomac.

Altération des boissons dans l'estomac.

Altération
des boissons
dans l'esto-
mac.

Sous le rapport des altérations qu'elles éprouvent dans l'estomac, on peut distinguer les boissons en deux classes : les unes ne forment point de chyme, et les autres sont chymifiées en tout ou en partie.

A la première classe se rapportent l'eau pure, l'alcool assez faible pour qu'il puisse être considéré comme boisson, les acides végétaux, etc.

Boissons
qui ne forment point
de chyme.

Pendant son séjour dans l'estomac, l'eau se met d'abord en équilibre de température avec les parois de ce viscère ; en même temps elle se mêle avec la mucosité, le suc gastrique et la salive qui s'y trouvent ; elle devient trouble, et disparaît ensuite peu à peu sans subir d'autre transformation. Une partie passe dans l'intestin grêle ; l'autre paraît absorbée directement. Après sa disparition, il reste une certaine quantité de mucosité, qui est bientôt réduite en chyme à la manière des alimens.

On sait, par l'observation, que l'eau privée d'air atmosphérique, comme l'eau distillée, ou l'eau chargée d'une grande quantité de sel, comme l'eau de puits, restent long-temps dans l'estomac et y produisent un sentiment de pesanteur.

L'alcool a une tout autre manière d'agir. D'abord on connaît l'impression de chaleur brûlante qu'il cause en passant dans la bouche, le pharynx, l'œsophage, et celle qu'il excite dès qu'il est arrivé dans l'estomac : les effets de cette action sont de déterminer le resserrement de cet organe, d'irriter la membrane muqueuse, et d'augmenter beaucoup la sécrétion, dont elle est le siége ; en même temps il coagule toutes les parties albumineuses avec lesquelles il est en contact ; et comme les différens liquides qui se trouvent dans l'estomac contiennent une assez grande proportion de cette matière, il en résulte que, peu de temps après qu'on a avalé de l'alcool, il y a dans ce viscère une certaine quantité d'albumine concrétée. Le mucus subit une modification analogue à celle de l'albumine ; il se durcit, forme des filamens irréguliers, élastiques, qui conservent une certaine transparence.

En produisant ces phénomènes, l'alcool se mêle avec l'eau que contiennent la salive et le suc gastrique ; il dissout probablement une partie des élémens qui entrent dans leur composition, de sorte qu'il doit s'affaiblir beaucoup par son séjour dans l'estomac. Sa disparition est extrêmement prompte ; aussi ses effets généraux sont-ils rapides, et l'ivresse ou la mort suivent-elles presque immédiatement l'introduction d'une trop grande quantité d'alcool dans l'estomac.

Les matières qui ont été coagulées par l'action

de l'alcool sont, après sa disparition, digérées comme des alimens solides.

Boissons qui sont réduites en chyme.

Parmi les boissons qui sont réduites en chyme, les unes le sont en partie et les autres en totalité.

L'huile est dans ce dernier cas ; elle est transformée, dans la partie pylorique, en une matière qui a de l'analogie, pour l'apparence, avec celle que l'on retire de la purification des huiles par l'acide sulfurique : cette matière est évidemment le chyme de l'huile. A raison de cette transformation, l'huile est peut-être le liquide qui séjourne le plus long-temps dans l'estomac.

Personne n'ignore que le lait se caille peu de temps après qu'il a été avalé ; ce caillot devient alors un aliment solide, qui est digéré à la manière ordinaire. Le petit-lait seul peut être considéré comme boisson.

Le plus grand nombre des boissons dont nous faisons usage sont formées d'eau ou d'alcool, dans lesquels sont en suspension ou en dissolution des principes immédiats animaux ou végétaux, tels que la gélatine, l'albumine, l'osmazome, le sucre, la gomme, la fécule, les matières colorantes ou astringentes, etc. Ces boissons contiennent des sels de chaux, de soude, de potasse, etc.

Il résulte de plusieurs expériences que j'ai faites sur des animaux, et de quelques observations que

ai été à même de recueillir sur l'homme, qu'il se
fait dans l'estomac un départ de l'eau ou de l'alcool
d'avec les matières, que ces liquides tiennent en
suspension ou dissolution. Celles-ci restent dans
l'estomac, où elles sont transformées en chyme,
comme des alimens; tandis que le liquide avec
lequel elles étaient unies, est absorbé, ou passe
dans l'intestin grêle; enfin elles se comportent
comme nous l'avons dit tout à l'heure à l'occasion de l'eau et de l'alcool.

Les sels qui sont en dissolution dans l'eau
n'abandonnent point ce liquide, et sont absorbés
avec lui.

Le vin rouge, par exemple, se trouble d'abord
par son mélange avec les sucs qui se forment ou
qui sont apportés dans l'estomac; bientôt il coagule l'albumine de ces fluides et devient flocon-
neux; ensuite sa matière colorante, peut-être
entraînée par le mucus et l'albumine, se dépose
sur la membrane muqueuse: on en voit du moins
une certaine quantité dans la portion pylorique;
la partie aqueuse et alcoolique disparaît assez
promptement.

Le bouillon de viande éprouve des changemens
analogues. L'eau qu'il contient est absorbée; la
gélatine, l'albumine, la graisse, et probablement
l'osmazome, restent dans l'estomac, où ils sont
réduits en chyme.

Action de l'intestin grêle sur les boissons.

Action de l'intestin grêle sur les boissons.

D'après ce qu'on vient de lire, il est clair que les boissons pénètrent sous deux formes dans l'intestin grêle : 1°. sous celle de *liquide* ; 2°. sous celle de *chyme*.

A moins de circonstances particulières, les liquides qui passent de l'estomac dans l'intestin n'y séjournent que très-peu ; ils ne paraissent point y éprouver d'autre altération que leur mélange avec le suc intestinal, le chyme, le liquide pancréatique et la bile. Ils ne donnent lieu à la formation d'aucune espèce de chyle ; ils sont ordinairement absorbés dans le duodénum et le commencement du jéjunum ; rarement en voit-on dans l'iléum, et plus rarement encore parviennent-ils jusqu'au gros intestin. Il paraît que ce dernier cas n'arrive que dans l'état de maladie, pendant l'action d'un purgatif, par exemple.

Le chyme qui provient des boissons suit la même marche, et paraît éprouver les mêmes changemens que celui des alimens ; par conséquent il sert à produire du chyle.

Tels sont les principaux phénomènes de la digestion des boissons : on voit combien il était important de les distinguer de ceux qui appartiennent à la digestion des alimens.

Mais on ne digère pas toujours isolément, ainsi

que nous l'avons supposé, les alimens et les boissons ; assez souvent les deux digestions se font en même temps.

Les boissons favorisent la digestion des alimens : il est probable qu'elles produisent cet effet de plusieurs manières. Celles qui sont aqueuses ramollissent, divisent, dissolvent même certains alimens ; elles aident de cette façon leur chymification et leur passage à travers le pylore. Le vin remplit des usages analogues, mais seulement pour les substances qu'il peut dissoudre ; en outre il excite, par son contact, la membrane muqueuse de l'estomac, et détermine une sécrétion plus grande de suc gastrique. La manière d'agir de l'alcool se rapproche beaucoup de ce dernier usage du vin, seulement elle est plus intense. C'est aussi en excitant l'action de l'estomac, que sont utiles les liqueurs dont on fait usage à la fin des repas.

Digestion simultanée des alimens et des boissons.

Remarques sur la déglutition de l'air atmosphérique.

Indépendamment de la faculté d'avaler des alimens et des boissons, beaucoup de personnes peuvent, par la déglutition, introduire dans leur estomac assez d'air pour le distendre.

On a cru long-temps que cette faculté était très-rare, et l'on citait M. Gosse, de Genève,

Déglutition de l'air atmosphérique.

comme l'ayant présentée à un degré remarquable;
mais j'ai fait voir, dans un travail particulier (1),
qu'elle était beaucoup plus commune qu'on ne le
croyait. Sur une centaine d'étudians en médecine,
j'en ai trouvé huit ou dix qui en étaient doués.

Dans le même travail, j'ai montré qu'on pouvait distinguer en deux classes les personnes qui
avalent de l'air : pour les unes, c'est un acte très-
facile, et les autres n'y réussissent qu'avec des
efforts plus ou moins grands. Quand ces dernières
veulent l'opérer, il faut, en premier lieu, qu'elles
chassent l'air que contenait la poitrine; après quoi,
remplissant leur bouche d'air, de manière que les
joues soient un peu distendues, elles exécutent la
déglutition en rapprochant d'abord le menton de la
poitrine, et en l'éloignant ensuite brusquement de
cette partie. Cette déglutition pourrait être comparée à celle des personnes dont la gorge est en-
flammée, et qui avalent des liquides avec douleur
et difficulté.

Quant aux personnes qui ne peuvent point
avaler d'air, et c'est le plus grand nombre, je
dirai, pour l'avoir observé sur moi-même et sur
un assez grand nombre de jeunes étudians, qu'a-
vec un peu d'exercice on peut y parvenir sans

Personnes qui avalent l'air aisément.

Personnes qui avalent l'air difficilement.

Personnes qui ne peuvent point avaler d'air.

____

(1) *Mémoire sur la Déglutition de l'air atmosphérique,*
lu à l'Institut. 1815.

trop de peine. Pour ma part, au bout de deux ou trois jours de tentatives, j'y suis parvenu. Il est probable que, si l'on trouvait en médecine une application utile de la déglutition de l'air, ce ne serait pas une chose très-longue ni très-difficile, que d'apprendre aux malades à l'exécuter.

Dans l'estomac, l'air s'échauffe, se raréfie et distend l'organe. Il excite chez quelques personnes un sentiment de chaleur brûlante; chez d'autres, il produit des envies de vomir ou des douleurs très-vives. Il est probable que sa composition chimique s'altère, mais on ne sait rien encore de positif sur ce point.

Son séjour est plus ou moins long; ordinairement il remonte dans l'œsophage; et vient sortir par la bouche ou par les narines; d'autres fois il traverse le pylore, se répand dans toute l'étendue du canal intestinal, jusqu'au point de sortir par l'anus. Dans ce dernier cas, il distend toute la cavité abdominale, et simule la maladie nommée *tympanite.*

J'ai observé que, dans certaines affections morbides, les malades avalent quelquefois involontairement, et sans s'en apercevoir, des quantités considérables d'air atmosphérique.

Un jeune médecin de mes amis, dont la digestion est habituellement laborieuse, la rend moins pénible en avalant, à plusieurs reprises, deux ou trois gorgées d'air.

Remarques sur l'éructation, la régurgitation, le vomissement, etc.

Nous avons vu comment la contraction de l'œsophage empêche les matières contenues dans l'estomac, et comprimées par les parois abdominales, de remonter dans ce conduit. Ce retour se fait quelquefois, et suivant que ce sont des gaz ou des alimens qui s'engagent dans l'œsophage, et selon que les parois de l'abdomen y participent ou non. On désigne cette sorte de reflux par les mots *éructation, rapport, régurgitation, vomissement*, etc.

Le retour des substances que contient l'estomac ne se fait pas avec une égale facilité. Les gaz sortent plus aisément que les liquides, et ceux-ci plus facilement que les alimens solides. En général, plus l'estomac est distendu, et plus cette *anti-déglutition* se fait avec facilité.

De l'éructation. Quand ce viscère contient des gaz, ceux-ci en occupent nécessairement la partie supérieure; par conséquent ils sont habituellement en présence de l'ouverture cardiaque de l'œsophage. Pour peu que cette ouverture se relâche, ils s'y engagent; et comme ils sont plus ou moins comprimés dans l'estomac, si l'œsophage ne les repousse point en se contractant, ils arriveront bientôt à sa partie supérieure, et ils s'échapperont dans le pharynx, en faisant vibrer les bords de l'ouverture de ce conduit : c'est ce qu'on nomme *éructation*. Il est présumable que l'œsophage, par un mouvement en sens opposé à celui qu'il exécute dans la déglutition, détermine en partie la sortie des gaz par le pharynx.

Lorsqu'une certaine quantité de vapeur ou de liquide accompagne le gaz qui sort de l'estomac, l'éructation prend le nom de *rapport*.

Il n'est pas nécessaire, pour que l'éructation ait lieu, que les gaz viennent directement de l'estomac ; les personnes qui ont la faculté d'avaler de l'air peuvent, après lui avoir fait franchir le pharynx, le laisser remonter dans cette cavité. C'est ainsi qu'on peut avoir une *éructation volontaire* ; dans les cas ordinaires, elle n'est point soumise à la volonté.

Si, au lieu de gaz, ce sont des liquides ou des parcelles d'alimens solides qui remontent de l'estomac dans la bouche, ce phénomène est appelé *régurgitation*. Il arrive souvent chez les enfans, où l'estomac est habituellement distendu par une grande quantité de lait; il se voit fréquemment chez ceux qui ont avalé des alimens et des boissons en abondance, surtout si l'estomac est fortement comprimé par contraction des muscles abdominaux : par exemple, si les personnes font des efforts pour aller à la selle.

Quoique la distension de l'estomac soit favorable à la régurgitation, elle arrive aussi l'estomac étant vide, ou à peu près : c'est ainsi qu'il n'est pas rare de rencontrer des individus qui rejettent le matin une ou deux gorgées de suc gastrique, mêlé de la bile. Ce phénomène est souvent précédé d'éructations qui donnent issue aux gaz que contenait aussi l'estomac.

Quand ce viscère est très-plein, il n'est pas probable que sa contraction soit pour quelque chose dans le passage des matières dans l'œsophage ; la pression qu'exercent les parois de l'abdomen doit en être la cause principale.

Mais quand l'estomac est à peu près vide, il est présumable que le mouvement du pylore doit être la cause qui pousse les fluides dans l'œsophage. Cela est d'autant plus probable, que les liquides qu'on rejette alors sont toujours plus ou moins mélangés avec de la bile, qui ne peut guère arriver dans l'estomac sans un mouvement de contraction du duodénum et de la portion pylorique de l'estomac. On se rappelle que l'œsophage se contracte avec peu d'énergie quand l'estomac est vide.

Chez la plupart des individus, la régurgitation est tout-à-fait involontaire, et ne se montre que

dans des circonstances particulières ; mais il y a
des personnes qui la produisent à volonté, et qui
se débarrassent, par ce moyen, des matières solides ou liquides contenues dans leur estomac. En
les observant dans le moment où elles exécutent
cette régurgitation, on voit qu'elles font d'abord
une inspiration par laquelle le diaphragme s'a-
baisse ; elles contractent ensuite les muscles abdominaux, de manière à comprimer l'estomac ;
elles aident quelquefois leur action, en pressant
fortement avec les mains la région épigastrique ;
elles restent un moment immobiles, et tout à coup
le liquide ou l'aliment arrive dans la bouche. On
peut présumer que le temps où elles sont immobiles, en attendant l'apparition des matières dans
la bouche, est en partie employé à déterminer
le relâchement de l'œsophage, afin que les matières que renferment l'estomac puisse s'y introduire. Si la contraction de l'estomac contribue
à produire, dans ce cas, l'expulsion des matières,
ce ne peut être que d'une manière très-accessoire.

Cette régurgitation volontaire est le phénomène que présentent les personnes qui passent
pour *vomir à volonté.*

Il y a des individus qui, après les repas, se
complaisent à faire remonter les alimens dans la
bouche, à les mâcher une seconde fois, pour les
avaler ensuite ; en un mot, ils offrent une véri-

Régurgita-
tion volon-
taire.

table *rumination*, analogue à celle de certains animaux herbivores.

Du vomissement.

Le *vomissement* se rapproche sans doute des phénomènes que nous venons d'examiner, puisqu'il a pour effet l'expulsion par la bouche des matières que contient l'estomac; mais il en diffère sous plusieurs rapports importans, entre autres sous celui d'un sentiment particulier qui l'annonce, des efforts qui l'accompagnent; et la fatigue le suit presque toujours.

Des nausées.

On nomme *nausée* la sensation interne qui annonce le besoin de vomir; elle consiste en un malaise général, avec un sentiment de tournoiement, soit dans la tête, soit dans la région épigastrique : la lèvre inférieure devient tremblotante, et la salive coule en abondance. A cet état succèdent bientôt, et involontairement, des contractions convulsives des muscles abdominaux, et simultanément du diaphragme; les premières ne sont pas très-intenses, mais celles qui

Phénomènes du vomissement.

suivent le sont davantage; enfin, elles deviennent telles, que les matières contenues dans l'estomac surmontent la résistance du cardia, et sont, pour ainsi dire, lancées dans l'œsophage et dans la bouche : le même effet se reproduit plusieurs fois de suite; il cesse ensuite pour reparaître au bout d'un temps plus ou moins long. J'ai observé sur les animaux que, dans les efforts de vomissement, ils avalent de l'air en quantité considérable : cet air paraît destiné à favoriser la pression que les muscles abdominaux exercent sur l'estomac. Il est probable que le même phénomène a lieu chez l'homme.

Au moment où les matières chassées de l'estomac traversent le pharynx et la bouche, la glotte se ferme, le voile du palais s'élève et devient horizontal comme dans la déglutition ; cependant, chaque fois que l'on vomit, il s'introduit presque toujours une certaine quantité de liquide, soit dans le larynx, soit dans les fosses nasales.

On a cru long-temps que le vomissement dépendait de la contraction brusque et convulsive de l'estomac ; mais j'ai fait voir, par une série d'expériences, que ce viscère y était à peu près passif, et que les véritables agens du vomissement étaient, d'une part, le diaphragme, et, de l'autre, les muscles larges de l'abdomen ; je suis même parvenu à le produire en substituant à l'estomac, chez un chien, une vessie de cochon, que je remplissais ensuite d'un liquide coloré (1).

Dans l'état ordinaire, le diaphragme et les muscles de l'abdomen coopèrent au vomissement ;

Influence des muscles abdominaux sur le vomissement.

______

(1) Voyez les détails de ces expériences, et le Rapport des commissaires de l'Institut, dans mon *Mémoire sur le Vomissement.* Paris, au 1813.

mais ils peuvent cependant le produire chacun séparément. Ainsi, un animal vomit encore, quoiqu'on ait rendu le diaphragme immobile en coupant les nerfs diaphragmatiques; il vomit de même, quoiqu'on ait enlevé avec le bistouri tous les muscles abdominaux, avec la précaution de laisser intacts la ligne blanche et le péritoine.

Jamais je n'ai vu l'estomac se contracter dans l'instant du vomissement; on conçoit cependant qu'il n'est pas impossible que le mouvement du pylore ne se montre dans cet instant. Ce cas s'est présenté à Haller dans deux expériences; et c'est ce qui faisait penser à cet illustre physiologiste que la contraction de l'estomac était la cause essentielle du vomissement.

Modifications de la digestion par l'âge.

Organes digestifs chez le fœtus et l'enfant naissant.

La plupart des auteurs représentent les organes digestifs comme inactifs chez le fœtus, et comme ayant, à l'époque de la naissance, un développement proportionnel, considérable, nécessaire, dit-on, afin qu'ils puissent fournir les matériaux nécessaires à la nutrition et à l'accroissement du corps.

Si l'on entend par *inactifs*, que les organes digestifs du fœtus n'agissent point sur des alimens, nul doute qu'on n'ait raison; mais si l'on entend, par ce mot, *inaction absolue*, je crois qu'on a tort ; car il est très-probable que, même chez le fœtus, il se passe dans les organes digestifs quelque chose de très - analogue à la digestion. Nous aurons occasion de nous en convaincre en faisant l'histoire des fonctions du fœtus.

Il en est de même pour le développement du système digestif à l'époque de la naissance.

Si l'on n'entend parler que des organes contenus dans l'abdomen, il est clair qu'ils sont proportionnellement plus volumineux que dans un âge plus avancé ; mais si l'on désigne collectivement tout l'appareil digestif, l'assertion sera fautive : car les organes de la préhension, de la mastication des alimens, et ceux de l'excrétion des matières fécales, sont, à l'époque de la naissance et même assez long-temps après, loin du développement qu'ils acquerront avec les progrès de l'âge. Qu'on ne croie pas que l'énergie des organes abdominaux remplace la faiblesse de ceux dont nous venons de parler : bien loin de là, il faut à l'enfant une nourriture choisie, délicate et de très-facile digestion : celle qui lui convient par excellence, c'est le lait de sa mère ; quand il en est privé, on sait combien il est difficile de le remplacer avec avantage. Au lieu donc de considérer les organes digestifs de l'enfant naissant, ou même très-jeune, comme doués d'un surcroît de force, il faut les considérer comme beaucoup plus faibles qu'il ne le seront par la suite.

Si l'appareil digestif de l'enfant est, comparativement, moins bien disposé que celui de l'adulte, tout y est on ne peut mieux combiné pour le genre d'action qu'il est appelé à remplir.

La succion est le mode de préhension propre aux enfans; les parties qui doivent l'exécuter ont chez lui un développement considérable.

La langue est très-grosse, comparée au volume du corps. L'absence des dents donne aux lèvres la facilité de se prolonger beaucoup en avant, et d'embrasser plus exactement que ne pourraient le faire celles de l'adulte, le mamelon dont le lait doit être extrait.

Organes digestifs chez l'enfant. Pendant la première année, l'enfant manque d'organes masticatoires. Les mâchoires sont très-petites, dépourvues de dents; l'inférieure n'est point courbée, et n'offre pas d'angle comme celle de l'adulte; les muscles élévateurs, agens principaux de la mastication, ne s'y insèrent que très-obliquement. Un bourrelet assez dur, formé par le tissu des gencives, tient lieu de dents.

Irruption des dents. Sur la fin de la première année et dans le cours de la seconde, les premières dents, ou *dents de lait,* sortent de leurs alvéoles et viennent garnir les mâchoires. Leur irruption se fait assez régulièrement par paire; d'abord les deux incisives moyennes inférieures se montrent, puis les supérieures, viennent ensuite les incisives latérales inférieures, bientôt après les supérieures, et successivement et dans le même ordre les canines et petites molaires (1) : la sortie de ces dernières n'arrive souvent que dans la troisième année. A l'âge de quatre ans, quatre nouvelles dents se manifestent : ce sont les premières grosses molaires ; elles complètent le nombre de vingt-quatre dents, que l'enfant conserve jusqu'à sept ans. Alors se fait l'irruption de la seconde dentition. Les dents de lait tombent, en général, dans l'ordre de leur sortie des mâchoires ; elles sont successivement remplacées par les dents qui sont destinées à rester toute la vie. A cette époque sortent, en sus, quatre autres grosses molaires. Quand celles-ci ont paru, on a vingt-huit dents. Enfin, vers vingt ou vingt-cinq ans, quelquefois beaucoup plus tard, on voit pousser les quatre dernières molaires, ou *dents de sagesse,* et le nombre de trente-deux dents propres à l'homme est complété.

Ce renouvellement des dents à sept ans est nécessité par l'accroissement qu'ont éprouvé les mâchoires. Les dents de lait deviennent proportionnellement trop petites ; celles qui leur succèdent

Seconde
dentition.

----

(1) Assez souvent la première petite molaire sort avant la canine.

sont plus grosses et d'un tissu plus solide. Leurs racines sont plus longues et plus nombreuses; elles sont plus solidement fixées dans les alvéoles: dispositions bien favorables aux fonctions qu'elles ont à remplir.

Change-mens de la mâchoire inférieure. En même temps que les mâchoires augmentent en dimension, elles changent de forme; l'inférieure se courbe, ses branches deviennent verticales, son corps prend une direction horizontale, et l'angle qui les réunit se prononce.

Altération des dents par l'âge. A l'époque où elles sortent des os maxillaires, les dents sont des instrumens tout neufs. Les incisives sont tranchantes, les canines ont une pointe acérée, les molaires sont hérissées d'aspérités coniques; mais ces dispositions avantageuses diminuent avec l'âge. Les dents, frottant continuellement les unes sur les autres dans les mouvemens de mastication, ou bien se trouvant en contact avec des corps plus ou moins durs, s'usent et perdent peu à peu de leur forme. On pourrait donc juger de l'âge de l'homme par la considération de ses dents, et l'on y parvient jusqu'à un certain point; mais il est si rare que les dents aient une disposition parfaitement régulière et un égal degré de dureté, qu'on n'arrive par ce moyen qu'à des données peu approximatives. En général, l'usure des dents se manifeste d'abord dans les incisives inférieures; elle se montre ensuite dans les molaires, et c'est beaucoup plus tard qu'on l'aperçoit dans les dents de la mâchoire supérieure.

Mais l'usure des dents n'est pas le changement le plus défavorable qu'amène l'âge; dans les premiers temps de la vieillesse confirmée, elles sont, par les progrès de l'ossification des mâchoires, repoussées de leurs alvéoles; elles deviennent vacillantes et finissent par tomber.

La manière dont cette chute s'opère est loin d'être régulière comme la sortie des dents; il y a, sous ce rapport, de nombreuses différences individuelles.

Les personnes qui ne perdent leurs dents qu'à l'époque dont je viens de parler, doivent être considérées comme privilégiées, car le plus souvent les dents tombent de bien meilleure heure, soit par accidens, tels que des coups ou des chutes qui les fracturent ou les arrachent, soit parce qu'elles ne peuvent supporter impunément le contact de l'air ou celui des substances qu'on introduit habituellement dans la bouche : alors leur tissu s'altère; il présente des taches, se ramollit, change de couleur, et finit par tomber en fragmens. Ce sont ces altérations chimiques qu'on appelle assez improprement *maladies des dents*, puisqu'on les voit survenir dans les dents artificielles.

Après la chute totale des dents, les gencives se

Organes de la mastication chez le vieillard.

durcissent, les ouvertures qu'elles présentaient se ferment, les bords alvéolaires s'amincissent, deviennent tranchans, et cette nouvelle disposition supplée en partie aux corps qui remplissaient les alvéoles.

Telles sont les modifications qu'entraînent les progrès de l'âge dans les organes de la mastication : celles qui arrivent aux autres organes digestifs ne sont point assez importantes pour que nous en fassions mention.

Nous terminons cet article en faisant remarquer que beaucoup de muscles volontaires concourent à la digestion, et subissent, par l'effet de l'âge, les mêmes changemens que nous avons indiqués en traitant des modifications qu'éprouvent par cette cause les organes de la contraction musculaire.

Modification de la digestion par l'âge.

Nos connaissances sont assez bornées relativement aux modifications qu'éprouve la digestion dans les différens âges; ce qu'on en sait se rapporte particulièrement à la manière dont s'exercent la préhension des alimens, leur mastication, et l'excrétion des matières fécales : les changemens qu'éprouve probablement l'action des organes digestifs abdominaux sont à peu près inconnus.

Digestion chez les enfans.

La faim paraît être très-vive chez les enfans et n'être pas soumise au retour périodique qui se voit chez l'adulte; elle se renouvelle à des intervalles si rapprochés, qu'elle semble continue : il est certain, du moins, qu'elle se manifeste quoique l'estomac soit loin d'être vide. La succion est le mode de préhension qui est propre aux enfans; ils l'exécutent d'autant plus aisément, que les lèvres et la langue sont plus développées. Chez eux, cette action, au moins dans les premiers mois, paraît entièrement instinctive. Jusqu'à l'apparition des dents, et même pendant une partie du temps que dure le travail de la dentition, toute mastication est impossible. Si l'enfant comprime les sub-stances introduites dans sa bouche, c'est plutôt pour en extraire le suc qu'elles contiennent, ou pour favoriser leur dissolution, que pour exercer sur elles un véritable broiement. On peut pré-sumer que l'abondance de la salive chez les en-fans remplace, jusqu'à un certain point, la mas-tication.

Mastication chez les en-fans.

Il faut passer à l'excrétion des matières fécales pour avoir quelque chose de positif sur la di-gestion des enfans très-jeunes, comparée à celle de l'homme; et l'on voit que cette excrétion se fait très-fréquemment; que les excrémens, pres-que liquides et de couleur jaunâtre, n'ont pas l'odeur qu'ils prendront quand l'enfant fera usage d'alimens autres que le lait : les muscles abdomi-naux, à cet âge, n'auraient pas probablement assez d'énergie pour expulser des matières fécales solides.

10.

La sortie des dents incisives, et même des canines, ne procure à l'enfant qu'une mastication très-imparfaite; il faut que les molaires aient fait irruption, pour que cette action devienne plus efficace, encore ne peut-elle s'exercer sur des substances dont la résistance est un peu considérable, car les muscles élévateurs de la mâchoire inférieure sont trop faibles, et s'y insèrent trop obliquement pour que des substances d'une certaine dureté puissent être écrasées entre les dents.

Ce n'est que passé la seconde dentition, et même quelque temps après, lorsque l'angle de la mâchoire est bien prononcé, que la mastication acquiert toute la perfection dont elle est susceptible. Elle se maintient dans cet état, sauf les modifications que causent l'usure ou la chute accidentelle des dents, jusqu'à la vieillesse, époque où elle s'altère constamment, soit parce que les dents sont très-usées ou en grande partie tombées, soit que leur chute étant complète, on ne mâche plus qu'avec le bord alvéolaire.

Mastication chez les vieillards.

A ces causes, qui, chez le vieillard, rendent laborieuse la mastication, se joignent : 1°. la trop grande étendue des lèvres, qui, dès que les dents incisives sont tombées, ont plus de longueur qu'il ne faut pour aller d'une mâchoire à l'autre, et qui, se touchant par la face interne, au lieu de s'appliquer par les bords, ne peuvent plus retenir la salive ; 2º. la diminution de l'angle de la mâchoire, qui, sous ce rapport, se rapproche de celle des enfans, et la courbure du corps de cet os, qui obligent le vieillard à mâcher par la partie antérieure et moyenne du bord alvéolaire, seul endroit où ces bords puissent se rencontrer ; 3º. l'absence des dents le met dans la nécessité de mâcher ayant constamment les lèvres en contact : ce qui donne encore un caractère particulier à sa mastication.

L'action des muscles qui concourent à la digestion éprouve les mêmes changemens que nous avons indiqués en parlant de l'influence des âges sur la contraction musculaire.

D'abord faibles chez l'enfant, puis actifs et vigoureux dans la jeunesse et l'âge adulte, ces muscles diminuent d'énergie dans la vieillesse, et finissent par s'affaiblir beaucoup dans la caducité. Les actions digestives qui dépendent de la contraction musculaire parcourent les mêmes périodes, comme on peut s'en assurer en examinant la manière dont s'exécutent la préhension des alimens, la mastication, et l'excrétion des matières fécales aux différentes époques de la vie.

A cause de l'extrême faiblesse des muscles chez certains vieillards habituellement constipés, il peut y avoir impossibilité d'expulser les excrémens, accumulés quelquefois en quantité énorme dans le gros intestin. On est obligé, dans ces cas, d'avoir recours à une opération chirurgicale pour en procurer la sortie.

On n'a que des données très-générales sur les modifications qu'éprouvent dans les différens âges l'action de l'estomac et celle des intestins : elles paraissent plus rapides et plus faciles pendant tout le temps que dure l'accroissement ; elles semblent se ralentir ensuite : mais, de toutes les actions vitales, ce sont peut-être celles qui conservent le plus long-temps, et jusqu'aux derniers momens de la vie, une grande activité.

Nous n'entrerons dans aucun détail relativement aux modifications qu'apportent les sexes, les climats, les habitudes, les tempéramens, la disposition individuelle. Ce genre de considération est sans doute très-intéressant ; mais comme il est plus particulièrement du ressort de l'hygiène, nous nous contenterons de dire que, sous bien des rapports, il existe presqu'autant de différentes manières de digérer qu'il y a d'individus, et que, chez une même personne, il est rare que la digestion n'éprouve pas quelques changemens journaliers, à tel point qu'on digérera parfaitement aujourd'hui la substance qu'il avait été absolument impossible de digérer hier.

Rapports de la digestion avec les fonctions de relation.

Une fonction aussi importante que la digestion, et à laquelle coopèrent un si grand nombre
d'organes différens, devoit être étroitement liée
avec les autres fonctions, et particulièrement
avec celles de relation. Cette liaison existe en
effet; elle est même tellement intime, que, dans
la plupart des animaux, la connaissance d'un ou
de plusieurs organes de la vie extérieure apprend
de suite la disposition des organes digestifs, et,
réciproquement, la simple inspection d'une partie de l'appareil digestif fait connaître la disposition des organes des sens et des mouvemens.

Les sens nous avertissent de la présence des
alimens, nous aident à les saisir, nous en font
connaître les propriétés physiques et chimiques,
ainsi que les qualités utiles ou malfaisantes; et,
comme c'est surtout sous ce dernier genre de
rapport qu'il nous importe le plus d'apprécier les
alimens, on considère l'odorat et le goût, qui
sont chargés de cet examen, comme ayant avec
la digestion des relations plus intimes que les
autres sens. Quelques auteurs les ont classés
parmi les actions digestives.

Souvent, l'aspect ou l'odeur d'un mets excite
l'appétit et dispose favorablement l'appareil de

la digestion ; mais la même cause peut produire un effet entièrement opposé, c'est-à-dire, faire cesser la faim, et même amener un sentiment de dégoût.

Influence de la digestion sur les sens.

En général, un appétit modéré donne aux sens plus de finesse et d'activité ; mais si la faim se prolonge, nous avons vu plus haut que les sens perdent de leur action, se troublent au point de ne transmettre que des impressions inexactes. Pendant le travail de la chymification, ils ont aussi moins d'activité, surtout si l'estomac est distendu par une grande quantité d'alimens.

Rapports de la digestion avec la contraction musculaire.

Les rapports de la contraction musculaire avec la digestion ne sont pas moins évidens. On a vu comment l'action des muscles sert dans la préhension des alimens, dans la mastication, la déglutition, et dans l'excrétion des matières fécales ; en outre, ces mouvemens nous mettent à même de nous procurer les alimens ; ils excitent l'appétit, et nécessitent, quand ils sont souvent répétés, une nourriture plus abondante. A leur tour, ils sont influencés par les phénomènes digestifs, la faim les rend plus faibles et plus difficiles ; et lorsque l'estomac est plein d'alimens, il y a, surtout dans les pays chauds et chez les personnes d'une santé délicate, disposition au repos et presque impossibilité de se mouvoir ; mais dans les pays froids et chez les hommes robustes, la présence des alimens dans l'estomac est, au contraire, une cause d'accroissement de force et d'agilité.

On se rend aisément raison de la difficulté que l'on éprouve à parler, et surtout à chanter, après un repas copieux ; le volume de l'estomac s'oppose à l'introduction de l'air dans la poitrine et aux mouvemens du diaphragme, et met ainsi un obstacle très-grand à la production de la voix.

C'est surtout entre les fonctions du cerveau et la digestion qu'il y a des rapports intimes. Dans certains cas, la faim donne une direction parti- *Rapports de la diges- tion avec les fonctions cé- rébrales.* culière aux idées, les porte vers les alimens ; dans d'autres, une forte contention d'esprit, un chagrin violent, une frayeur subite, font cesser la faim pour plusieurs jours, et même rendent toute digestion impossible, au point que les alimens, qui précédemment avaient été introduits dans l'estomac, n'y subissent aucune altération. Combien ne voit-on pas de personnes dont les affections tristes ont perverti les facultés digestives ! La satisfaction morale, la gaîté, le rire, favorisent, au contraire, la digestion : les grands mangeurs sont ordinairement peu accessibles au chagrin.

Qui n'a pas fait la remarque de l'influence de la digestion sur l'état de l'esprit ? Combien de gens sont incapables d'application pendant la digestion ? Qui ne sait que l'accumulation des matières fécales a l'effet le plus marqué sur la disposition morale?

DE L'ABSORPTION ET DU COURS DU CHYLE.

En vain les organes digestifs formeraient du chyle : si celui-ci restait dans le canal intestinal, il n'y aurait pas de nutrition. Le chyle doit être transporté de l'intestin grêle dans le système veineux : ce transport est le but principal de la fonction que nous allons examiner.

Pour conserver autant que possible la méthode que nous avons suivie jusqu'ici dans l'exposition des fonctions, nous allons d'abord parler du chyle d'une manière générale.

Du chyle.

Du chyle.   On peut étudier le chyle sous deux formes différentes : 1°. lorsqu'il est mêlé au chyme dans l'intestin grêle, et qu'il a les caractères que nous avons décrits en parlant des phénomènes de sa formation; 2°. sous la forme liquide, circulant dans les vaisseaux chylifères et le canal thoracique.

Du chyle encore contenu dans l'intestin grêle.   Personne ne s'étant spécialement occupé du chyle pendant son séjour dans l'intestin grêle, nos connaissances sur ce point ne vont guère au-delà de ce que nous avons dit en parlant de l'action de cet intestin dans la digestion; en re-

vanche, le chyle liquide, contenu dans les vaisseaux chylifères, a été examiné avec beaucoup de
soin.

Pour s'en procurer, le meilleur moyen consiste
à donner des alimens à un animal, et quand on
suppose que la digestion est en pleine activité,
on l'étrangle, ou on lui coupe la moelle épinière
derrière l'occipital. On incise aussitôt la poitrine
dans toute sa longueur ; on y enfonce la main,
de manière à passer une ligature qui embrasse
l'aorte, l'œsophage et le canal thoracique le plus
près possible du cou ; on renverse ou l'on casse
ensuite les côtes du côté gauche, et l'on aperçoit
le canal thoracique accolé à l'œsophage. On en
détache la partie supérieure, qu'on a soin d'es-
suyer pour absorber le sang ; on l'incise, et le
chyle coule dans le vase destiné à le recueillir.

*Chyle con-
tenu dans
les vais-
seaux lac-
tés.*

*Manière de
recueillir le
chyle.*

Les anciens avoient reconnu l'existence du
chyle, mais ils s'en formaient des idées peu exactes ; au commencement du dix-septième siècle,
on l'observa de nouveau ; et comme il est blanc
opaque dans certains cas, on le compara au lait :
on nomma même les vaisseaux qui le contiennent,
vaisseaux lactés, expression tout-à-fait im-
propre, puisqu'il n'y a guère d'autre rapport
entre le chyle et le lait que celui de la couleur.

C'est seulement de nos jours, et par les travaux de MM. Dupuytren, Vauquelin, Emmert,

Marcet, que l'on a acquis des notions positives sur le chyle. Nous allons rapporter les observations faites par ces savans, en y ajoutant celles qui nous sont propres.

Chyle provenant de matières grasses.

Si l'animal dont on extrait le chyle a mangé des substances grasses animales, ou végétales, le liquide que l'on retire du canal thoracique est d'un blanc laiteux, un peu plus pesant que l'eau distillée, d'une odeur spermatique prononcée, d'une saveur salée, happant un peu la langue et sensiblement alcalin.

Très-peu de temps après qu'il est sorti du vaisseau qui le contenait, le chyle se prend en masse, et acquiert une consistance presque solide : il se sépare, au bout de quelque temps, en trois parties ; l'une, solide, qui reste au fond du vase ; l'autre, liquide, qui est placée au-dessus, et une troisième, qui forme une couche très-mince à la surface du liquide. En même temps le chyle prend une teinte rosée assez vive.

Chyle de matières non grasses.

Quand le chyle provient d'alimens qui ne contenaient point de corps gras, il présente des propriétés semblables ; mais, au lieu d'être blanc opaque, il est opalin, presque transparent : la couche qui se forme à sa superficie est moins marquée que dans la première espèce de chyle.

Jamais le chyle ne prend la couleur des substances colorantes mêlées aux alimens, comme plusieurs auteurs l'ont avancé. M. Hallé s'est assuré du contraire par des expériences directes; je les ai répétées récemment, et j'ai obtenu un résultat parfaitement semblable.

Des animaux auxquels j'avais fait manger de l'indigo, du safran, de la garance, etc., m'ont fourni un chyle dont la couleur n'avait aucun rapport avec celle de ces substances.

Des trois substances dans lesquelles se partage le chyle abandonné à lui-même, celle de la surface, de couleur blanche opaque, est un corps gras; le caillot, ou la partie solide, est formé de fibrine et d'un peu de matière colorante rouge; le liquide est analogue au sérum du sang (1).

Nature des trois parties du chyle.

La proportion de ces trois parties varie beaucoup, suivant la nature des alimens. Il y a des chyles, tels que celui du sucre, qui ne contiennent que très-peu de fibrine; d'autres, tels que celui de chair, en contiennent davantage. Il en est de même pour la matière grasse, qui est extrêmement abondante quand les alimens contiennent de la graisse ou de l'huile, tandis qu'on en voit à peine quand les alimens sont tout-à-fait dépourvus de corps gras.

Les mêmes sels qui existent dans le sang se rencontrent aussi dans le chyle. Nous donnerons

______

(1) Voyez *Composition chimique du sang.*

tout à l'heure quelques autres détails relatifs au chyle.

Appareil de l'absorption et du cours du chyle.

Cet appareil se compose, 1º. des vaisseaux lymphatiques propres à l'intestin grêle, et nommés, à cause de leur usage, *chylifères;* 2º. des glandes mésentériques; 3º. du canal thoracique.

Les vaisseaux chylifères sont fort petits, mais très-nombreux. Ils prennent naissance par des orifices imperceptibles à la surface des villosités de la membrane muqueuse intestinale, et se prolongent jusqu'aux glandes mésentériques, dans le tissu desquelles ils se répandent.

Dans les parois et à la surface de l'intestin grêle, ces vaisseaux sont très-déliés, très-multipliés; ils communiquent fréquemment entre eux, de manière à former un réseau à mailles assez fines : disposition qui est surtout visible quand ils sont remplis d'un chyle blanc opaque. Ils grossissent et diminuent de nombre en s'éloignant de l'intestin, et finissent par former des troncs isolés qui marchent au voisinage des artères mésentériques, et quelquefois dans les intervalles qui les séparent. C'est en affectant cette forme qu'ils arrivent aux glandes mésentériques.

On appelle *glandes mésentériques* de petits corps irrégulièrement lenticulaires, dont la di-

Vaisseaux chylifères.

Glandes mésentériques.

mension varie depuis deux ou trois lignes jusqu'à un pouce et plus. Ils sont très-nombreux, et
sont placés en avant de la colonne vertébrale,
entre les deux lames du péritoine qui forment le
mésentère.

'Leur structure est encore peu connue. Ils
reçoivent, proportionnellement à leur volume,
beaucoup de vaisseaux sanguins; ils sont doués
d'une sensibilité assez vive. Leur parenchyme est
d'une couleur rose pâle; la consistance n'en est
pas très-grande. On en extrait, en les comprimant entre les doigts, un fluide transparent, inodore, qui n'a jamais été examiné chimiquement.
Il est surtout abondant dans le centre de ces
corps. J'en ai vu une quantité remarquable dans
les cadavres de suppliciés. Les vaisseaux sanguins
et chylifères qui se portent dans ces corps s'y
réduisent en canaux d'une extrême ténuité, sans
que l'on puisse dire comment ils s'y comportent. Ce qui est certain, c'est que les injections,
poussées dans les uns ou dans les autres, traversent le tissu de la glande avec la plus grande facilité.

Il naît des glandes mésentériques un grand
nombre de vaisseaux de même nature que les
chylifères, mais en général plus volumineux:
ce sont les racines du canal thoracique. Ils se
dirigent vers la colonne vertébrale, en s'accolant

à l'aorte, à la veine cave, etc. Ils s'anastomose[nt]
fréquemment, et finissent par se terminer tou[s]
au *canal thoracique*.

Du canal
thoracique.

On appelle ainsi un vaisseau du même genr[e]
que les précédens, mais du volume d'une plum[e]
ordinaire, qui se prolonge de la cavité abdomi[-]
nale, où il commence, jusqu'à la veine *sous-cla[-]
vière* gauche, où il se termine. Dans son trajet
il passe entre les piliers du diaphragme, placé [à]
côté de l'artère aorte; ensuite il s'applique sur l[a]
colonne vertébrale, jusqu'au moment où il s[e]
dirige vers la veine sous-clavière gauche. On l'[a]
vu souvent s'ouvrir dans les deux veines sous-
clavières, et quelquefois uniquement dans l[a]
droite.

A l'intérieur du canal thoracique et des vaisseaux lactés, on trouve des valvules disposées d[e]
manière à permettre aux fluides de se porter de[s]
vaisseaux chylifères vers la veine sous-clavière, e[t]
à empêcher tout mouvement en sens inverse. Cependant l'existence de ces véritables soupape[s]
n'est pas constante.

Structure
des vais-
seaux chyli-
fères et du
canal thora-
cique.

Deux membranes entrent dans la compositio[n]
des parois des vaisseaux chylifères et du cana[l]
thoracique : l'une interne, mince, dont les replis forment les valvules; l'autre externe, fibreuse,
dont la résistance est de beaucoup supérieure [à]
celle qu'annoncerait son peu d'épaisseur.

Avant de passer à l'exposition des phénomènes de l'absorption et du cours du chyle, il faut faire quelques observations sur les organes qui en sont chargés.

Après douze, vingt-quatre et même trente-six heures d'abstinence absolue, les vaisseaux chylifères d'un chien contiennent une petite quantité d'un fluide demi-transparent, avec une teinte légèrement laiteuse, et qui, d'ailleurs, présente les propriétés les plus analogues au chyle. Ce fluide, qu'on ne rencontre que dans les vaisseaux lactés et dans le canal thoracique, et qui n'a jamais été analysé, paraît être un chyle qui provient de la digestion de la salive et des mucosités de l'estomac : cela paraît d'autant plus probable, que les causes qui accélèrent la sécrétion de ces fluides, comme les boissons alcooliques ou acides, augmentent sa quantité.

Chyle du mucus de l'estomac et de la salive.

Quand la privation de toute nourriture s'est prolongée au-delà de trois ou quatre jours, les vaisseaux chylifères sont dans le même cas que les lymphatiques; on les trouve tantôt remplis de lymphe, tandis que d'autres fois ils sont parfaitement vides.

Il résulte de ces faits que le chyle des alimens qu'on extrait des vaisseaux chylifères, est toujours mêlé, soit au *chyle du mucus digestif* dont nous venons de parler, soit à la lymphe; le ré-

sultat est le même, si l'on extrait le chyle du canal thoracique, car celui - ci est constamment
rempli de lymphe, même après huit jours et plus
d'abstinence.

Ainsi donc, la matière qui, sous le nom de
chyle, a été examinée par les chimistes, est loin
de devoir être considérée comme extraite en entier des substances alimentaires ; il est évident
que celles-ci n'y entrent que pour une certaine
proportion.

Absorption du chyle.

Absorption
du chyle.

Quoi qu'il en soit, il n'est pas moins certain
que le chyle passe de la cavité de l'intestin grêle
dans les vaisseaux chylifères. Comment se fait
ce passage ? Il semble, au premier aperçu,
qu'il est facile de se rendre raison d'un phénomène aussi simple ; mais il n'en est rien. On a vu,
plus haut, que la disposition des orifices des
vaisseaux chylifères n'est point connue ; on n'est
pas plus éclairé sur leur mode d'action : cependant
on en a donné plusieurs explications. Ainsi l'on a
attribué l'absorption du chyle à la capillarité des
radicules chylifères, à la compression du chyle
par les parois de l'intestin grêle, etc. Dans ces
derniers temps, on a prétendu qu'elle se faisait
en vertu de la sensibilité propre des bouches
absorbantes et de la contractilité organique in-

Mécanisme
de l'absorp-
tion du chy-
le.

sensible dont on les supposoit douées. On a
peine à concevoir comment des hommes d'un
mérite éminent aient pu proposer ou admettre
de pareilles explications : quant à moi, elles me
paraissent l'expression pure et simple de l'ignorance où nous sommes de la nature de ce phénomène.

Un fait qu'il ne sera peut-être pas inutile
d'ajouter, est que cette absorption continue assez
long-temps après la mort. Après avoir vidé, par
la compression, un ou plusieurs vaisseaux chylifères chez un animal récemment mort, on les
voit se remplir de nouveau. On peut répéter plusieurs fois de suite cette observation ; je l'ai
faite quelquefois deux heures après lamort de
l'animal.

L'absorp-
tion du chy-
le continue
quelque
temps après
la mort.

Cours du chyle.

Nous avons déjà indiqué le trajet du chyle : il
parcourt d'abord les vaisseaux chylifères, traverse ensuite les glandes mésentériques, arrive
au canal thoracique, et se jette enfin dans la
veine sous-clavière.

Les causes qui déterminent son mouvement
sont la contractilité propre aux vaisseaux chylifères, la cause inconnue qui en produit l'absorption, la pression des muscles abdominaux surtout
dans les mouvemens de respiration, et peut-être

Causes qui
déterminent
le cours du
chyle.

les battemens des artères qui se trouvent dans l'abdomen.

Si l'on veut prendre une idée juste de la vitesse avec laquelle le chyle coule dans le canal thoracique, il faut, comme je l'ai fait plusieurs fois, ouvrir ce canal, sur un animal vivant, au moment où il s'ouvre dans la veine sous-clavière. On reconnaît alors que cette vitesse n'est pas très-grande, et qu'elle s'accroît chaque fois que l'animal comprime les viscères de l'abdomen, en faisant contracter les muscles abdominaux. On produit un effet semblable en comprimant le ventre avec la main.

Vitesse du cours du chyle.

Toutefois la vitesse avec laquelle circule le chyle m'a paru en rapport avec la quantité qui s'en forme dans l'intestin grêle. Cette dernière est elle-même en rapport avec la quantité de chyme : de sorte que si les alimens sont abondans et de facile digestion, le chyle devra marcher plus vite ; si, au contraire, les alimens sont en petite quantité, ou, ce qui produira un effet pareil, s'ils se digèrent difficilement, comme il y aura peu de chyle formé, sa progression sera plus lente.

Il serait difficile d'apprécier exactement la quantité de chyle qui se forme pendant une digestion donnée, cependant elle doit être considérable. Sur un chien d'une taille ordinaire, mais qui a mangé à discrétion des alimens animaux, l'incision du canal thoracique au cou (l'animal étant vivant) laisse écouler au moins une demi-once de liquide en cinq minutes, et l'écoulement continue tant que dure la formation du chyle, c'est-à-dire pendant plusieurs heures.

J'ignore si, dans le cours d'une même digestion, il y a des variations dans la rapidité de la marche du chyle; mais, en la supposant uniforme, on voit qu'il entrerait six onces de chyle par heure dans le système veineux. Dans l'homme, où les organes chylifères sont plus volumineux, et où la digestion se fait en général plus vite que dans le chien, on peut présumer que la proportion du chyle est plus considérable.

Le sang qui coule dans la veine sous-clavière ne peut pénétrer dans le canal thoracique, car il existe à l'orifice de celui-ci une valvule disposée de manière à prévenir cet effet : de même le chyle ne peut refluer vers le canal intestinal, à raison des valvules que présentent presque constamment le canal thoracique et les vaisseaux chylifères.

Plusieurs physiologistes pensent que le chyle subit une altération particulière en traversant les glandes du mésentère; mais les uns croient que ces corps produisent un mélange plus intime des matières composant le chyle; d'autres pensent qu'ils y ajoutent un fluide destiné à rendre le chyle plus liquide : il y en a qui soupçonnent que ces glandes, au contraire, enlèvent quelques-uns des élémens du chyle pour le purifier. La vérité est qu'on ignore l'influence des glandes mésentériques sur le chyle.

De même on a beaucoup parlé des qualités variables de ce liquide, suivant que la digestion est bonne ou mauvaise ; et suivant l'espèce d'alimens dont on a fait usage, on a attribué à la formation d'un *mauvais chyle* le dépérissement qui arrive dans certaines maladies : mais on connaît très-peu les modifications qu'éprouve le chyle dans sa composition.

On a parlé aussi de certaines parties des alimens qui, sans être altérées par les organes digestifs, passent avec le chyle dans le sang ; mais cette idée est une conjecture qu'aucune expérience positive n'appuie.

M. le docteur Marcet (1), qui tout récemment vient de s'occuper du chyle, a comparé celui des matières animales avec celui des matières végétales. Il a trouvé que ce dernier contient trois fois plus de carbone que le chyle provenant d'alimens animaux.

Nous devons à M. le professeur Dupuytren des

(1) *Annales de Chimie*, 1816.

recherches très-ingénieuses, qui prouvent que le canal thoracique est la seule route par laquelle le chyle doit passer pour servir utilement à la nutrition.

On savait par une expérience de Duverney, par quelques cas d'obstructions du canal thoracique, et surtout par les expériences de Flandrin, dont nous parlerons ailleurs, on savait, dis-je, que le canal thoracique pouvait cesser de verser le chyle dans la veine où il aboutit, sans que la mort s'ensuivît. On savait, il est vrai, que, dans certains cas, la ligature du canal thoracique avait produit la mort; mais on ignorait la cause de cette diversité de résultats : les expériences de M. Dupuytren en ont donné une explication des plus satisfaisantes. Cet habile chirurgien a lié le canal thoracique sur plusieurs chevaux ; les uns sont morts au bout de cinq à six jours, et les autres ont conservé toutes les apparences d'une santé parfaite. Sur les animaux qui ont succombé à la ligature, il a toujours été impossible de faire passer aucune injection de la partie inférieure du canal dans la veine sous-clavière; il est très-probable, par conséquent, que le chyle a cessé d'être versé dans le système veineux aussitôt après la ligature. Au contraire, dans les animaux qui ont survécu, il a toujours été facile de faire parvenir les injections de mercure ou d'autres substances, de la portion abdominale du canal jusqu'à la veine sous-clavière. Les matières injectées suivaient le canal jusqu'au voisinage de la ligature ; là elles se détournaient pour s'engager dans des vaisseaux lymphatiques volumineux, qui allaient s'ouvrir dans la veine sous-clavière. Il est donc évident que, dans ces animaux, la ligature du canal n'avait point empêché le chyle de se mêler au sang veineux.

Expériences sur l'action des vaisseaux chylifères.

De ce que les vaisseaux chylifères absorbent le chyle et le transportent dans le système veineux, on s'est persuadé qu'ils remplissent le même usage pour toutes les substances qui sont mêlées aux alimens, et qui, sans être digérées, passent cependant dans le sang. La plupart des auteurs disent, par exemple, que les boissons sont absorbées avec le chyle ; mais, comme ils n'ont point fait d'expériences qui puissent servir de fondement à cette idée, on pouvait, par ce seul motif, la considérer comme douteuse. J'ai voulu savoir à quoi on devait s'en tenir sur ce point, et je me suis assuré, par des recherches sur les animaux vivans, que, dans aucun cas, les boissons ne paraissent se mêler au chyle. On peut en avoir la preuve en faisant avaler à un chien, pendant qu'il digère des alimens, une certaine quantité d'alcool étendu d'eau. Si, une demi-heure après, on extrait son chyle de la manière que nous avons indiquée, on verra que ce liquide ne contient point d'alcool, tandis que le sang de l'animal en exhale une odeur très-forte, et qu'on peut le retirer du sang par la distillation. On obtient des résultats semblables en faisant l'expérience avec une dissolution de camphre ou d'autres liquides odorans.

Les modifications que subissent l'absorption et le cours du chyle dans les différens âges n'ont point encore été étudiées; on a seulement remarqué que les glandes mésentériques changent de couleur, diminuent de volume, et semblent s'oblitérer chez les vieillards. Quelques auteurs en ont conclu qu'elles ne se laissaient plus traverser par le chyle; mais cette assertion paraît très-hasardée, et d'ailleurs n'est point appuyée de faits bien constatés.

On ignore complétement les modifications que cette fonction éprouve par le sexe, le tempérament, l'habitude, etc. On n'est pas plus instruit sur les rapports qui existent entre cette fonction et celles que nous avons déjà exposées, et celles qui nous restent à examiner.

DE L'ABSORPTION ET DU COURS DE LA LYMPHE.

Nous venons de voir combien il reste à faire pour avoir une connaissance exacte de l'absorption et du cours du chyle: la fonction dont nous

allons faire l'histoire est encore bien moins connue. On sait, d'une manière générale, qu'elle
existe, mais son utilité dans l'économie animale
est à peine entrevue : son but le plus apparent est
de verser la lymphe dans le système veineux. On
peut présumer que ce phénomène n'est qu'une
circonstance de son utilité ; cependant, si l'on
veut rester dans les limites du positif, il est impossible d'en reconnaître d'autres en ce moment.

De la lymphe.

Diverses opinions sur la lymphe.

Rien ne prouve mieux l'imperfection de la
science relativement à la fonction qui nous occupe, que les idées des physiologistes sur la
lymphe. Les uns donnent ce nom au sérum du
sang ; ceux-là au fluide qui se voit dans les membranes séreuses ; d'autres à la sérosité du tissu
cellulaire, tandis que quelques-uns considèrent
comme *lymphe* le fluide qui coule de certains
ulcères scrophuleux. Nous croyons qu'il faut ré-
server le nom de *lymphe* au liquide que contiennent les vaisseaux lymphatiques et le canal
thoracique.

Il est d'autant plus nécessaire de fixer ainsi le
sens de ce mot, qu'en admettant les autres signifi-
cations on consacre comme vraie une opinion qui
n'est rien moins que démontrée : savoir, que les
fluides des membranes séreuses, du tissu cellu-

laire, etc., sont absorbés par les vaisseaux lymphatiques, et transportés par ces vaisseaux dans le système veineux.

Pour se procurer de la lymphe, on peut employer deux procédés. L'un consiste à mettre à découvert un vaisseau lymphatique, à l'inciser et à recueillir le liquide qui en sort; mais cette méthode est très-difficile à exécuter, et d'ailleurs, comme les vaisseaux lymphatiques ne sont pas toujours remplis de lymphe, elle est peu sûre. L'autre procédé consiste à laisser jeûner un animal pendant quatre ou cinq jours, et à extraire, comme nous avons dit en parlant du chyle, le fluide contenu dans le canal thoracique.

Le liquide qu'on obtient de l'une ou l'autre manière a d'abord une couleur rosée, légèrement opaline. Il a une odeur de sperme très-prononcée; sa saveur est salée; quelquefois il présente une teinte jaunâtre décidée, et dans d'autres cas il présente une couleur rouge garance. J'insiste sur ces détails, car ils ont probablement induit en erreur dans les expériences que l'on a faites sur l'absorption des matières colorées.

Mais la lymphe ne reste pas long-temps liquide; elle se prend en masse. Sa couleur rose devient plus foncée, il s'y développe une multitude de filamens rougeâtres, disposés en arborisations irrégulières et fort analogues, pour l'apparence, aux vaisseaux qui se répandent dans le tissu des organes.

Lorsqu'on examine avec soin la masse de lymphe coagulée, on voit qu'elle est formée de deux parties, dont l'une, solide, forme des cellules multipliées qui contiennent l'autre, qui est liquide. Si l'on sépare la partie solide, le liquide se prend de nouveau en masse.

La quantité de lymphe que l'on recueille d'un seul animal est peu considérable; à peine en retire-t-on une once et demie d'un chien de forte taille. Il m'a semblé que sa quantité augmente à mesure que le jeûne se prolonge; je crois aussi avoir observé que sa couleur devient plus rouge quand depuis long-temps l'animal est privé d'alimens.

Propriétés chimiques de la lymphe. La partie solide de la lymphe, et qu'on peut nommer son *caillot*, a beaucoup d'analogie avec celui du sang. Il devient rouge écarlate par le contact du gaz oxigène, et rouge pourpre quand on le plonge dans l'acide carbonique.

La pesanteur spécifique de la lymphe est à celle de l'eau distillée :: 1022,28 : 1000,00.

J'ai prié M. Chevreul d'analyser la lymphe du chien; je lui en ai remis une quantité assez considérable que je m'étais procurée d'après le procédé que j'ai indiqué plus haut, après avoir fait jeûner des chiens pendant plusieurs jours. Voici les résultats qu'a obtenus cet habile chimiste. Sur 1000 parties, la lymphe contient :

Eau.	926,4.
Fibrine	004,2.
Albumine	061,0.
Muriate de soude	006,1.
Carbonate de soude	001,8.
Phosphate de chaux . . ⎫	
Idem, de magnésie . . ⎬	000,5.
Carbonate de chaux . . ⎭	
Total	1000,0.

Appareil de l'absorption et du cours de la lymphe.

Cet appareil a la plus grande analogie, pour la disposition et la structure, avec celui de l'absorption et du cours du chyle, ou plutôt, à ne les envisager que sous le rapport anatomique, ils ne forment qu'un même système. Il se compose des vaisseaux lymphatiques, des glandes ou ganglions lymphatiques, et du canal thoracique, dont nous avons déjà parlé en traitant du cours du chyle.

Les *vaisseaux lymphatiques* existent dans presque toutes les parties du corps : ils sont peu volumineux, s'anastomosent fréquemment, et ont presque partout une disposition réticulaire. Aux membres ils forment deux plans, l'un superficiel et l'autre profond. Le premier est placé dans le

Des vaisseaux lymphatiques.

tissu cellulaire, entre la peau et les aponévroses d'enveloppe ; en général, il accompagne les veines sous-cutanées. Quand les vaisseaux qui forment ce plan sont remplis de mercure et que l'injection a bien réussi, ils représentent un réseau qui environne de ses mailles le membre tout entier.

Le plan profond des lymphatiques des membres se voit principalement dans les intervalles des muscles, autour des nerfs et des gros vaisseaux.

Vaisseaux lymphatiques des membres. Les lymphatiques superficiels et profonds se dirigent vers la partie supérieure des membres, diminuent de nombre, augmentent de volume, et s'engagent bientôt dans les glandes lymphatiques de l'aisselle, de l'aine, etc., d'où ils s'enfoncent aussitôt soit dans l'abdomen, soit dans la poitrine.

Au tronc, les vaisseaux lymphatiques forment de même deux couches, l'une sous-cutanée, l'autre placée à la face interne des parois des cavités splanchniques. Chaque viscère a aussi deux ordres de lymphatiques ; les uns occupent la surface, les autres semblent naître de son parenchyme.

C'est en vain qu'on a cherché jusqu'ici ces vaisseaux dans le cerveau, la moelle épinière, leurs enveloppes, l'œil, l'oreille interne, etc.

Les vaisseaux lymphatiques du tronc et des

membres aboutissent au canal thoracique ; mais ceux de l'extérieur de la tête et du cou se terminent : savoir, ceux du côté droit, dans un vaisseau assez volumineux, qui s'ouvre dans la veine sous-clavière droite, et ceux du côté gauche, dans un vaisseau analogue, mais un peu plus petit, qui s'ouvre dans la veine sous-clavière gauche, un peu au-dessus de l'embouchure du canal thoracique.

Terminaison des vaisseaux lymphatiques.

On ignore la disposition que les lymphatiques ont à leur origine ; on a fait à ce sujet beaucoup de conjectures, également dénuées de fondement. Ce qu'on peut dire de plus plausible, c'est qu'ils naissent par des racines extrêmement fines dans l'épaisseur des membranes et du tissu cellulaire, et dans le parenchyme des organes, où ils paraissent continus aux dernières ramifications artérielles. Il arrive souvent qu'une injection poussée dans une artère passe dans les lymphatiques de la partie où elle se distribue.

Origine des vaisseaux lymphatiques.

Dans leur trajet, les lymphatiques n'ont rien de régulier ; ils augmentent et diminuent de volume, sont tantôt arrondis et cylindriques, et tantôt ils présentent un grand nombre de renflemens placés très-près les uns des autres. Leur structure ne diffère pas sensiblement de celle des vaisseaux chylifères ; ils sont de même garnis de valvules.

Glandes lymphati- ques.

Dans l'homme, chaque vaisseau lymphatique, avant d'arriver au système veineux, doit traverser une *glande lymphatique* (1). Ces organes, qui sont très-nombreux, et qui, pour la forme et la structure, ressemblent entièrement aux glandes mésentériques, se trouvent plus particulièrement aux aisselles, au cou, aux environs de la mâchoire inférieure, au-dessous de la peau de la nuque, aux aines, dans le bassin du voisinage des gros vaisseaux. Les vaisseaux lymphatiques se comportent, à leur égard, absolument comme les vaisseaux chylifères avec les glandes du mésentère.

De l'absorption de la lymphe.

Action des vaisseaux lymphati- ques.

Afin de nous livrer avec avantage à l'étude de l'absorption de la lymphe, il est indispensable d'examiner les idées reçues relativement à l'origine de ce fluide, et à la faculté absorbante attribuée aux radicules des vaisseaux lymphatiques. Ici, nous avons besoin de beaucoup de réserve et en même temps de sévérité; car, indépendamment de la difficulté propre au sujet, nous aurons à discuter une opinion généralement admise, et appuyée des autorités les plus

---

(1) Cette disposition n'existe pas dans les autres animaux qui ont des glandes lymphatiques.

espectables; mais comme le seul désir de trouver
a vérité nous anime, et non celui d'innover,
nous espérons qu'on ne nous saura pas mauvais
gré d'avoir pris ce parti.

Voyons d'abord l'origine attribuée à la lymphe.
Si l'on en croit les meilleurs ouvrages, la lymphe
est le résultat de l'absorption qu'exercent les radicules lymphatiques à la surface des membranes
muqueuses, séreuses, synoviales, des lames du
tissu cellulaire, de la peau, et même dans le parenchyme de chaque organe.

Cette manière de voir comprend deux idées
distinctes : savoir, 1°. que la lymphe existe dans
les diverses cavités du corps ; 2°. que les vaisseaux
lymphatiques sont doués de la faculté absorbante.
De ces deux idées, la première est tout-à-fait
inexacte, et l'autre mérite un examen particulier. En effet, quoiqu'il y ait de l'analogie en apparence entre les fluides qui se voient à la surface des membranes séreuses, du tissu cellulaire,
des membranes synoviales, etc., et la lymphe,
nous ferons voir ailleurs que ces fluides en diffèrent sous les rapports physiques et chimiques ; et
comme ces divers fluides varient eux - mêmes
entre eux, en admettant cette origine de la lymphe,
on devrait en avoir observé de plusieurs espèces :
or, jusqu'ici, la lymphe a toujours été trouvée sensiblement la même dans toutes les parties du corps.

Origine de
la lymphe,
d'après les
auteurs.

Examinons maintenant la faculté absorbante
attribuée par les auteurs aux vaisseaux lymphatiques.

Les liquides introduits dans l'estomac et dans
les intestins sont absorbés avec assez de promptitude ; le même effet arrive dans quelque cavité
de l'économie que l'on porte les liquides : la peau
et la surface muqueuse du poumon jouissent aussi
d'une propriété semblable. Les anciens, qui avaient
remarqué plusieurs de ces phénomènes, et qui ne
connaissaient point les vaisseaux lymphatiques,
croyaient que les veines étaient les agens de l'absorption : cette croyance s'est maintenue jusqu'au
milieu du siècle dernier, où la connaissance de
ces vaisseaux s'est beaucoup perfectionnée.

Guillaume Hunter, l'un des anatomistes qui
ont le plus contribué à faire connaître ces vaisseaux, est aussi celui qui a le plus insisté pour
leur faire reconnaître la faculté absorbante. Sa
doctrine a été propagée et même étendue par
son frère, par ses élèves, et en général par tous
ceux qui se sont occupés de l'anatomie des vaisseaux lymphatiques.

Il s'en faut de beaucoup que les preuves sur
lesquelles ils fondent leur doctrine aient la valeur
qu'ils leur attribuent. A raison de l'importance du
sujet, nous allons entrer dans quelques détails.

Pour établir que les vaisseaux lymphatiques

ont absorbans et que les veines n'absorbent
point, on a fait des expériences; mais en les sup-
osant exactes, ce qui, comme on va le voir, est
loin d'être vrai, elles sont en si petit nombre,
qu'il est vraiment étonnant qu'elles aient suffi
pour renverser une doctrine très-anciennement
admise.

De ces expériences, les unes ont été faites pour
prouver directement que les vaisseaux lymphatiques absorbent, et les autres pour établir que les
veines n'absorbent point. Nous nous occuperons
seulement ici des premières, nous renverrons les
autres à l'article de l'*Absorption des veines*.

Jean Hunter, l'un des premiers qui aient nié
positivement l'absorption des veines et admis celle
des lymphatiques, a fait l'expérience suivante,
qui lui a paru très-probante.

Il ouvrit le bas-ventre à un chien; il vida
promptement quelques portions d'intestins des
matières qu'elles contenaient, en les comprimant
suffisamment : il y injecta aussitôt du lait chaud,
qu'il retint au moyen de ligatures. Les veines
qui appartenaient à ces portions d'intestins furent
vidées de leur sang par plusieurs piqûres faites à
leur tronc; il empêcha qu'elles ne reçussent du
sang, en appliquant des ligatures aux artères qui
leur correspondaient, et il remit en cet état les
parties dans le bas-ventre. Il les y laissa pendant

Expériences de J. Hunter sur l'absorption lymphatique.

12.

environ une demi-heure, les retira ensuite, et,
les ayant examinées scrupuleusement, il trouva
que les veines étaient presque désemplies, comme
quand il les avait retirées pour la première fois,
et qu'elles ne contenaient pas une goutte de fluide
blanc, pendant que les lactés en étaient entièrement pleins (1).

L'état d'imperfection où était l'art des expériences physiologiques à l'époque où J. Hunter a
fait celle-ci, peut seul excuser ce célèbre anatomiste de n'avoir pas senti combien il y manque
de circonstances importantes pour que l'on puisse,
en la supposant exacte, en tirer quelques consé-
quences.

Objections
à l'expérien-
ce de J. Hun-
ter.

En effet, pour que cette expérience pût être
de quelque utilité, il faudrait savoir si l'animal
était à jeun lorsqu'on l'a ouvert, ou s'il était dans
le travail de la digestion ; il aurait fallu examiner
l'état des lymphatiques au commencement de
l'expérience : étaient-ils ou n'étaient-ils pas pleins
de chyle ? quels changemens sont survenus au
lait pendant son séjour dans l'intestin ? enfin, sur
quelles preuves établit-on que les lactés étaient
remplis de lait à la fin de l'expérience ? le fluide
qui les remplissait n'était-il pas plutôt du chyle ?

---

(1) *Anatomie des vaisseaux absorbans, etc.*, par Cruiks-
hank ; trad. par Petit-Radel.

Au reste, cette expérience a été répétée, à diverses reprises, par Flandrin, professeur à l'École vétérinaire d'Alfort, homme très-versé dans la pratique des expériences sur les animaux vivans, sans qu'il en ait obtenu aucun succès, c'est-à-dire sans qu'il ait aperçu de lait dans les vaisseaux lymphatiques. J'ai, moi-même, fait plusieurs fois cette expérience, et les résultats que j'ai obtenus sont parfaitement d'accord avec ceux de Flandrin, et par conséquent opposés à ceux de Hunter.

Ainsi la principale expérience où un auteur digne de foi ait dit avoir vu l'absorption d'un fluide autre que le chyle par les vaisseaux lactés, paraît être, sinon illusoire, du moins insignifiante.

Les autres expériences de J. Hunter étant encore moins concluantes que celle-ci, je les passe sous silence. D'ailleurs, elles ont été infructueusement répétées par Flandrin, et elles ne m'ont pas mieux réussi (1).

J'ai cru nécessaire de faire quelques essais, afin de savoir si réellement les vaisseaux chylifères et les autres lymphatiques du canal intestinal absorbent d'autres fluides que le chyle.

J'ai d'abord constaté que si l'on fait avaler à un chien quatre onces d'eau pure, ou mêlée à

Expériences sur l'absorption lymphatique.

---

(1) J. Hunter n'a employé que cinq animaux pour faire toutes ses expériences sur l'absorption.

une certaine quantité d'alcool, de matière colo
rante, d'acide ou de sel, au bout d'environ un
heure la totalité du liquide est absorbée dans l
canal intestinal.

Il était évident que si ces différens liquides
étaient absorbés par les vaisseaux lymphatiques
des intestins, ils devaient traverser le canal thoracique ; on devait donc en rencontrer une quantité plus ou moins considérable dans ce canal, en
recueillant la lymphe des animaux une demi-
heure ou trois quarts d'heure après l'introduction des liquides dans l'estomac.

Iere EXPÉRIENCE. Un chien a avalé quatre onces
d'une décoction de rhubarbe ; une demi-heure
ensuite, on a extrait la lymphe du canal thoracique. Ce fluide n'a présenté aucune trace de
rhubarbe ; et cependant à peu près la moitié du
liquide avait disparu du canal intestinal, et l'u-
rine contenait sensiblement la rhubarbe.

2e EXPÉRIENCE. On a fait boire à un chien six
onces d'une dissolution de prussiate de potasse
dans l'eau ; un quart d'heure après, l'urine contenait, d'une manière très-apparente, le prussiate :
la lymphe extraite du canal thoracique n'en
présentait point.

3e EXPÉRIENCE. Trois onces d'alcool étendu
d'eau (1) furent données à un chien ; au bout

Expériences sur l'absorp-
tion des lym-
phatiques.

____

(1) L'alcool pur tue promptement les chiens.

d'un quart d'heure, le sang de l'animal avait une odeur d'alcool prononcée : la lymphe n'offrait rien de semblable.

4e EXPÉRIENCE. Le canal thoracique ayant été lié au cou sur un chien, on lui fit boire deux onces d'une décoction de noix vomique, liquide très-vénéneux pour ces animaux. L'animal mourut tout aussi promptement que si l'on avait laissé le canal thoracique intact. A l'ouverture du cadavre, on s'assura que le canal de la lymphe n'était pas double, qu'il n'avait qu'un débouché dans la veine sous-clavière gauche, et qu'il avait été bien lié.

5e EXPÉRIENCE. On lia de même le canal thoracique à un chien, et on lui injecta deux onces de décoction de noix vomique dans le rectum : les effets furent semblables à ceux qui seraient survenus si le canal n'eût point été lié, c'est-à-dire que l'animal mourut très-promptement. La disposition du canal était analogue à celui de l'expérience précédente.

6e EXPÉRIENCE. M. Delille et moi nous fîmes sur un chien qui, sept heures auparavant, avait mangé une grande quantité de viande, afin que les lymphatiques chylifères devinssent faciles à apercevoir ; nous fîmes, dis-je, une incision aux parois abdominales, et nous tirâmes au dehors une anse d'intestin grêle, sur laquelle nous appli-

quâmes deux ligatures, à quatre décimètres l'une
de l'autre. Les lymphatiques qui naissaient de
cette portion d'intestin étaient très - blancs et
très-apparens, à raison du chyle qui les disten-
dait. Deux nouvelles ligatures furent placées
sur chacun de ces vaisseaux, à un centimètre de
distance, et nous coupâmes ces vaisseaux entre
les deux ligatures. Nous nous assurâmes en outre,
par tous les moyens possibles, que l'anse d'intestin sortie de l'abdomen n'avait plus de communication avec le reste du corps par les vaisseaux
lymphatiques. Cinq artères et cinq veines mésentériques se rendaient à cette portion intestinale;
quatre de ces artères et autant de veines furent
liées et coupées de la même manière que les lymphatiques ; ensuite les deux extrémités de notre
anse d'intestin furent coupées et séparées entièrement du reste de l'intestin grêle. Ainsi nous eûmes
une portion d'intestin grêle longue de quatre décimètres, ne communiquant plus avec le reste du
corps que par une artère et une veine mésentériques. Ces deux vaisseaux furent isolés dans une
longueur de quatre travers de doigt ; nous enle-
vâmes même la tunique celluleuse, de peur que
des lymphatiques n'y fussent restés cachés. Nous
injectâmes alors dans la cavité de l'anse intestinale environ deux onces de décoction de noix
vomique, et une ligature fut appliquée pour s'op-

Expériences
sur l'absorp-
tion lympha-
tique.

poser à la sortie du liquide injecté. L'anse, enveloppée d'un linge fin, fut replacée dans l'abdomen. Il était une heure précise ; à une heure six minutes, les effets du poison se manifestèrent avec leur intensité ordinaire : en sorte que tout se passa comme si l'anse d'intestin eût été dans son état naturel.

J'ai plusieurs fois répété chacune de ces expériences ; je les ai variées de diverses manières, et les résultats ont toujours été les mêmes. Je crois qu'elles suffisent pour établir positivement que les vaisseaux lymphatiques ne sont pas les seuls agens de l'absorption intestinale, et qu'elles doivent rendre au moins douteux que l'absorption de ces vaisseaux s'exerce sur d'autres substances que le chyle.

Expériences sur l'absorption lymphatique.

C'est plutôt par analogie que sur des faits positifs que l'on a admis l'absorption lymphatique dans les surfaces muqueuses génito-urinaires et pulmonaires, dans les membranes séreuses et synoviales, dans le tissu cellulaire, à la surface de la peau et dans le tissu des organes. Toutefois nous allons examiner le petit nombre de preuves sur lesquelles les auteurs se sont appuyés.

Les vaisseaux lymphatiques du canal intestinal sont les seuls organes de l'absorption qui s'y opère : donc les vaisseaux lymphatiques du reste du corps, qui présentent une disposition sem-

blable ou très-analogue aux chylifères, doiven[t]
jouir de la même faculté : tel est le raisonnemen[t]
des partisans de l'absorption par les lymphatiques[,]
et comme il est connu que toutes les surface[s]
extérieures et intérieures de l'économie absorbent, on en a conclu que les vaisseaux lymphatiques étaient partout les instrumens de l'absorption.

Absorption
lymphati-
que des
membranes
muqueuses.

Si la faculté absorbante des lymphatiques du
canal intestinal était bien démontrée pour d'autres
substances que le chyle, ce raisonnement aurait
en effet beaucoup de force ; mais, comme on a vu
tout à l'heure que rien n'est moins certain, nous
ne pouvons l'admettre, et nous sommes obligés
de recourir aux autres faits ou aux expériences
qui, à ce qu'on croit généralement, démontrent
l'absorption lymphatique.

Sur des animaux morts à la suite d'hémorra-
gie pulmonaire ou abdominale, Mascagni a trouvé
les lymphatiques des poumons et du péritoine
remplis de sang ; il en a conclu que ces vaisseaux
avaient absorbé le fluide qui les remplissait : mais
j'ai souvent rencontré, soit sur des animaux, soit
chez l'homme, des lymphatiques distendus par du
sang, dans des cas où il n'y avait aucun épan-
chement de ce fluide ; et d'ailleurs, dans certains
cas, il y a si peu de différence entre la lymphe
et le sang, qu'il serait difficile de les distinguer.

Ainsi le fait de Mascagni est peu important pour la question.

J. Hunter, après avoir injecté de l'eau colorée par de l'indigo dans le péritoine d'un animal, dit avoir vu les lymphatiques, peu de temps ensuite, remplis d'un liquide de couleur bleue ; mais ce fait a été démenti par les expériences de Flandrin sur les chevaux. Cet auteur a injecté dans la plèvre et dans le péritoine non-seulement une dissolution d'indigo dans l'eau, mais d'autres liqueurs colorées, et jamais il ne les a vues passer dans les lymphatiques, quoique les uns et les autres aient été promptement absorbés.

Nous avons, M. Dupuytren et moi, fait plus de cent cinquante expériences, dans lesquelles nous avons soumis à l'absorption des membranes séreuses un grand nombre de fluides différens, et jamais nous ne les avons vus s'introduire dans les vaisseaux lymphatiques.

Les substances qu'on introduit ainsi dans les cavités séreuses produisent des effets très-prompts, à raison de la rapidité avec laquelle elles sont absorbées. L'opium assoupit, le vin produit l'ivresse, etc. Je me suis assuré, par plusieurs expériences, que la ligature du canal thoracique ne diminue en rien la promptitude avec laquelle ces effets se manifestent.

Il est donc très-douteux que les vaisseaux lym-

phatiques soient les organes qui absorbent dan
les cavités séreuses. Ajoutons que l'arachnoïde, l
membrane de l'humeur aqueuse, l'hyaloïde, don
la disposition et la structure sont très-analogues
celles des membranes séreuses, et dans lesquelle
on n'a jamais aperçu aucun vaisseau lymphatique
jouissent d'une faculté absorbante tout aussi active que celle des autres membranes du mêm
genre.

Absorption lymphati-
que du tissu
cellulaire.

Quand on applique une ligature fortemen
serrée sur un membre, la partie de celui-ci la
plus éloignée du cœur se gonfle, et la sérosité
s'accumule dans le tissu cellulaire. Il arrive un
phénomène analogue après certaines opérations
du cancer de la mamelle, où l'on a été obligé
d'emporter toutes les glandes lymphatiques de
l'aisselle. On a expliqué ce phénomène en disant
que la ligature ou l'ablation des glandes de l'aisselle s'opposent à la circulation de la lymphe, et
surtout à son absorption dans le tissu cellulaire.
Voyons jusqu'à quel point cette explication est
satisfaisante. D'abord, la lymphe est un fluide
très-différent de la sérosité cellulaire ; ensuite,
l'accumulation de cette sérosité ne peut-elle pas
dépendre d'autres causes que de l'empêchement
de l'action absorbante des lymphatiques, de la
gêne de la circulation ou du cours du sang veineux, par exemple ? En outre, la soustraction des

glandes de l'aisselle ne produit pas constamment l'effet dont nous venons de parler, et l'on voit fréquemment des engorgemens squirrheux, et même des désorganisations complètes de glandes de l'aisselle ou de l'aine, qui ne sont accompagnées d'aucun œdème.

On donne des preuves plus nombreuses de l'absorption des vaisseaux lymphatiques à la peau.

Une personne se pique le doigt en disséquant un cadavre putréfié ; deux ou trois jours après, la piqûre s'enflamme, les glandes de l'aisselle correspondante se gonflent et deviennent douloureuses. Dans quelques circonstances assez rares, ces effets sont accompagnés d'une rougeur vive et d'une petite douleur dans tout le trajet des troncs lymphatiques du bras. On dit alors que la matière animale putréfiée a été absorbée par les lymphatiques du doigt, qu'elle est transportée par eux jusqu'aux glandes de l'aisselle, et que son passage a été partout marqué par l'irritation et l'inflammation des parties qu'elle a traversées.

Il est certain que cette explication a pour elle toutes les apparences, et je ne prétends pas nier qu'elle soit bonne; je veux croire même qu'un jour l'exactitude en sera reconnue : mais quand on réfléchit qu'elle est en ce moment l'une des bases de la thérapeutique, et que souvent elle décide de l'emploi de médicamens énergiques, je

pense qu'on ne sauroit porter trop loin le dout
à son égard. Je ferai donc sur cette explicatio
les réflexions suivantes : Dans un grand nombre d
cas on se pique avec un scalpel imprégné de ma
tière putréfiée, sans qu'il en résulte aucun acci
dent. Il arrive fréquemment qu'une piqûre fait
avec une aiguille parfaitement nette produit exac
tement les phénomènes décrits; un coup qui
légèrement contus l'extrémité du doigt amèn
quelquefois des effets semblables. La simple im
pression du froid aux pieds détermine souvent l
gonflement des glandes de l'aine, et la rougeur de
lymphatiques de la partie interne de la jambe e
de la cuisse. On peut ajouter encore qu'il es
fréquent de voir les veines s'enflammer à la suite
des piqûres, et même concurremment avec les lym-

Objections aux preuves de l'absorption lymphatique de la peau.

phatiques. J'en ai vu un exemple frappant et bien
malheureux sur le cadavre du professeur Lecler.
Cet estimable savant mourut des suites de l'ab
sorption de miasmes putrides, qui se fit par une
petite écorchure qu'il avait à l'un des doigts de la
main droite. Les lymphatiques et les glandes de
l'aisselle étaient enflammés; ces glandes avaient une
couleur brunâtre, évidemment maladive; mais la
membrane interne des veines du bras droit présen
tait des traces non équivoques d'inflammation, e
les glandes lymphatiques de tout le corps offraient
la même altération que celles de l'aisselle droite.

On rapporte encore comme preuve de l'absorption lymphatique plusieurs faits de pathologie.
Après un coït impur, il se développe un ulcère
sur le gland, et, quelques jours plus tard, les
glandes de l'aine s'engorgent et deviennent douloureuses, ou bien ces mêmes glandes s'enflam-
ment sans qu'il y ait eu précédemment d'ulcération
sur la verge. Ce gonflement arrive fréquemment
dans les premiers jours d'un écoulement blennor-
rhagique. On attribue, dans ces différens cas,
l'engorgement des glandes à l'absorption du virus
vénérien, qui a été pris, dit-on, par les orifices
lymphatiques et transporté jusqu'aux glandes. De
même, parce que des glandes de l'aine engorgées
reviennent quelquefois à leur état naturel après
des frictions mercurielles sur la partie interne de la
cuisse correspondante, on a conclu que le mercure est absorbé par les lymphatiques de la peau,
et qu'il va traverser les glandes de l'aine. Ces différens faits sont, il est vrai, de nature à faire
soupçonner l'absorption par les vaisseaux lymphatiques, mais ils ne la démontrent certainement
pas. Elle ne sera jamais réellement démontrée
que lorsqu'on aura trouvé dans ces vaisseaux la
substance qu'on supposera avoir été absorbée; et
comme on n'a jamais vu dans les cas cités ni le
pus des ulcères vénériens et des blennorrhagies, ni
le mercure dans les vaisseaux lymphatiques, il est

clair qu'ils ne donnent pas une preuve démons-
trative de l'absorption lymphatique. Il y a plus,
quand même on rencontrerait par la suite, soit
du pus, soit de l'onguent mercuriel ou toute autre
substance administrée en friction dans les vaisseaux dont nous parlons, il faudrait encore s'assurer si elles y ont pénétré par la voie de l'absorption. Nous verrons, plus bas, avec quelle facilité
les substances mêlées au sang passent dans le système lymphatique.

Mascagni cite une expérience qu'il fit sur lui-
même et qui lui paraît des plus concluantes ; je la
traduis textuellement : « Ayant conservé pendant
quelques heures mes pieds plongés dans l'eau,
j'ai observé sur moi-même un gonflement un peu
douloureux des glandes inguinales et la transsu-
dation d'un fluide à travers le gland. Je fus saisi
ensuite d'une fluxion de la tête ; un fluide âcre et
salé s'écoula de mes narines. Voici comment j'expli-
que ces phénomènes. Lorsqu'une quantité extraordinaire de fluide remplissait les lymphatiques des
pieds, et que les glandes inguinales en étaient
gonflées, les lymphatiques du pénis s'en char-
gaient plus difficilement. Les vaisseaux sanguins
continuaient à séparer la même quantité de fluide;
mais les vaisseaux lymphatiques ne pouvaient pas
l'emporter en entier, car le mouvement de leur
propre fluide était retardé : c'est pourquoi le

reste du fluide sécrété transsudait à travers le gland. De même, par l'absorption abondante des lymphatiques des pieds, le canal thoracique se trouvait distendu avec une grande force, les lymphatiques de la pituitaire ne pouvaient plus absorber librement les fluides déposés sur la surface ; et de là coryza. » Cette expérience apprend que Mascagni eut les glandes de l'aine gonflées, après avoir laissé quelque temps ses pieds dans l'eau : l'explication qui la suit est tout-à-fait hypothétique.

C'est encore l'induction seule qui a fait admettre l'absorption par les vaisseaux lymphatiques dans la profondeur des organes : aucune expérience ne vient à l'appui ; et les faits que l'on donne comme preuve, tels que les métastases, la résolution des tumeurs, la diminution de volume des organes, etc., établissent bien qu'il y a une absorption intérieure, mais ils ne prouvent nullement que les vaisseaux lymphatiques l'exécutent.

Je dois enfin citer un fait qui, à mon avis, est beaucoup plus favorable à la doctrine de l'absorption par les vaisseaux lymphatiques qu'aucun de ceux que j'ai rapportés jusqu'ici : on le doit à M. Dupuytren.

Une femme qui portait une tumeur énorme à la partie supérieure interne de la cuisse, avec fluctuation, mourut à l'Hôtel-Dieu en 1810. Peu de jours avant sa mort, une inflammation s'étai montrée dans le tissu cellulaire sous-cutané, à la partie interne de la tumeur.

. Le lendemain, M. Dupuytren fit l'ouverture du cadavre. A peine eut-il divisé la peau qui revêtait la tumeur, qu'il vit se former des points blancs sur les lèvres de l'incision. Surpris de ce phénomène, il dissèque avec soin la peau dans une certaine étendue, et voit le tissu cellulaire sous-cutané parcouru par des lignes blanchâtres, dont quelques-unes étaient grosses comme des plumes de corbeau. C'étaient évidemment des vaisseaux lymphatiques remplis par une matière puriforme. Les glandes de l'aine auxquelles ces vaisseaux allaient se rendre, étaient injectées de la même matière; les lymphatiques étaient pleins du même liquide, jusqu'aux glandes lombaires; mais ni ces glandes, ni le canal thoracique, n'en présentaient aucune trace.

Réflexions.   Il s'agit maintenant de savoir si l'on peut conclure de ce fait que les lymphatiques ont absorbé le fluide qui les remplissait : cela est probable; mais, pour le rendre évident, il aurait fallu que l'identité du fluide que contenaient les lymphatiques et celle du pus qui remplissait le tissu cellulaire eussent été constatées : or, on s'en est tenu à l'apparence. M. Cruveilhier, qui rapporte ce fait, s'exprime ainsi : « J'ai dit que le liquide était du pus ; il en avait l'opacité, la couleur blanche, la consistance. » Or, dans de semblables circonstances, la simple apparence est si trompeuse, qu'on risque beaucoup à s'en contenter. N'a-t-on pas, en suivant cette méthode, confondu long-temps deux liquides très-différens, le lait et le chyle, par la seule raison qu'ils avaient tous deux une même apparence? D'ailleurs, s'est-on assuré si le pus ne provenait pas des lymphatiques eux-mêmes, qui auraient été enflammés, car c'est ce qui arrive quelquefois aux veines?

Dans beaucoup de circonstances analogues au cas que je viens de citer, c'est-à-dire à la suite d'inflammation érisypélateuse avec suppuration du tissu cellulaire des membres, je n'ai aperçu aucune trace de matière purulente dans les vaisseaux lymphatiques; et, d'ailleurs, il n'est pas rare que l'on trouve, dans les cas de ce genre, les veines qui naissent de la partie malade remplies d'une matière très-analogue au pus.

En nous résumant sur la faculté absorbante des lymphatiques, nous pensons qu'il n'est pas impossible qu'elle existe, mais qu'elle est loin d'être démontrée; et comme nous avons un grand nombre de faits qui nous paraissent établir d'une manière positive l'absorption par les radicules veineuses, nous renvoyons l'histoire des différentes

absorptions à l'époque où nous traiterons du cou
du sang veineux.

Revenons maintenant à l'origine de la lymph
admise par les physiologistes.

Origine
probable de
la lymphe.

Si, d'un côté, les fluides qu'on suppose abso
bés par les vaisseaux lymphatiques s'éloignent
la lymphe par leurs propriétés physiques et ch
miques ; si, d'un autre côté, la faculté absorban
des vaisseaux lymphatiques est un phénomè
dont l'existence est fort douteuse, que penser
l'opinion reçue touchant l'origine de la lymph
N'est-il pas évident qu'elle a été bien légèreme
admise, qu'elle réunit en sa faveur bien peu
probabilité ?

D'où vient donc le fluide qu'on rencontre dar
les vaisseaux lymphatiques ? ou, en d'autres te
mes, quelle est l'origine, sinon véritable, d
moins la plus probable, de la lymphe ?

En considérant, 1°. la nature de la lymphe q
a la plus grande analogie avec le sang ; 2°.
communication que l'anatomie démontre entre
terminaison des artères et les radicules des lym
phatiques ; 3°. la facilité et la promptitude ave
laquelle les substances colorantes ou salines s'in
troduisent dans les vaisseaux de la lymphe (1),

---

(1) J'ai constaté ce fait par des expériences directes don
je rendrai compte plus bas.

devient, selon moi, très-probable que la lymphe est une partie du sang, qui, au lieu de revenir au cœur par les veines, suit la route des vaisseaux lymphatiques. Cette idée n'est pas entièrement neuve ; elle se rapproche beaucoup de celle des anatomistes qui, les premiers, découvrirent les vaisseaux lymphatiques, et qui pensaient que ces vaisseaux étaient destinés à rapporter au cœur une partie du sérum du sang.

Cette discussion sur l'origine de la lymphe pourra paraître un peu longue ; mais elle était indispensable pour faire éviter les opinions fausses sur l'absorption de ce fluide.

Il est clair qu'il faut s'en former une idée tout autre que celle qui se trouve consignée dans les ouvrages de physiologie, et se borner à la considérer comme l'introduction de la lymphe dans les radicules lymphatiques. Mais quelle obscurité environne ce phénomène ! On ignore sa cause, son mécanisme, la disposition des instrumens qui l'exécutent, et jusqu'aux circonstances dans lesquelles il a lieu. En effet, comme nous le dirons tout à l'heure, il paraît que c'est seulement dans des cas particuliers que les lymphatiques contiennent de la lymphe.

Cette obscurité n'a rien qui doive nous surprendre ; nous avons déjà vu et nous aurons encore plus d'une fois l'occasion de voir qu'elle règne sur tous les phénomènes de la vie auxquels on ne peut appliquer les lois de la physique, de la chimie ou de la mécanique, par conséquent sur tous ceux qui se rapportent aux actions vitales et à la nutrition.

Cours de la lymphe.

Nous n'avons que peu de mots à dire sur le cours de la lymphe; les auteurs en font à peine mention, encore est-ce d'une manière très-vague, et nos observations sur ce sujet sont loin d'avoir été assez multipliées. Ce serait un sujet de recherche bien intéressant et tout-à-fait neuf.

D'après la disposition générale de l'appareil lymphatique, la terminaison du canal thoracique et des troncs cervicaux aux veines sous-clavières, la forme et l'arrangement des valvules, on ne peut douter que la lymphe ne coule des diverses parties du corps d'où naissent les lymphatiques, vers le système veineux; mais les phénomènes particuliers de ce mouvement, ses causes, ses variations, etc., n'ont point été jusqu'ici étudiés.

Voici le peu de remarques que j'ai été à même de faire à cet égard.

A. Sur l'homme et les animaux vivans, il est très-rare que les lymphatiques des membres, de la tête et du cou contiennent de la lymphe; seulement leur surface intérieure paraît lubrifiée

par un fluide très-ténu. Dans certains cas, cependant, la lymphe s'arrête dans un ou plusieurs
de ces vaisseaux, les distend, et leur donne un
aspect fort analogue aux veines variqueuses, à
l'exception de la couleur. M. Sœmmering en a
vu plusieurs dans cet état sur le dos du pied
d'une femme, et j'ai eu occasion d'en observer
un autour de la couronne du gland.

On trouve plus fréquemment sur des chiens,
des chats et autres animaux vivans, des vaisseaux lymphatiques pleins de lymphe, à la surface
du foie, de la vésicule du fiel, de la veine cave
du tronc, de la veine porte, dans le bassin et
sur les côtés de la colonne vertébrale.

Les troncs cervicaux sont aussi assez souvent
remplis de lymphe; cependant il est loin d'être
rare qu'on les en trouve entièrement privés.
Quant au canal thoracique, je ne l'ai jamais rencontré vide, même quand les vaisseaux lymphatiques du reste du corps étaient dans l'état de
vacuité le plus parfait.

B. Pourquoi ces variétés dans la présence de la
lymphe dans les vaisseaux lymphatiques? pourquoi ceux de l'abdomen en contiennent-ils plus
souvent que les autres? et pourquoi le canal thoracique en contient-il constamment? Je crois
impossible de répondre maintenant à aucune de
ces questions. Le seul fait que je crois avoir ob-

Observa-
tions sur le
cours de la
lymphe.

servé, mais que je ne voudrais pas garantir, c'est que la lymphe se trouve plus fréquemment dans les troncs lymphatiques du cou quand les animaux sont depuis long-temps privés de toute espèce d'alimens et de boissons.

C. A mesure que l'abstinence se prolonge chez un chien, la lymphe devient de plus en plus rouge. J'en ai vu qui avait presque la couleur du sang sur des chiens qui avaient jeûné huit jours. Il m'a paru aussi que, dans ces cas, sa quantité est plus considérable.

D. La lymphe paraît marcher lentement dans ses vaisseaux. Si l'on en pique un sur l'homme vivant (j'ai eu occasion de le faire une seule fois), la lymphe ne s'écoule que lentement et sans former de jet. M. Sœmmering avait déjà fait une observation semblable.

Quand les troncs lymphatiques du cou sont remplis de lymphe, on peut aisément les isoler dans une étendue de plus d'un pouce. On peut observer alors que le liquide qui les remplit n'y coule que très-doucement. Si on les comprime de manière à faire passer la lymphe qui les distend dans la veine sous-clavière, il faut quelquefois plus d'une demi-heure avant qu'ils se remplissent de nouveau, et souvent ils restent vides.

E. Toutefois les vaisseaux lymphatiques sont évidemment contractiles; ils se vident souvent d'eux-mêmes quand ils sont exposés à l'air. Il est probable que c'est parce qu'ils se sont contractés qu'on les trouve presque toujours vides, sans en excepter le canal thoracique, sur les animaux récemment morts. Cette faculté est sans doute l'une des causes qui déterminent la lymphe à s'introduire dans le système veineux. La pression que les lymphatiques supportent par l'effet de la contractilité du tissu de la peau et des autres organes, de la contraction musculaire, du battement des artères, etc., doit être pour quelque chose dans le cours de la lymphe. Cela paraît évident pour les lymphatiques contenus dans la cavité abdominale.

F. On ignore complétement l'usage des glandes lymphatiques, et c'est peut-être pourquoi elles ont été l'objet de beaucoup d'hypothèses. Malpighi les regardait comme autant de *petits cœurs* qui donnaient à la lymphe son mouvement progressif; d'autres auteurs ont avancé qu'elles servaient à *affermir les divisions* des vaisseaux lymphatiques, à *s'imbiber*, comme des *éponges*, des humeurs superflues, à *donner aux nerfs un suc nourrissant*, à *fournir la graisse*, etc.; enfin, chacun a donné un libre essor à son imagination (1).

Usages des glandes lymphatiques.

----

(1) J'omets à dessein de parler du *mouvement rétrograde* les fluides dans les vaisseaux lymphatiques; ce qu'ont dit Darwin et autres sur ce sujet me paraît imaginaire.

Nous n'en dirons pas davantage sur le cou[rs]
de la lymphe ; on voit combien il reste à fai[re]
pour éclaircir ce phénomène, et en général po[ur]
connaître tous ceux qui se rapportent aux fonc[c]
tions du système lymphatique et à son utili[té]
dans l'économie animale.

Si nos connaissances positives sur ce sujet so[nt]
aussi bornées, quelle confiance peut-on accord[er]
aux théories médicales dans lesquelles on par[le]
de l'*épaississement* de la lymphe, de l'*obstructio*[n]
de l'*embarras* des glandes lymphatiques, du *dé*
faut d'action des bouches absorbantes lymph[a]
tiques, lequel donne lieu aux hydropisies, etc. ?
comment se décider à administrer des remèdes
quelquefois violens, d'après des idées de ce genre

Les changemens de structure et de volume q[ui]
arrivent aux glandes lymphatiques par les pro
grès de l'âge, doivent faire présumer que l'actio[n]
du système lymphatique éprouve des modifica
tions aux différentes époques de la vie ; mais rie[n]
de positif n'est connu sous ce rapport.

COURS DU SANG VEINEUX.

Transporter le sang veineux de toutes les par
ties du corps aux poumons, tel est le but de l[a]
fonction que nous allons étudier. En outre, le[s]
organes qui l'exécutent sont en même temps le[s]
agens principaux de l'absorption qui s'exerce

soit à l'extérieur, soit à l'intérieur du corps (l'absorption du chyle, de la lymphe, et celle qui se fait à la surface muqueusedu poumon exceptées).

Du sang veineux.

On donne ce nom au liquide animal qui est contenu dans les veines, le côté droit du cœur et l'artère pulmonaire, organes qui, par leur réunion, forment l'appareil propre au cours du sang veineux.

Ce liquide est d'une couleur rouge brun, assez foncée pour qu'on lui ait appliqué l'épithète inexacte de *sang noir* : dans quelques cas, sa couleur est moins foncée, et même peut être écarlate. Son odeur est fade, *et sui generis;* sa saveur est aussi particulière : cependant on reconnaît qu'il contient des sels, et principalement le muriate de soude. Sa pesanteur spécifique est un peu plus grande que celle de l'eau. Haller l'a trouvée, terme moyen, :: 1,o527 : 1,0000. Sa capacité, pour le calorique, peut être exprimée par 934, celle du sang artériel étant 921. Sa température moyenne est de 31 degrés de Réaumur.

Le sang veineux, extrait des vaisseaux qui lui sont propres et abandonné à lui-même, forme, au bout de quelques instans, une masse molle; peu à peu cette masse se sépare spontanément en deux parties, l'une liquide, jaunâtre, transpa-

Propriétés physiques du sang veineux.

Coagulation du sang veineux.

rente, appelée *sérum ;* l'autre molle, presque solide, d'un brun rougeâtre foncé, entièrement
opaque : c'est le *cruor* ou le *caillot.* Celui-ci occupe le fond du vase ; le sérum est placé au-dessus. Quelquefois il se forme à la superficie du sérum
une couche mince, molle, rougeâtre, à laquelle
on a donné fort improprement le nom de *couenne*
ou *croûte du sang.*

Cette séparation spontanée des élémens du
sang n'a lieu promptement qu'autant qu'il est en
repos. Si on l'agite, il reste liquide et conserve
beaucoup plus long-temps son homogénéité.

Propriétés chimiques du sang veineux. Mis en contact avec le gaz oxigène ou l'air
atmosphérique, le sang veineux prend une teinte
rouge vermeille ; avec l'ammoniaque, il devient
rouge cerise ; avec l'azote, rouge brun, plus
foncé, etc. (1) : en changeant de couleur, il absorbe une quantité assez considérable de ces différens gaz ; conservé quelque temps sous une
cloche placée sur le mercure, il exhale une assez
grande quantité d'acide carbonique. M. Vogel
vient tout récemment de faire de nouvelles recherches à ce sujet (2).

---

(1) Voyez, pour les changemens de couleur que subit le
sang veineux avec les autres gaz, le tome III de la *Chimie*
de M. Thénard, page 513.

(2) *Annales de Chimie,* année 1816.

D'après M. Berzelius, 1000 parties de sérum de sang humain contiennent :

Composition du sérum.

Eau		903,0.
Albumine		80,0.
Substances solubles dans l'alcool.	Lactate de soude et matière extractive . . . . 4 Muriate de soude et de potasse 6	10,0.
Substances solubles dans l'eau.	Soude et matière animale, phosphate de soude . . . 4 Perte 3	7,0.
Total		1000,0.

Quelquefois le sérum présente une teinte blanchâtre, comme laiteuse, ce qui a pu faire croire qu'il contenait du chyle : la matière qui lui donne cette apparence paraît être de la graisse.

Le caillot de sang est essentiellement formé de fibrine et de matière colorante.

Composition chimique du caillot.

Séparée de la matière colorante, la fibrine est solide, blanchâtre, insipide, inodore ; plus pesante que l'eau, sans action sur les couleurs végétales, élastique quand elle est humide, elle devient cassante par la dessiccation.

Elle fournit, à la distillation, beaucoup de carbonate d'ammoniaque, etc., et un charbon très-volumineux, dont la cendre contient une grande quantité de phosphate de chaux, un peu de phosphate de magnésie, de carbonate de chaux et de carbonate de soude. Cent parties de fibrine sont composées de

Carbone . . . . 53,360.
Oxigène . . . . 19,685.
Hydrogène. . . . . 7,021.
Azote . . . . 19,934.

Total . . . . 100,000.

Matière colorante du sang.

La matière colorante est soluble dans l'eau et dans le sérum du sang. Examinée au microscope, dissoute dans ces liquides, elle paraît, comme la plupart des fluides de l'économie animale, formée de petits globules; desséchée et calcinée ensuite au contact de l'air, elle se fond, se boursoufle, brûle avec flamme, et donne un charbon qu'on ne peut réduire en cendre qu'avec une extrême difficulté. Ce charbon, pendant sa combustion, laisse dégager du gaz ammoniaque, et fournit la centième partie de son poids d'une cendre composée d'environ :

Oxide de fer . . . . 55,0.
Phosphate de chaux et trace de phosphate
   de magnésie. . . . . 8,5.
Chaux pure. . . . . 17,5.
Acide carbonique. . . . . 19,5.

Composition chimique du sang.

Il est important de remarquer que dans aucune des parties du sang on ne trouve de gélatine ni de phosphate de fer, comme on l'avait cru d'abord.

Les rapports respectifs en quantité du sérum et du caillot, ceux de la matière colorante et de la fibrine, n'ont point encore été examinés avec soin. D'après ce qu'on verra par la suite, il est à présumer qu'ils sont variables suivant une infinité de circonstances.

La coagulation du sang a été tour à tour attri-buée à son refroidissement, au contact de l'air, à l'état de repos, etc.; mais J. Hunter et Hewson ont démontré, par des expériences, qu'on ne pouvoit rapporter ce phénomène à aucune de ces causes. Hewson prit du sang frais et le fit geler en l'exposant à une basse température. Il le fit ensuite dégeler : le sang se montra d'abord fluide, et peu après il se coagula comme à l'ordinaire. J. Hunter a fait une expérience analogue, avec un semblable résultat. Ainsi ce n'est point parce qu'il se refroidit que le sang se coagule. Il paraît même qu'une température un peu élevée est fa-vorable à sa coagulation. L'expérience a aussi constaté que le sang se prend en masse, privé du contact de l'air et agité; cependant, en général, le repos et le contact de l'air favorisent sa coagu-lation.

Mais, loin de rapporter la coagulation du sang à aucune influence physique, il faut au contraire la considérer comme essentiellement vitale, c'est-à-dire, comme donnant une preuve démonstra-

tive que le sang est doué de la vie. Nous verron
bientôt de quelle importance est, dans plusieur
phénomènes de nutrition, la propriété qu'ont l
sang et d'autres liquides de se coaguler.

Phéno-
mènes de la
coagulation
du sang.

Pour prendre une idée plus précise de la coagulation du sang veineux, j'ai placé au foyer d'un
microscope composé une goutte de ce fluide.
Tant qu'il a été liquide, il s'est montré comme
une masse rouge; mais dès qu'il a commencé à se
coaguler, les bords sont devenus transparens et
granuleux; la partie solide, presque opaque, a
formé un nombre infini de petites mailles ou cellules, qui contenoient la partie liquide, beaucoup
plus transparente : c'est cette disposition qui donnait au bord de la goutte de sang l'aspect granuleux. Peu à peu les mailles se sont agrandies par
la rétraction des parties solides; dans plusieurs
endroits, elles ont disparu entièrement, et il
n'est plus resté entre la circonférence extérieure
de la goutte de sang et le bord du caillot central,
que des arborisations tout-à-fait analogues à
celles que nous avons décrites dans la lymphe.
Leurs divisions communiquaient entre elles à la
manière des vaisseaux ou des nervures des feuilles.
Ces observations doivent être faites à la lumière
diffuse ou artificielle, car la lumière directe du
soleil produit un dessèchement sans coagulation.

Dans beaucoup de circonstances, le sang se

coagule quoique contenu dans les vaisseaux qui lui sont propres ; mais, en général, ce phénomène appartient à l'état de maladie.

Quelques auteurs avoient cru remarquer que le sang, en se coagulant, devenait plus chaud ; mais J. Hunter, et tout récemment M. J. Davy, ont prouvé qu'il n'y avait point élévation de température.

A l'époque où l'on s'occupait beaucoup en France du galvanisme, on a avancé qu'en prenant une portion de caillot récemment formé, et en le soumettant à un courant galvanique, on le voyait se contracter à la manière des fibres musculaires : j'ai plusieurs fois essayé de produire cet effet, en soumettant des portions de caillot, au moment même de leur formation, à l'action de la pile ; je n'ai jamais rien vu de semblable. J'ai varié ces essais de diverses manières, et je n'ai pas été plus heureux. Tout récemment, j'ai répété cette expérience avec M. Biot : le résultat a été le même.

L'analyse du sang veineux, telle que nous venons de l'indiquer, fait connaître les élémens propres de ce liquide ; mais, comme toutes les matières absorbées dans le canal intestinal, les membranes séreuses, le tissu cellulaire, etc., se mêlent immédiatement au sang veineux, il en résulte que la composition de ce liquide doit varier à raison des matières absorbées. On y trouvera, dans diverses circonstances, de l'alcool, de l'éther, du camphre, des sels qu'il ne contient pas habituellement, etc., lorsque ces substances auront été soumises à l'absorption dans une partie quelconque du corps.

La plus ou moins grande promptitude avec laquelle le sang se prend en masse, la solidité du caillot, la séparation du sérum, la formation d'une couche albumineuse à sa surface, la température particulière de ce liquide, soit dans les vaisseaux, soit hors des vaisseaux, etc., sont autant de phénomènes que nous examinerons à l'article du sang artériel.

Appareil du cours du sang veineux.

Cet appareil se compose, 1°. des veines; 2°. de l'oreillette et du ventricule droits du cœur; 3°. de l'artère pulmonaire.

Des veines.

Des veines.

La disposition des veines dans le tissu des organes échappe aux sens. Lorsque l'on commence à les apercevoir, elles se présentent sous la forme d'un nombre infini de petits canaux, d'une excessive ténuité, communiquant très-fréquemment entre eux, et formant une sorte de lacet à mailles très-fines; bientôt les veines augmentent de volume, tout en conservant la disposition réticulaire. Elles arrivent de cette manière à former des vaisseaux, dont la capacité, la forme et la disposition varient suivant chaque tissu, et même suivant chaque organe.

Quelques organes paraissent presque entièrement formés par des radicules veineuses : tels sont la rate, les corps caverneux de la verge, le clitoris, le mamelon, l'iris, l'urètre, le gland, etc. Quand on pousse une injection dans l'une des veines qui sortent de ces divers tissus, ils se remplissent entièrement de la matière injectée, ce qui n'arrive point, ou rarement, quand l'injection est poussée par les artères. L'incision des mêmes parties sur l'homme ou sur les animaux vivans en fait sortir un sang qui a toutes les apparences du sang veineux.

Les extrémités veineuses communiquent avec les artères et les vaisseaux lymphatiques : l'anatomie ne laisse aucun doute à cet égard ; mais il paraît que ces extrémités, dont la disposition est inconnue, sont aussi ouvertes aux différentes surfaces des membranes, du tissu cellulaire, et même dans le parenchyme des organes.

Origine des veines.

M. Ribes ayant poussé du mercure dans l'une des branches de la veine-porte, a vu les villosités de la membrane muqueuse intestinale se remplir de ce métal, et celui-ci se répandre dans la cavité de l'intestin. En poussant de l'air dans les veines des troncs vers les racines, et en forçant la résistance des valvules (ce qui est très-facile sur les cadavres qui ont éprouvé un commencement de putréfaction), le même anatomiste a toujours vu l'air s'épancher avec la plus grande facilité dans le tissu cellulaire, quoique aucune rupture sensible des parois veineuses n'ait eu lieu. J'ai fait des remarques semblables en poussant de l'air ou d'autres fluides dans les veines du cœur. Ces faits, qui sont postérieurs à mes expériences sur l'absorption des veines, dont je parlerai bientôt, s'accordent parfaitement avec elles.

Les veines du cerveau l'environnent de toutes parts, forment en grande partie la pie-mère, pénètrent dans les ventricules, où elles contribuent à former les *plexus choroïdes* et la *toile choroïdienne*. Celles du testicule représentent un lacis très-fin, qui recouvre les vaisseaux spermifères ; celles des reins sont courtes et volumineuses, etc.

Trajet des veines. En abandonnant les organes pour se porter vers le cœur, les veines affectent encore des dispositions très-différentes. Au cerveau, elles sont logées entre les lames de la dure-mère, protégées par elles, et portent le nom de *sinus*. Au cordon spermatique, elles sont flexueuses, s'anastomosent fréquemment et forment le corps *pampiniforme*. Autour du vagin, elles constituent le corps *réti-*

forme. A l'utérus, elles sont très-volumineuses et offrent de fréquentes flexuosités. Dans les membres, à la tête et au cou, on peut les distinguer en *profondes*, qui accompagnent les artères, et en *superficielles*, qui sont placées immédiatement au-dessous de la peau, au milieu des troncs lymphatiques qui s'y trouvent.

A mesure que les veines s'éloignent des organes et se rapprochent du cœur, elles diminuent de nombre et augmentent de volume, de telle manière que toutes les veines du corps, qui sont innombrables, se terminent à l'oreillette droite du cœur, par trois troncs, la veine cave inférieure, la supérieure, et la veine coronaire.

J'ai dit que les petites veines communiquent ensemble par des anastomoses fréquentes : cette disposition existe aussi dans les grosses veines et dans les troncs veineux. Les troncs superficiels des membres communiquent avec les veines profondes, les veines de l'extérieur de la tête avec celles de l'intérieur, les jugulaires externes avec les internes, la veine cave supérieure avec l'inférieure, etc. Ces anastomoses sont avantageuses au cours du sang dans ces vaisseaux.

Beaucoup de veines présentent dans leur cavité des replis de forme parabolique, nommés *valvules*. Elles ont deux faces libres et deux bords, dont l'un est adhérent aux parois de la veine,

tandis que l'autre est flottant. Le premier es
plus éloigné du cœur, l'autre en est plus rap-
proché.

Valvules
des veines.

Le nombre des valvules n'est pas partout le
même. En général, elles sont plus multipliées
là où le sang marche contre sa propre pesanteur, où les veines sont très-extensibles, et n'ont
qu'une faible pression à supporter de la part des
parties circonvoisines : elles manquent, au contraire, dans les parties où les veines sont exposées
à une pression habituelle qui favorise la circulation du sang, et dans celles qui sont contenues
dans des canaux non extensibles. On en trouve
rarement dans les veines qui ont moins d'une
ligne de diamètre. Tantôt la largeur des valvules
est assez grande pour oblitérer complétement le
canal que la veine représente, et d'autres fois
elles ont évidemment trop peu d'étendue pour
produire cet effet. Tous les anatomistes avaient
pensé que cette disposition dépend de l'organisation primitive ; mais Bichat a cru reconnaître
qu'elle tient uniquement à l'état de resserrement
ou de dilatation des veines au moment de la
mort.

J'ai voulu m'assurer par moi-même de l'exactitude de l'idée de Bichat, et j'avoue qu'il m'est
impossible de la partager. Je n'ai point vu que la
distension des veines influât sur la grandeur des

valvules : il m'a semblé, au contraire, qu'elle reste toujours la même; mais la forme change par l'état de resserrement ou de dilatation, et c'est probablement ce qui en aura imposé à Bichat.

Trois membranes superposées forment les parois des veines. La plus extérieure est celluleuse, assez dense, et très-difficile à rompre. Si l'on en croit les ouvrages d'anatomie, celle qui vient ensuite est formée de fibres disposées parallèlement, selon la longueur du vaisseau, et d'autant plus faciles à apercevoir, que la veine est plus grosse et plus resserrée sur elle-même. J'ai cherché vainement à voir les fibres de la membrane moyenne des veines : j'y ai toujours observé des filamens excessivement nombreux, entrelacés dans toutes les directions, mais qui prennent l'apparence de fibres longitudinales quand la veine est plissée selon sa longueur, disposition qui se voit souvent dans les grosses veines.

Structure
des veines.

Les veines sous-cutanées des membres dont les parois sont très-épaisses, sont celles où l'on peut le plus facilement étudier la disposition de cette membrane.

On ignore la nature chimique de la couche fibreuse des veines : d'après quelques essais, je soupçonne qu'elle est fibrineuse. Elle est extensible, assez résistante ; elle ne présente, d'ailleurs, aucune propriété, sur l'animal vivant, qui puisse la faire rapprocher des fibres musculaires. Irritée avec la pointe d'un scalpel, soumise à un courant galvanique, etc., elle ne présente point de contraction sensible.

La troisième membrane des veines, ou la tunique interne, est extrêmement mince et fort lisse par la face, qui est en contact avec le sang. Elle est très-souple, très-extensible, et cependant elle présente une résistance considérable; elle supporte, par exemple, sans se rompre, la pression d'une ligature fortement serrée.

Quelques veines, telles que celles des sinus cérébraux, les canaux veineux des os, les veines sus-hépatiques, ont seulement leurs parois formées par cette membrane, et sont presque entièrement dépourvues des deux autres.

Propriétés physiques des veines. Les trois tuniques réunies forment un tissu très-élastique. Quel que soit le sens selon lequel on allonge une veine, elle reprend promptement sa forme première, et je ne sais sur quel fondement Bichat a avancé qu'elles étoient dépourvues d'élasticité : rien n'est plus aisé que de s'assurer qu'elles possèdent cette propriété physique à un degré éminent.

Un assez grand nombre de petites artères, de veinules, et quelques filamens du grand sympathique, se répandent dans les veines; aussi sont-elles loin d'être toujours étrangères aux désordres maladifs qui surviennent dans l'économie animale. Quelquefois elles paraissent affectées d'inflammation.

Des cavités droites du cœur.

Le cœur est trop connu pour qu'il soit nécessaire d'insister sur sa forme et sur sa structure, j'en rappellerai seulement les circonstances principales. Dans l'homme, les mammifères et les oiseaux, il est formé de quatre cavités, deux supérieures ou *oreillettes*, et deux inférieures ou *ventricules*. L'oreillette et le ventricule gauches appartiennent à l'appareil du cours du sang artériel; l'oreillette et le ventricule droits font partie de celui du sang veineux.

Il serait difficile de dire quelle est la forme de l'oreillette droite : son plus grand diamètre est transversal ; sa cavité présente en arrière l'ouverture des deux veines caves et celle de la veine coronaire : en dedans, elle offre un petit enfoncement, nommé *fosse ovale*, qui indique le lieu qu'occupait dans le fœtus le trou Botal. En bas, l'oreillette présente une large ouverture, qui conduit dans le ventricule droit. La surface interne de l'oreillette présente ses *colonnes charnues*, c'est-à-dire, un nombre infini de prolongemens arrondis ou aplatis, entrecroisés dans tous les sens, de manière à présenter une sorte de tissu aréolaire ou spongieux, répandu à la face interne de l'oreillette, y formant une couche plus ou moins épaisse.

A l'endroit où la veine cave inférieure se joint à l'oreillette, on observe quelquefois un repli à la membrane interne, appelé *valvule d'Eustache.*

Ventricule droit.

Le ventricule droit a une cavité plus spacieuse et des parois plus épaisses que l'oreillette ; il a la forme d'un prisme triangulaire, dont la base correspond à l'oreillette et à l'artère pulmonaire, et le sommet à la pointe du cœur ; toute sa surface est couverte de saillies allongées et arrondies, qui sont aussi nommées *colonnes charnues :* la disposition en est fort irrégulière. Comme celles de l'oreillette, elles forment un tissu réticulaire ou caverneux dans toute l'étendue du ventricule, et particulièrement vers la pointe.

Colonnes charnues du ventricule droit.

Les colonnes du ventricule, étant généralement plus grosses que celles de l'oreillette, donnent aussi lieu à un réseau dont les mailles sont moins fines. Quelques-unes, nées de la surface des ventricules, se terminent en formant un ou plusieurs tendons, qui vont s'attacher au bord libre de la valvule *tricuspide,* placée à l'ouverture, par laquelle l'oreillette et le ventricule communiquent ensemble.

A côté, et un peu à gauche de celle-ci, est l'orifice de l'artère pulmonaire.

Les parois de l'oreillette et du ventricule sont formées de trois couches : l'une, extérieure, de nature séreuse ; l'autre, interne, analogue à la membrane interne des veines ; et la moyenne, de nature musculaire, essentiellement contractile. Cette couche, peu épaisse à l'oreillette, l'est bien davantage au ventricule.

Les fibres innombrables qui la composent ont un arrangement très-difficile à démêler. Beaucoup d'auteurs très-recommandables en ont fait l'objet de travaux assidus ; mais, malgré leur patience et leur adresse, la disposition de ces fibres est encore peu connue : heureusement qu'il n'est pas nécessaire d'en avoir une idée exacte pour comprendre l'action de l'oreillette et celle du ventricule.

Le cœur a des artères, des veines et des vaisseaux lymphatiques ; ses nerfs viennent du grand sympathique et se répandent, soit dans les parois des artères, soit dans le tissu musculaire.

De l'artère pulmonaire.

Elle naît du ventricule droit et se porte aux poumons. D'abord elle ne forme qu'un seul tronc : bientôt elle se partage en deux branches, dont l'une va au poumon droit, et l'autre au poumon

Artère pulmonaire.

gauche. Chacune de ces branches se divise et se subdivise jusqu'au point de former une multitude infinie de petits vaisseaux, dont la ténuité est telle, qu'ils sont à peu près inaccessibles aux sens.

Les divisions et subdivisions de chacune des branches de l'artère pulmonaire ont ceci de remarquable, qu'elles n'ont point de communication entre elles avant d'être devenues d'une petitesse excessive. Les dernières divisions paroissent continues immédiatement avec les radicules des veines pulmonaires.

L'artère pulmonaire est formée de trois tuniques : l'une, extérieure, fort résistante, de nature cellulaire ; l'autre, interne, très-polie par sa face interne, et toujours lubrifiée par un fluide ténu ; et une moyenne, à fibres circulaires, très-élastique, que l'on a crue long-temps musculaire, mais qui n'a rien moins que ce caractère. Sa nature chimique paraît cependant fibrineuse, du moins elle se comporte à peu près comme la fibrine avec les réactifs.

Cours du sang veineux.

De l'aveu des physiologistes les plus estimés, le cours du sang veineux est encore peu connu. Nous n'en décrirons ici que les phénomènes les plus apparens, nous réservant d'entrer dans les questions délicates, lorsqu'il sera question du rapport du cours du sang dans les veines avec celui du même liquide dans les artères. C'est alors que nous parlerons de la cause qui détermine l'entrée du sang dans les radicules veineuses.

Pour prendre une idée générale, mais juste, du cours du sang dans les veines, il faut se rappeler *Cours du sang dans les veines.* que la somme des petites veines forme une cavité de beaucoup supérieure à celle des veines plus grosses, mais moins nombreuses, dans lesquelles elles vont se rendre; que celles-ci présentent le même rapport relativement aux troncs, où elles se terminent: par conséquent, le sang qui coule dans les veines des racines vers les troncs, passe toujours d'une cavité plus spacieuse dans une qui l'est moins; or, le principe d'hydro-dynamique suivant peut parfaitement s'appliquer ici : *Lorsqu'un liquide coule à plein tuyau, la quantité de ce liquide, qui, dans un instant donné, traverse les différentes sections du tuyau, doit étre partout la méme : ainsi quand le tuyau va en s'élargissant, la vitesse diminue ; elle s'accroît quand le tuyau va en se rétrécissant.*

L'expérience confirme parfaitement l'exactitude du principe et la justesse de son application au cours du sang veineux. Si l'on coupe en travers une très-petite veine, le sang n'en sort qu'avec une extrême lenteur ; il sort plus vite d'une veine

plus grosse, et enfin il s'échappe avec une certaine rapidité d'un tronc veineux ouvert.

Cours du
sang dans
les veines. Plusieurs veines sont ordinairement chargées
de transporter vers les gros troncs le sang qui a
traversé un organe. A raison de leurs fréquentes
anastomoses, la compression ou la ligature de
l'une ou de plusieurs de ces veines n'empêche
point et même ne diminue pas la quantité de
sang qui retourne vers le cœur ; seulement il
acquiert une vitesse plus grande dans les veines
qui restent libres.

C'est ce qui arrive quand une ligature est appliquée sur le bras pour l'opération de la saignée.
Dans l'état ordinaire, le sang qui est apporté à
l'avant-bras et à la main, revient vers le cœur
par quatre veines profondes, et au moins autant
de superficielles ; une fois le lien serré, le
sang ne passe plus par les veines sous-cutanées,
et très-difficilement traverse-t-il les profondes.
Si alors on ouvre une des veines du pli du bras,
il s'échappe en formant un jet continu, qui dure
tant que la ligature reste serrée, et qui cesse dès
qu'elle est enlevée.

A moins de causes particulières, les veines sont
très-peu distendues par le sang ; cependant celles
où ce liquide a plus de vitesse le sont bien davantage : les très-petites veines, au contraire, le
sont à peine. Par une raison facile à saisir,

toutes les circonstances qui accélèrent la vitesse du sang dans une veine, causent aussi une augmentation dans la distension du vaisseau.

L'introduction du sang dans les veines ayant lieu d'une manière continue, toute cause qui met obstacle à son cours produit la distension de la veine et la stagnation d'une quantité plus ou moins considérable de sang au-dessous de l'obstacle dans sa cavité.

Les parois des veines ne paraissent avoir qu'une influence très-faible sur le cours du sang ; elles cèdent très-facilement quand la quantité de celui-ci augmente, et reviennent sur elles-mêmes quand il diminue ; mais ce resserrement est limité : il n'est point assez fort pour expulser entièrement le sang de la veine, aussi en contiennent-elles presque constamment dans les cadavres. J'ai plusieurs fois vu des veines vides, sur des animaux vivans, sans qu'elles fussent pour cela contractées, et d'autres fois j'ai observé que la colonne de liquide était loin de remplir entièrement la cavité du vaisseau.

Influence des parois des veines sur le cours du sang.

Un grand nombre de veines, telles que celles des os, des sinus de la dure-mère, du testicule, du foie, etc., dont les parois sont adhérentes, par leur superficie, à un canal inflexible, ne peuvent avoir évidemment aucune influence sur le mouvement du sang qui parcourt leur cavité.

Toutefois, c'est à l'élasticité des parois des veines, et non à une contraction qui aurait de l'analogie aussi avec celle des muscles, qu'il faut attribuer la faculté qu'elles ont de revenir sur elles-mêmes quand la colonne de sang diminue : aussi ce retour est-il beaucoup plus marqué dans celles où les parois sont plus épaisses, comme les superficielles.

Si les veines ont par elles-mêmes peu d'influence sur le cours du sang, plusieurs causes accessoires en exercent une des plus manifestes. Toute compression continue ou alternative, portant sur une veine, peut, lorsqu'elle est assez forte pour aplatir la veine, empêcher le passage du sang ; si elle est moins considérable, elle s'opposera à la dilatation de la veine par l'effort du sang, et favorisera ainsi le mouvement de celui-ci.

La pression habituelle que la peau des membres exerce sur les veines qui rampent au-dessous d'elle, est une cause qui rend plus facile et plus prompt le cours du sang dans ces vaisseaux ; on n'en peut douter, car toutes les circonstances qui diminuent la contractilité du tissu de la peau, sont tôt ou tard suivies de la dilatation considérable des veines, et, dans certains cas, de la production des varices ; on sait aussi qu'une compression mécanique, exercée par un bandage approprié, rétablit les veines dans leurs dimensions ordinaires, ainsi que le cours du sang à leur intérieur.

Dans l'abdomen, les veines sont soumises à la pression alternative du diaphragme et des muscles abdominaux, et cette cause est également favorable à la marche du sang veineux de cette partie.

Les veines du cerveau supportent aussi une pression considérable, qui doit avoir le même résultat.

Toutes les fois que le sang veineux coule dans le sens de sa pesanteur, sa marche est d'autant plus facile; c'est l'opposé quand il marche contre sa pesanteur.

Ne négligeons pas de remarquer les rapports de ces causes accessoires avec la disposition des veines. Là où elles sont très-marquées, les veines ne présentent point de valvules et leurs parois sont très-minces, comme on le voit dans l'abdomen, la poitrine, la cavité du crâne, etc.; là où elles ont moins d'influence, les veines offrent des valvules, et ont des parois un peu plus épaisses; enfin, là où elles sont très-faibles, comme aux veines sous-cutanées, les valvules sont multipliées, et les parois ont une épaisseur considérable.

Si l'on veut prendre une idée comparative exacte dans ce genre, on n'a qu'à examiner la veine saphène interne, la crurale et le commencement

Rapports de l'épaisseur des parois des veines avec les causes qui retardent le cours du sang.

de l'iliaque externe, au niveau de l'ouverture de l'aponévrose fémorale, destinée au passage de la saphène : le contraste pour l'épaisseur des parois sera frappant.

J'ai fait dernièrement cette comparaison sur le cadavre d'un supplicié très-musculeux : les parois de la saphène étaient aussi épaisses que celles de l'artère carotide ; la crurale, et surtout l'iliaque externe, avaient des parois beaucoup plus minces.

Causes qui augmentent le volume du sang contenu dans les veines. Prenons garde cependant de confondre parmi les circonstances favorables au cours du sang dans les veines, des causes qui agissent de tout autre manière. Par exemple, il est généralement connu que la contraction des muscles de l'avant-bras et de la main pendant la saignée, détermine l'accélération du mouvement du sang qui s'échappe par l'ouverture de la veine ; les physiologistes disent que les muscles, en se contractant, compriment les veines profondes et en expulsent le sang, qui passe alors dans les veines superficielles. S'il en était ainsi, l'accélération ne serait qu'instantanée ou tout au moins de courte durée, tandis qu'elle dure, en général, autant que la contraction. Nous verrons plus loin comment on doit se rendre raison de ce phénomène.

Quand les pieds sont plongés quelque temps dans l'eau chaude, les veines sous-cutanées se gonflent, ce qui est généralement attribué à la raréfaction du sang. La véritable cause me paraît être l'augmentation de la quantité du sang qui se porte aux pieds, mais surtout à la peau, augmentation qui doit naturellement accélérer la vitesse du mouvement du sang dans les veines, puisque, dans un temps donné, elles sont traversées par une plus grande quantité de sang.

D'après ce qui précède, on conçoit sans peine que le sang veineux doit être fréquemment arrêté ou gêné dans son cours, soit par une trop forte compression qu'éprouvent les veines dans les positions diverses que prend le corps, soit par celle des corps étrangers qui appuient sur lui, etc. : de là la nécessité des anastomoses nombreuses que nous avons dit exister non-seulement entre les petites veines, mais entre les grosses et même entre les plus gros troncs. A raison de ces fréquentes communications, une ou plusieurs veines étant comprimées de manière qu'elles ne puissent pas livrer passage au sang, ce fluide se détourne et arrive au cœur par d'autres routes : un des usages de la veine azygos paraît être d'établir une communication facile entre la veine cave supérieure et l'inférieure. Je crois cependant que sa principale utilité est d'être l'aboutissant commun de la plupart des veines intercostales. *Modifications du cours du sang veineux.*

Il n'y a rien d'obscur dans l'action des valvules des veines : ce sont de véritables soupapes qui *Usage des valvules des veines.*

s'opposent au retour du sang vers les radicule veineuses, et qui remplissent d'autant mieux ce office, qu'elles sont plus larges, c'est-à-dire plu favorablement disposées pour fermer entière ment la cavité de la veine.

Le frottement du sang contre les parois de veines, son adhésion à ces mêmes parois, le dé. faut de fluidité, doivent modifier le mouvement du sang dans les veines, et en général tendre à le ralentir; mais il est impossible, dans l'état présent de la physiologie et de l'hydro-dynami- que, d'assigner avec précision l'effet de chacune de ces causes en particulier.

Modifica-
tions du
cours du
sang vei-
neux.Ce qui vient d'être dit sur le cours du sang veineux doit faire pressentir qu'il éprouve de grandes modifications, suivant une infinité de circonstances; nous aurons occasion de nous en convaincre davantage par la suite lorsque nous envisagerons d'une manière générale le mouve- ment circulaire du sang, abstraction faite de ses qualités artérielles ou veineuses..

Quoi qu'il en soit, le sang veineux de toutes les parties du corps arrive à l'oreillette droite par les trois troncs que nous avons déjà nommés; sa- voir, deux très-volumineux, les veines caves; et un fort petit, la veine coronaire.

Il est très-probable que le sang marche dans chacune de ces veines avec une vitesse difféente : ce qu'il y a de certain, c'est que les trois colonnes du liquide font effort pour pénétrer dans l'oreillette, et que cet effort doit être assez considérable.

Absorption exercée par les veines.

Non-seulement les radicules veineuses reçoivent immédiatement le sang des dernières ramifications artérielles, mais elles présentent encore un phénomène bien remarquable. Toute espèce de gaz ou de liquide mis en contact avec les diverses parties du corps (la peau exceptée), passe aussitôt dans les petites veines, et arrive bientôt au poumon avec le sang veineux. La même chose a lieu pour toutes les substances solides susceptibles de se laisser dissoudre par le sang ou par les fluides sécrétés. Au bout de très-peu de temps, elles s'introduisent dans les veines, et sont transportées au cœur et au poumon. Cette introduction est nommée *absorption veineuse*.

Étudions avec soin ce phénomène, et d'abord ne nous laissons pas influencer par le mot *absorption*; il semblerait indiquer que les substances qui passent dans les veines sont attirées à leur intérieur par une force particulière à ces vaisseaux : il est possible que cette force existe, mais, à coup sûr, il serait impossible d'en démontrer en ce moment l'existence, et il est tout aussi vraisemblable que cette introduction se fait d'une autre manière : aussi, sans égard pour la signification du mot *absorption*, il ne faut voir dans le phénomène qu'il désigne, que le *passage* des substances solides ou liquides en contact avec nos organes dans les radicules veineuses, passage dont la cause et le mécanisme sont tout-à-fait inconnus.

Expériences sur l'absorption veineuse.

Si l'on veut prendre une idée de cette propriété, commune à toutes les veines, on n'a qu'à introduire une dissolution aqueuse de camphre dans l'une des cavités séreuses ou muqueuses du corps, ou bien enfoncer dans le tissu d'un organe un morceau de camphre solide : peu d'instans après, l'air qui sort du poumon de l'animal a une odeur de camphre très-prononcée. Cette observation est facile à faire sur l'homme après l'administration des lavemens camphrés; il est rare qu'après cinq ou six minutes, l'haleine ne présente pas une odeur de camphre très-forte.

Presque toutes les substances odorantes qui ne se combinent pas avec le sang produisent des effets analogues.

Dans les expériences que j'ai faites sur l'absorption des veines, j'ai reconnu que la promptitude de l'absorption varie suivant les divers tissus : elle est, par exemple, beaucoup plus rapide dans les membranes séreuses que dans les muqueuses; plus prompte dans les tissus abondans en vaisseaux sanguins, que dans ceux qui en contiennent moins, etc.

La qualité corrosive des liquides ou des solides soumis à l'absorption n'empêche pas celle-ci de s'effectuer; elle semble, au contraire, être plus prompte que celle des substances qui n'attaquent pas les tissus (1).

Ce sont les villosités intestinales, formées en partie par les radicules veineuses, qui absorbent dans l'intestin grêle tous les liquides, à l'exception du chyle. Il est facile de s'en convaincre, en introduisant dans cet intestin des substances odorantes ou fortement sapides, susceptibles d'être absorbées. Dès que l'absorption commence, jusqu'à ce qu'elle soit achevée, les propriétés de ces substances se reconnaissent dans le sang des branches de la veine porte, tandis qu'on ne les distingue dans la lymphe qu'assez long-temps après que l'absorption en a com-

Expériences sur l'absorption veineuse.

---

(1) On parle beaucoup, dans les ouvrages modernes de physiologie, de la sensibilité propre aux bouches absorbantes; elles sont douées, dit-on, d'un tact fin et sûr, par lequel elles discernent les substances utiles et s'en emparent, tandis qu'elles repoussent les substances nuisibles. Ces suppositions ingénieuses, qui ont un charme particulier pour notre esprit avide d'images, sont détruites aussitôt qu'elles sont soumises à l'expérience.

mencé. Nous ferons voir, ailleurs, qu'elles arrivent au canal thoracique, non par la voie de l'absorption des vaisseaux chylifères, mais par les communications des artères avec les lymphatiques.

Chacun sait que toutes les veines des organes digestifs se réunissent en un seul tronc, lequel se divise et se subdivise dans le tissu du foie. Cette disposition mérite d'être remarquée.

Usage particulier de la veine porte. A raison de l'étendue considérable de la surface muqueuse, avec laquelle les boissons ou autres liquides sont en contact, et de la rapidité de leur absorption par les veines mésaraïques, une quantité considérable de liquide étranger à l'économie traverse le système veineux abdominal dans un temps donné, et altère la composition du sang. Si ce liquide arrivait de cette manière au poumon, et de-là à tous les organes, il pourrait en résulter des inconvéniens graves, comme le démontrent les expériences suivantes.

Un gramme de bile poussé brusquement dans la veine crurale fait ordinairement périr un animal en peu d'instans. Il en est de même d'une certaine quantité d'air atmosphérique introduit rapidement dans la même veine. L'injection faite de la même manière dans l'une des branches de la veine porte, n'aura aucun inconvénient apparent. Pourquoi cette diversité de résultats? Le passage des liquides étrangers à l'économie à travers les innombrables petits vaisseaux du foie, aurait-il pour effet de les mêler plus intimement avec le sang, et de les répartir sur une plus grande quantité de ce fluide, de manière que sa nature chimique en fût peu altérée? Cela devient d'autant plus probable, que la même quantité de bile ou d'air injectée très-lentement dans la veine crurale ne produit pas non plus d'accidens sensibles.

Il se pourrait donc que le passage des veines nées des organes digestifs, à travers le foie, fût nécessaire, afin de mêler intimement avec le sang les matières absorbées dans le canal intestinal. Soit que cet effet ait lieu ou non, il n'est point douteux que les médicamens absorbés dans l'estomac et les intestins ne passent immédiatement à travers le foie, et qu'ils ne doivent avoir sur cet organe une influence qui me paraît mériter l'attention des médecins (1).

Nous avons dit tout à l'heure que la peau faisait exception à cette loi générale, que les veines

---

(1) Il serait curieux de savoir pourquoi, de tous les vaisseaux du foie, les branches de la veine porte sont les seules qui, par la disposition de leur membrane extérieure (*capsule de Glisson*), puissent revenir sur elles-mêmes quand la quantité de sang qui les parcourt diminue. Peut-

absorbent dans toutes les parties du corps. Cette proposition mérite un examen particulier.

Absorption veineuse de la peau.

Lorsque la peau est privée de l'épiderme, et que les vaisseaux sanguins qui revêtent la face externe du chorion sont à découvert, l'absorption s'y fait comme partout ailleurs. Après l'application d'un vésicatoire, si l'on couvre la surface dépourvue d'épiderme avec une substance dont les effets sur l'économie animale soient faciles à remarquer, quelques minutes suffisent souvent pour qu'ils se manifestent. Des caustiques appliqués sur des surfaces ulcérées ont souvent produit la mort.

Pour que l'inoculation de la petite-vérole ou de la vaccine ait un plein succès, il faut avoir soin de placer la substance au-dessous de l'épiderme, et par conséquent de la mettre en contact avec les vaisseaux sanguins sous-jacens.

Les choses se passent bien différemment quand la peau est revêtue de son épiderme. A moins que les substances en contact avec celui-ci ne soient de nature à attaquer sa composition chimique, ou à

être cette disposition est-elle favorable au cours du sang veineux, qui, dans cette portion de la veine porte, marche d'un endroit plus étroit dans un endroit plus large, tandis que partout ailleurs il passe d'un lieu plus large dans un plus étroit.

exciter une irritation dans les vaisseaux sanguins correspondans, il n'y a pas d'absorption sensible. Ce résultat, je le sais, est contraire aux idées généralement admises. On pense, par exemple, que le corps, étant plongé dans un bain, absorbe une partie du liquide qui l'environne : c'est même sur cette idée qu'est fondé l'usage des bains nourrissans de lait, de bouillon, etc.

Dans un travail publié récemment, M. Séguin vient de mettre hors de doute, par une série d'expériences rigoureuses, que la peau n'absorbe point l'eau au milieu de laquelle elle est placée. Pour s'assurer s'il en serait de même pour d'autres liquides, M. Séguin a fait des essais sur des personnes affectées de maladies vénériennes. Il leur a fait plonger les pieds et les jambes dans des bains composés de seize livres d'eau et de trois gros de sublimé ; chaque bain durait une heure ou deux, et était répété deux fois par jour. Treize malades soumis à ce traitement pendant vingt-huit jours ne présentèrent aucun indice d'absorption ; un quatorzième en présenta d'évidens dès le troisième bain, mais il avait des excoriations psoriques aux jambes : deux autres qui étaient dans le même cas offrirent des phénomènes semblables. En général, l'absorption ne s'est manifestée que chez les sujets dont l'épiderme n'était pas entièrement intact ; cependant, à la température de dix-huit

degrés, il y a eu quelquefois du sublimé d'absorbé, mais jamais d'eau.

Parmi les expériences de M. Séguin, il en est
une qui me paraît jeter un grand jour sur la faculté absorbante de la peau.

Après avoir pesé séparément un gros de mercure doux, un gros de gomme gutte, un gros
de scammonée, un gros de sel d'Alembroth et
un gros d'émétique, M. Séguin fit coucher un
malade sur le dos, lui lava avec soin la peau de
l'abdomen, et appliqua avec précaution sur des
endroits écartés les uns des autres les cinq substances désignées; il les recouvrit chacune avec
un verre de montre, et maintint fortement le
tout avec une bande de linge. La chaleur de la
chambre fut entretenue à quinze degrés; M. Séguin ne quitta pas le patient, afin de l'empêcher
de remuer : l'expérience dura dix heures un
quart. Les verres furent alors retirés et les substances recueillies avec le plus grand soin; elles
furent ensuite pesées. Le mercure doux était réduit à 71 grains 1/3; la scammonée pesait 72 grains
3/4; la gomme gutte, un peu plus de 71 grains;
le sel Alembroth était réduit à 62 grains (beaucoup de boutons s'étaient développés sur la place
où il avait été appliqué); l'émétique pesait 67
grains. Il est évident que, dans cette expérience,
les substances les plus irritantes et les plus dispo-

sées à se combiner avec l'épiderme furent en partie absorbées, tandis que les autres ne le furent pas sensiblement.

Mais ce qui n'arrive point par la simple application, survient quand on fait des frictions sur la peau avec certaines substances. On ne peut douter que le mercure, l'alcool, l'opium, le camphre, les vomitifs, les purgatifs, etc., ne pénètrent par ce moyen dans le système veineux. Il paraît que ces différens médicamens traversent l'épiderme, soit en passant par ses pores, soit en s'insinuant dans les ouvertures par lesquelles sortent les poils ou la transpiration insensible.

Ainsi, en résumant ce qui a rapport à l'absorption de la peau, on voit que cette membrane ne diffère des autres surfaces du corps, qu'en ce qu'elle est revêtue par l'épiderme. Tant que cette couche reste intacte et qu'elle ne se laisse pas traverser par les substances mises en contact avec la peau, il n'y a point d'absorption ; mais, dès l'instant qu'elle est altérée ou seulement qu'elle est traversée, l'absorption a lieu comme partout ailleurs.

Je n'ignore pas que beaucoup de personnes seront étonnées en voyant que je n'hésite pas à attribuer aux veines la faculté absorbante, tandis que l'opinion générale est que toute espèce d'absorption se fait par les vaisseaux lymphatiques;

mais, d'après les faits rapportés à l'article d
l'*Absorption de la lymphe*, et quelques autres qu
je vais ajouter, il m'est impossible de penser au
trement. D'ailleurs, l'opinion que je soutien
n'est pas nouvelle ; Rhuysch, Boerrhaave, Meckel
Swammerdam l'ont professée, et Haller l'a soute
nue, quoique les travaux anatomiques de J. Hun
ter ne fussent pas ignorés de lui.

Expérience sur l'absorption veineuse.

M. Delille et moi, nous séparâmes du corps la
cuisse d'un chien, assoupi précédemment par
l'opium (afin de lui éviter les douleurs insépa-
rables d'une expérience laborieuse); nous lais-
sâmes seulement intacts l'artère et la veine crurale, qui conservaient la communication entre la
cuisse et le tronc. Ces deux vaisseaux furent dis-
séqués avec le plus grand soin, c'est-à-dire qu'ils
furent isolés dans l'étendue, de quatre centimètres : leur tunique cellulaire fut enlevée, dans
la crainte qu'elle ne recélât quelques vaisseaux
lymphatiques. Deux grains d'un poison très-subtil
(l'upas tieuté) furent alors enfoncés dans la patte:
les effets de ce poison furent tout aussi prompts et
aussi intenses que si la cuisse n'eût point été séparée du corps ; en sorte qu'ils se manifestèrent
avant la quatrième minute, et que l'animal était
mort avant la dixième.

On pouvait objecter que, malgré toutes les
précautions prises, les parois de l'artère et de la

\cine crurale contenaient encore des lymphatiques, et que ces vaisseaux suffisaient pour donner passage au poison.

Pour lever cette difficulté, je répétai sur un
autre chien l'expérience précédente, avec cette
modification, que j'introduisis dans l'artère crurale un petit tuyau de plume, sur lequel je fixai
ce vaisseau par deux ligatures ; l'artère fut ensuite coupée circulairement entre les deux ligatures, j'en fis autant pour la veine crurale : par là
il n'y eut plus de communication entre la cuisse
et le reste du corps, si ce n'est par le sang artériel qui arrivait à la cuisse, et le veineux qui re-
tournait au tronc. Le poison, introduit ensuite
dans la patte, produisit ses effets dans le temps
ordinaire, c'est-à-dire, au bout d'environ quatre
minutes.

Cette expérience ne laisse point douter que le
poison n'ait passé de la patte au tronc à travers
la veine crurale. Pour rendre le phénomène encore plus évident, il faut presser cette veine entre
les doigts au moment où les effets du poison
commencent à se développer : ces effets cessent
bientôt ; ils reparaissent dès qu'on laisse la veine
libre, et cessent encore si on la comprime de
nouveau. On peut ainsi les graduer à volonté.

Ajoutons à ces faits, qui me paraissent décisifs,
des observations intéressantes faites par Flandrin.

Expérience
sur l'absorp-
tion veineu-
se.

Dans le cheval, les matières que contiennent le plus souvent l'intestin grêle et le gros intestin, sont mêlées à une grande quantité de liquide, dont la quantité est d'autant moins considérable, que l'on s'avance davantage vers le rectum : il est donc absorbé à mesure qu'il parcourt le canal intesti-nal. Or, Flandrin ayant recueilli le liquide con-tenu dans les vaisseaux chylifères, n'y reconnut aucune odeur analogue à celle du liquide de l'intestin : au contraire, le sang veineux de l'in-testin grêle avait une saveur herbacée sensible; celui du cœcum avait un goût piquant et une sa-veur urineuse légère; celui du colon avait les mêmes caractères, à un degré encore plus mar-qué. Le sang des autres parties du corps n'offrait rien de semblable.

Une demi-livre d'assa-fœtida dissous dans une égale quantité de miel fut donnée à un cheval; l'animal fut ensuite nourri comme à l'ordinaire, et tué seize heures après. L'odeur d'assa-fœtida fut distinguée dans les veines de l'estomac, de l'intestin grêle et du cœcum; elle ne fut point remarquée dans le sang artériel, non plus que dans la lymphe.

J'ai parlé, à l'article des *Vaisseaux lympha-tiques*, des expériences que J. Hunter a faites pour prouver que ces vaisseaux sont les agens ex-clusifs de l'absorption, cet auteur en a fait aussi our démontrer que ces veines n'absorbent point ; mais ces dernières ne sont guère plus satisfaisantes ni plus exactes que celles dont il a déjà été fait mention.

Je pris, dit J. Hunter, une portion de l'intestin d'un mouton, après lui avoir incisé les parois abdominales ; je la liai par les deux extrémités, et la remplit d'eau chaude : le sang qui revenait par la veine de cette partie ne parut nullement plus *délayé* ni plus *léger* que celui des autres veines ; alors je liai l'artère et toutes ses communications, et j'examinai l'état de la veine. Elle ne se gonflait point ; son sang ne devenait pas plus aqueux, elle ne donnait ainsi aucune indication de la présence de l'eau dans sa cavité. Donc les veines n'absorbent point (1).

Combien d'objections se présentent pour quiconque veut de la précision dans les expériences ! Comment J. Hunter a-t-il pu juger, sur le simple aspect, que, dans les premiers momens, l'eau n'a pas été absorbée et ne s'est point mêlée avec le sang de la veine ? Ensuite, comment cet auteur, d'ailleurs si recommandable, a-t-il pu croire que la veine continuerait son action, l'artère étant liée ? Il aurait dû déterminer d'abord l'effet de la ligature d'une artère sur le cours du sang dans la

---

(1) *Medical commentaries*, chap. V.

veine qui y correspond, et c'est ce qu'il n'a point
fait.

Expérience
sur l'absorp-
tion veineu-
se.

Dans une autre expérience, le même physiologiste a injecté du lait chaud dans une portion
d'intestin ; quelques instans ensuite, il a ouvert
la veine mésentérique, recueilli le sang qui s'es
écoulé, et de ce qu'il n'y a pas reconnu de trace
de lait, il en a conclu qu'il n'y a pas eu d'absorption de ce liquide par la veine. Mais, du temps
de Hunter, on était loin de pouvoir s'assurer
par aucun moyen de l'existence d'une petite
quantité de lait dans une certaine quantité de
sang ; à l'époque actuelle, où la chimie animale
est bien plus avancée, on saurait à peine surmonter cette difficulté.

Ces deux expériences ne peuvent porter aucune atteinte à la doctrine de l'absorption veineuse. Les autres, au nombre de six, loin d'être
concluantes, sont, au contraire, bien plus défec-
tueuses.

Raisonne-
ment en fa-
veur de l'ab-
sorption vei-
neuse.

Enfin, s'il était nécessaire de déduire du raisonnement de nouvelles preuves en faveur de la
propriété absorbante des veines, je rappellerais que,
dans beaucoup d'endroits du corps où l'anatomie la plus exacte n'a jamais pu découvrir que
des vaisseaux sanguins et point de vaisseaux lymphatiques, tels que l'œil, le cerveau, le placenta,
etc., l'absorption s'y fait avec autant de promp-

litude que partout ailleurs; j'ajouterois que tous les animaux non vertébrés qui ont du sang ne présentent point de lymphatiques, et que cependant l'absorption y est manifeste. Je dirais, enfin, que le canal thoracique est beaucoup trop petit pour donner aussi promptement passage aux matières absorbées dans toutes les parties du corps, et particulièrement aux boissons (1). Tous ces phénomènes s'entendent parfaitement bien, dès que l'absorption des veines est admise.

Les faits, les expériences et le raisonnement, concourent donc en faveur de l'absorption veineuse (2).

Passage du sang veineux à travers les cavités droites du cœur.

Si le cœur d'un animal vivant est mis à découvert, on reconnaît aisément que l'orcillette et le ven-

Action des cavités droites du cœur.

----

(1) Quelques personnes boivent jusqu'à douze litres et plus d'eau minérale en quelques heures, et les rejettent à peu près dans le même temps en urinant.

(2) Pour résumer tout ce qui a rapport aux organes de l'absorption, considérée en général, on peut dire, 1°. qu'il est certain que les vaisseaux chylifères absorbent le chyle; 2°. qu'il est douteux qu'ils absorbent autre chose; 3°. qu'il n'est pas démontré que les vaisseaux lymphatiques soient doués de la faculté absorbante, et qu'il est prouvé que les veines jouissent de cette propriété.

16.

tricule droits se resserrent et se dilatent alternativement. Ces mouvemens sont tellement combinés que
le resserrement de l'oreillette arrive concurremment avec la dilatation du ventricule , et , *vice
versâ* , la contraction du ventricule a lieu dans
l'instant de la dilatation de l'oreillette. Ni l'une ni
l'autre de ces cavités ne peuvent se dilater sans être
remplies aussitôt par le sang , et, quand elles se
resserrent, elles expulsent nécessairement une
partie de celui qu'elles contenaient. Mais tel est le
jeu des valvules tricuspides et sygmoïdes, que le
sang est obligé de passer successivement de l'oreillette dans le ventricule, et de celui-ci dans l'artère
pulmonaire.

Entrons dans les détails de ce curieux mécanisme.

Action de l'oreillette droite.

J'ai dit que le sang des trois veines qui aboutissent
à l'oreillette droite fait un effort assez considérable pour y pénétrer. Si elle est contractée , cet
effort est nul ; mais aussitôt qu'elle se dilate , le
sang se précipite dans sa cavité, la remplit complétement , et distend même légèrement les parois ; il pénétrerait immédiatement dans le ventricule , si celui-ci ne se contractait pas à cet instant. Le sang se borne donc à remplir exactement
la cavité de l'oreillette ; mais bientôt celle-ci se
contracte, comprime le sang, qui s'échappe dans
le lieu où la pression est moindre ; or, il n'a que

deux issues : 1°. les veines caves, 2°. l'ouverture qui conduit dans le ventricule. Les colonnes sanguines qui arrivent à l'oreillette, opposent une certaine résistance à son passage dans les veines caves ou convexes. Il trouve, au contraire, toute facilité pour entrer dans le ventricule, puisque celui-ci se dilate avec force, tend à produire le vide, et par conséquent aspire le sang de l'oreillette, loin de le repousser.

Tout le sang qui sort de l'oreillette ne passe pas cependant dans le ventricule, l'observation a appris depuis long-temps qu'à chaque contraction de l'oreillette, une certaine quantité de liquide reflue dans les veines caves supérieures et inférieures ; l'ondulation produite par cette cause se fait quelquefois sentir jusqu'aux veines iliaques externes, et dans les jugulaires ; elle influe sensiblement, comme on verra, sur le cours du sang dans plusieurs organes, et surtout dans le cerveau.

Reflux du sang dans les veines caves.

La quantité de sang qui reflue de cette manière, varie suivant la facilité avec laquelle ce liquide pénètre dans le ventricule. Si, à l'instant de sa dilatation, le ventricule contient encore beaucoup de sang qui n'a pu passer par l'artère pulmonaire, il ne pourra recevoir qu'une petite quantité de celui de l'oreillette, et dès lors le reflux sera plus considérable et s'étendra plus loin.

C'est ce qui arrive quand le cours du sang dans l'artère pulmonaire, est ralenti soit par quelques obstacles résidant dans le poumon, soit parce que le ventricule a perdu de la force avec laquelle il se contracte. Le reflux dont nous parlons est la cause du battement qui se voit dans les veines de certains malades, et qui porte le nom de *pouls veineux*.

Il ne peut rien se passer de semblable dans la veine coronaire, car son embouchure est garnie d'une valvule qui s'abaisse dans l'instant de la contraction de l'oreillette.

L'instant où l'oreillette cesse de se resserrer est celui où le ventricule entre en contraction, le sang qu'il contient est pressé fortement, et tend à s'échapper de tous côtés : il repasserait d'autant plus aisément dans l'oreillette, que, comme nous l'avons déjà dit plusieurs fois, elle se dilate dans cet instant ; mais la valvule tricuspide, qui garnit l'ouverture oriculo-ventriculaire, s'oppose à ce reflux. Soulevée par le liquide placé au-dessous d'elle, et qui tend à passer dans l'oreillette, elle cède jusqu'à ce qu'elle soit devenue perpendiculaire à l'axe du ventricule ; alors ses trois divisions ferment à peu près complétement l'ouverture, et comme les colonnes charnues tendineuses ne leur permettent point d'aller plus loin, la valvule résiste à l'effort du sang, et l'empêche ainsi de passer dans l'oreillette.

Il n'en est pas de même du sang qui, pendant la dilatation du ventricule, correspondait à la face oriculaire de la valvule; il est clair que dans le mouvement de celle-ci, il est soulevé et reporté dans l'oreillette, où il se mêle avec celui qui vient des veines caves et coronaires.

Ne pouvant vaincre la résistance à la valvule tricuspide, le sang du ventricule n'a plus d'autre issue que l'artère pulmonaire, dans laquelle il s'engage en soulevant les trois valvules sygmoïdes qui soutenoient la colonne de sang contenu dans l'artère pendant la dilatation du ventricule.

Je viens d'exposer les phénomènes les plus apparens et les plus connus du passage du sang veineux à travers les cavités droites du cœur; il en est plusieurs autres qui me paraissent mériter une attention particulière.

A. On aurait une idée inexacte si l'on croyait que, dans la contraction du ventricule ou de l'oreillette, ces cavités se vident complétement du sang qu'elles contiennent : en observant le cœur d'un animal vivant, on voit bien, dans l'instant de la contraction, l'oreillette ou le ventricule diminuer sensiblement de dimension; mais il est évident qu'à l'instant où la contraction s'arrête, beaucoup

Remarques sur l'action des cavités droites du cœur.

de sang se trouve encore soit dans l'oreillette, soit dans le ventricule.

Il n'y a donc qu'une partie du sang de l'oreil-lette qui passe dans le ventricule quand elle se contracte. Il en est de même pour le sang du ven-tricule, dont une portion seulement passe dans l'artère pulmonaire lorsque le ventricule entre en contraction ; et ces deux cavités sont donc réel-lement toujours pleines de sang. Comment déter-miner la proportion du sang qui se déplace, et celle du sang qui reste? Elles doivent être varia-bles suivant la force avec laquelle se contracte le ventricule ou l'oreillette, la facilité du passage du sang dans l'artère pulmonaire, la quantité de sang contenu dans l'oreillette ou le ventricule, l'effort des trois colonnes sanguines qui débou-chent dans l'oreillette, etc.

Remarques sur l'action des cavités droites.

B. Dès que le sang veineux est arrivé au cœur, il est continuellement agité, pressé, battu par les mouvemens de cet organe, tantôt il reflue dans les veines caves, ou se précipite dans l'oreillette; tantôt il passe avec rapidité dans le ventricule, et en ressort bientôt pour repasser dans l'oreil-lette, et retourner immédiatement dans le ventri-cule; tantôt il pénètre dans l'artère pulmonaire, et rentre ensuite dans le ventricule, et éprouve une violente secousse à chaque déplacement (1).

____

(1) Il suffit d'avoir pu toucher une seule fois le cœur

Agité, pressé de tant de manière et avec tant
de force, le sang doit, pendant son séjour dans
les cavités du cœur et dans l'artère pulmonaire,
éprouver un mélange plus intime dans ses parties
constituantes. Le chyle et la lymphe, que reçoivent
les veines sous-clavières, doivent se répartir également dans le sang des deux veines caves. Ces deux
espèces de sang doivent aussi se confondre et
s'unir complétement.

Je suis tenté de croire, avec Boerrhaave, que
les colonnes charnues des cavités droites, indépendamment de leurs usages dans la contraction
de ces cavités, doivent avoir une assez grande part
dans cette collision, ce mélange des divers élémens
du sang. En effet, le sang qui se trouve dans l'oreillette et le ventricule, en occupe non-seulement la
cavité centrale, mais encore toutes les petites
cellules formées par les colonnes; par conséquent,
à chaque contraction il est chassé en partie des
cellules, et il est remplacé à chaque dilatation
par du nouveau sang. Obligé de se partager ainsi
en un grand nombre de petites masses, afin de
pouvoir occuper les cellules, pour se réunir ensuite lorsqu'il sera expulsé, le sang est agité de
manière que les divers élémens éprouvent un

---

d'un animal vivant, pour avoir une idée de l'énergie de sa
contraction.

mélange plus intime et bien nécessaire dans c
liquide, dont les parties constituantes ont un
aussi grande tendance à se séparer. Par la mêm
raison, le chyle, la lymphe, les boissons, qui son
apportés au cœur par les veines, et qui n'ont p
encore se mêler assez intimement avec le sang
doivent éprouver ce mélange en traversant ce
cellules.

Si l'on veut prendre une idée de l'influence d
côté droit du cœur sous ce rapport, on n'a qu'
pousser brusquement une certaine quantité d'ai
dans la veine jugulaire d'un chien, et examiner l
cœur quelques instans après, on verra l'air agité e
battu dans l'oreillette, et le ventricule y forme
une mousse volumineuse et à cellules très-fines.

J'ai souvent observé ces phénomènes sur le
animaux vivans ; j'ai pu dernièrement les consta-
ter de nouveau sur un cheval, dont le cœur avait
été mis à découvert par une incision aux parties
latérales du thorax et de la section d'une côte.

Passage du sang veineux à travers l'artère pulmonaire.

Malgré les travaux nombreux des physiologistes sur le mouvement du sang dans les artères,
il reste encore beaucoup à faire sur ce sujet.

Ici l'expérience et l'observation sont encore les
seuls guides fidèles ; les explications doivent être

très-restreintes, car la science qui pourrait les fournir, l'hydro-dynamique, existe à peine dans tout ce qui a rapport au mouvement des fluides dans les canaux flexibles (1).

Je n'adopterai pas pour la description du mou-vement du sang dans l'artère pulmonaire la marche suivie par les auteurs; je préfère parler d'abord du mouvement du sang dans cette artère, au mo-ment du relâchement du ventricule droit, et voir ensuite ce qui arrive quand ce ventricule se con-tracte et qu'il pousse du sang dans l'artère. Cette méthode me paraît avoir l'avantage de mettre dans tout son jour un phénomène, dont l'impor-tance ne me paraît pas avoir été suffisamment ap-préciée.

Action de l'artère pul-monaire.

---

(1) Je ne puis m'empêcher de citer ici les propres expres-sions de d'Alembert. « Le mécanisme du corps humain, la vitesse du sang, son action sur les vaisseaux, se refusent à la théorie ; on ne connaît ni l'action des nerfs, ni l'élasticité des vaisseaux, ni leur capacité variable, ni la ténacité du sang, ni ses divers degrés de chaleur. Quand même cha-cune de ces choses serait connue, la grande multitude d'é-lémens qui entreraient dans une pareille théorie nous con-duirait vraisemblablement à des calculs impraticables : c'est un des cas les plus composés d'un problème, dont le plus simple serait fort difficile à résoudre. Lorsque les effets de la nature sont trop compliqués, ajoute l'illustre géomètre, pour pouvoir être soumis à nos calculs, l'expérience est la seule voie qui nous reste. »

Resserrement de l'artère pulmonaire.

Supposons l'artère pleine de sang et abandonnée à elle-même, le liquide sera pressé dans toute l'étendue du vaisseau par les parois, qui tendent à revenir sur elles-mêmes et à effacer complétement la cavité; le sang, ainsi pressé, cherchera à s'échapper de tous côtés : or, il n'a que deux voies pour fuir, l'orifice cardiaque, et les vaisseaux infiniment nombreux et ténus qui terminent l'artère dans le tissu du poumon.

L'orifice de l'artère pulmonaire au cœur étant très-large, le sang se précipiterait très-facilement dans le ventricule s'il n'existait à cet orifice un appareil particulier, destiné à empêcher cet effet; je veux parler des trois valvules sygmoïdes. Appliqués contre les parois de l'artère au moment où le ventricule y pousse une ondée de sang, ces replis deviennent perpendiculaires à son axe, aussitôt que le sang tend à refluer dans le ventricule, ils se placent de télle façon qu'ils ferment complétement la cavité de ce vaisseau.

Usage des valvules sygmoïdes.

A raison de la forme en cul-de-sac des valvules sygmoïdes, le sang, qui entre dans leur cavité, les gonfle, et tend à donner une figure circulaire à leur fibre. Or, trois portions en cercles adossés laissent nécessairement entre elles un espace.

Il devrait donc rester entre les valvules de l'artère pulmonaire, quand elles sont abaissées par le sang, une ouverture par laquelle ce liquide pourrait refluer dans le ventricule.

Il est certain que si chaque valvule était seule, elle prendrait la forme demi-circulaire; mais il y en a trois : poussées par le sang, elles s'appliquent l'une contre l'autre; et comme elles ne peuvent s'étendre autant que leurs fibres le leur permettraient, elles se pressent l'une l'autre, à cause du petit intervalle où elles sont renfermées, et qui ne leur permet pas de s'étendre. Les valvules prennent donc la figure de trois triangles, dont le sommet est au centre de l'artère et dont les côtés sont juxta-posés de manière à intercepter complétement la cavité de l'artère. Peut-être que les nœuds ou boutons qui se trouvent alors au sommet de chacun des triangles sont destinés à fermer plus exactement l'artère dans son centre (1).

Pour bien voir cet adossement des trois valvules, il faut pousser doucement de la cire ou du suif fondu dans l'artère pulmonaire, en dirigeant l'injection du côté du ventricule; celle-ci, une fois arrivée aux valvules, les remplit et les applique l'une contre l'autre, et l'orifice du vaisseau se trouve fermée avec assez d'exactitude, pour qu'il ne pénètre pas une goutte d'injection dans le ven-

_____

(1) Sénac, *Traité de la structure du cœur*, etc.

tricule. Quand la cire ou le suif sont solidifiés par le refroidissement, on peut examiner comment les valvules ferment l'ouverture de l'artère.

Ne pouvant refluer dans le ventricule, le sang passera dans les radicules des veines pulmonaires, avec lesquelles les petites artérioles qui terminent l'artère pulmonaire se continuent, et ce passage durera tant que les parois de l'artère presseront avec assez de force le sang qu'elles contiennent, effet qui, à l'exception du tronc et des principales branches, a lieu jusqu'à ce que la totalité du sang soit expulsée.

Action de l'artère pulmonaire.   On pourrait croire que la finesse des petits vaisseaux qui terminent l'artère pulmonaire est un obstacle à l'écoulement : cela pourrait être, s'ils étaient en petit nombre, et si leur capacité totale était moindre ou même égale à celle du tronc ; mais comme ils sont innombrables, et que leur capacité est beaucoup plus considérable que celle du tronc, l'écoulement s'y fait avec facilité. Il est cependant vrai de dire que l'état de distension ou d'affaissement du poumon rend plus ou moins facile ce passage, comme cela est exposé plus loin.

Pour que cet écoulement puisse s'effectuer avec facilité, il faut que la force de contraction des différentes divisions de l'artère soit partout en rapport avec leur grosseur ; si celle des petites, au contraire, était supérieure à celle des plus grosses, dès que les premières auraient expulsé le sang qui les remplissait, elles ne seraient que peu distendues par le sang provenant des secondes, et l'écoulement du liquide serait très-ralenti : or, l'expérience est directement contraire à cette supposition. Si l'artère pulmonaire d'un animal vivant est liée immédiatement au-dessus du cœur, presque tout le sang contenu dans l'artère au moment où la ligature sera faite, passera assez promptement dans les veines pulmonaires et arrivera au cœur.

Voilà ce qui arrive quand le sang contenu dans l'artère pulmonaire est exposé à la seule action de ce vaisseau ; mais, dans l'état ordinaire, à chaque contraction du ventricule droit, une certaine quantité de sang est poussée avec force dans l'artère ; les valvules sont instantanément soulevées ; l'artère et presque toutes ses divisions sont distendues, d'autant plus que le cœur s'est contracté avec plus de force, et qu'il a poussé une plus grande quantité de sang dans l'artère. Immédiatement après sa contraction, le ventricule se dilate, et dès cet instant les parois de l'artère reviennent sur elles-mêmes ; les valvules sygmoïdes s'abaissent et ferment l'artère pulmonaire, jusqu'à ce qu'une nouvelle contraction du ventricule les soulève.

Telle est la seconde cause du mouvement
sang dans l'artère qui va au poumon; elle es
comme on voit, intermittente; cherchons à
apprécier les effets: pour cela, voyons les phén
mènes les plus apparens du cours du sang da
l'artère pulmonaire.

Phénomè-
nes du cours
du sang dans
l'artère pul-
monaire.

Je viens de dire que dans l'instant où le ventr
cule pousse du sang dans l'artère, le tronc et tout
les divisions d'un certain calibre éprouvent u
dilatation évidente. On nomme ce phénomène
pulsation de l'artère. La pulsation est très-sensib
près du cœur; elle va en s'affaiblissant, à me
sure qu'on s'en éloigne; elle cesse quand l'artère
par suite de sa division, est devenue très-petite.

Un autre phénomène qui n'est qu'une suite d
précédent, s'observe quand on ouvre l'artère.
c'est près du cœur et dans un lieu où les batte
mens soient sensibles, le sang sort par un je
saccadé; si l'ouverture est faite loin du cœur
et dans une petite division, le jet est continu
uniforme; enfin, si on ouvre un des vaisseaux in
finiment petits qui terminent l'artère, le sang sort
mais sans former de jet : il se répand uniformé
ment en nappe.

Nous voyons d'abord dans ces phénomènes un
nouvelle application du principe d'hydro-dynami
que déjà cité, relatif à l'influence de la largeu
du tuyau sur le liquide qui le parcourt : plus l

tuyau s'élargit, plus la vitesse se ralentit. La capacité du vaisseau allant croissant à mesure qu'il avance vers le poumon, il est nécessaire que la vitesse du sang diminue.

Quant à la pulsation de l'artère et à la saccade du sang qui s'en échappe quand elle est ouverte, on voit évidemment que les deux effets tiennent à la contraction du ventricule droit et à l'introduction d'une certaine quantité de sang dans l'artère, qui a lieu par cette cause. Pourquoi ces deux effets vont-ils en s'affaiblissant, à mesure qu'ils se propagent ; et pourquoi cessent-ils tout-à-fait dans les dernières divisions de l'artère? Il n'est pas impossible, je pense, d'en donner une raison mécanique satisfaisante.

Cours du sang dans l'artère pulmonaire.

En effet, concevons un canal cylindrique d'une longueur quelconque à parois élastiques, et plein de liquide : si l'on y introduit tout à coup une certaine quantité de nouveau liquide, la pression sera répartie également sur tous les points des parois, qui seront également distendus. Supposons maintenant que le canal se divise en deux parties, dont les sections réunies forment une surface égale à celle de la section du canal ; la distension produite par l'introduction brusque d'une certaine quantité de liquide se fera moins sentir dans les deux divisions que dans le canal ; car, la circonférence totale des deux canaux étant plus considérable que celle du canal unique, elle résistera davantage; et si l'on suppose, enfin que ces deux premières divisions se divisent et se subdivisent à l'infini, comme la somme des circonférences des petits canaux sera de beaucoup supérieure à celle du canal unique, la même cause qui produira une distension sensible dans le canal, et ses principales divisions, n'en produira plus d'appréciable dans les dernières divisions, à raison de la résistance plus considérable des parois (1). Le phénomène sera encore plus marqué si la capacité des divisions, au lieu d'être égale, est supérieure à celle du canal.

Cette dernière supposition est réalisée dans l'artère pulmonaire, dont la capacité augmente à mesure qu'elle se divise et se subdivise ; par conséquent il est évident que les effets de l'intro-

---

(1) Pour bien concevoir ceci, il faut se rappeler que les surfaces des cercles sont proportionnelles aux carrés de leurs circonférences. Ainsi, dans la division du canal en deux autres, que nous avons supposée, si chaque circonférence devenait seulement moitié de la circonférence primitive, les surfaces de chacun des canaux secondaires ne seraient que le quart de la surface du canal primitif ; et ces surfaces réunies ne formeraient que la moitié de celle du canal. Pour que l'égalité ait lieu, il faut donc que les circonférences réunies des deux divisions excèdent la circonférence du canal.

duction de la quantité de sang à chaque contraction du ventricule droit, doivent diminuer en
se propageant, et cesser tout-à-fait dans les dernières divisions du vaisseau.

Ce qu'il ne faut pas omettre, c'est que la contraction du ventricule droit est la cause qui met
continuellement en jeu l'élasticité des parois de
l'artère, c'est-à-dire, qui les maintient distendues
au point qu'en vertu de leur élasticité, elles font
toujours effort pour revenir sur elles-mêmes et
expulser le sang. D'après cela, on voit que des
deux causes qui font mouvoir le sang dans l'artère
pulmonaire, il n'en existe réellement qu'une seule;
c'est la contraction du ventricule, celle de l'artère n'étant que l'effet de la distension qu'elle a
éprouvée dans l'instant où une certaine quantité
de sang a pénétré dans sa cavité, pressée par le
ventricule.

Des auteurs ont cru voir dans le resserrement
de l'artère pulmonaire quelque chose d'analogue
à la contraction des muscles; mais, soit qu'on
l'irrite avec la pointe d'un instrument ou des
caustiques, soit qu'on la soumette à un courant
galvanique, jamais aucun mouvement analogue
à celui des fibres musculaires ne s'y fait apercevoir. Ce resserrement doit donc être considéré
comme un effet de l'élasticité des parois du vais-
seau.

Utilité de
l'élasticité
des parois
artérielles.

Pour faire bien sentir l'importance de l'élasticité des parois de l'artère, supposons un instant
qu'avec ses dimensions et sa forme ordinaires elle
devienne un canal inflexible, aussitôt le cours du
sang est complétement changé : au lieu de traverser
le poumon d'une manière continue, il ne passera
plus dans les veines pulmonaires que dans l'instant où il sera poussé par le ventricule, encore
faut-il supposer que celui-ci enverra toujours
assez de sang pour tenir l'artère parfaitement
pleine ; s'il en était autrement, le ventricule pourrait se contracter plusieurs fois avant que le sang
traversât le poumon. Au lieu de cela, voyons ce
qui se passe réellement : que le ventricule cesse,
pour quelques instans, d'envoyer du sang dans
l'artère, le cours du sang dans le poumon n'en
continuera pas moins, car l'artère se refermera à
mesure que l'écoulement s'effectuera, et il faudrait qu'elle eût le temps de se vider complètement, pour que le cours du sang s'arrêtât tout-
à-fait : cette suspension ne peut arriver pendant
la vie. Le passage du sang à travers le poumon
est nécessairement continu et à peu près également
ment rapide, quelle que soit la quantité de sang
que le ventricule envoie dans l'artère pulmonaire
à chaque contraction.

Quantité
de sang qui
sort du ven-

A diverses reprises, on a cherché à déterminer la quantité de sang qui entre dans l'artère

pulmonaire à chacune des contractions du ventricule ; en général, on a pris pour mesure la capacité de celui-ci, croyant que tout le sang
qui s'y trouve passe dans l'artère au moment de
la contraction ; on l'a estimée assez considérable ;
mais ce qui a été dit plus haut fait assez voir combien cette appréciation est inexacte, et puisqu'il
n'y en a qu'une partie qui entre dans l'artère, et
qu'il est impossible de savoir combien passe et
combien reste, il est évident que tous les calculs
ne conduisent pas à la connaissance de la vérité.

Au reste, c'est bien plutôt le mécanisme par
lequel le sang passe du ventricule dans l'artère,
et celui de son cours dans ce vaisseau, qu'il importe de connaître ; la quantité de sang qui passe
dans un temps donné, fût-elle exactement connue,
ne serait pas d'une utilité très-grande.

DE LA RESPIRATION,

OU

TRANSFORMATION DU SANG VEINEUX EN SANG ARTÉRIEL.

En parcourant les petits vaisseaux qui terminent l'artère et qui commencent les veines pulmonaires, le sang veineux change de nature par
l'effet du contact de l'air ; il acquiert les qualités
de sang artériel : c'est ce changement dans les
propriétés du sang qui constitue essentiellement
la respiration.

Des auteurs estimés en ont une autre idée ; plusieurs la définissent l'entrée et la sortie de l'ai du poumon, mais ce double mouvement peu s'effectuer sans qu'il y ait pour cela respiration D'autres croient qu'elle consiste dans le passag du sang à travers le poumon ; mais il arriv souvent que ce passage se fait quoiqu'il n'y ai pas respiration.

Pour étudier avec fruit cette fonction, il fau avoir une connaissance exacte de la structure du poumon, des notions précises sur les propriétés physiques et chimiques de l'air atmosphérique ; il faut savoir par quel mécanisme cet ai peut pénétrer dans la poitrine et en sortir. Quand nous aurons fait connaître chacun de ces points, nous décrirons le phénomène de la transformation du sang veineux en sang artériel.

Des poumons.

Du poumon.

Les poumons sont deux organes spongieux e vasculaires, d'un volume considérable, situé dans les parties latérales de la poitrine. Leur parenchyme est divisé et subdivisé en lobes et e lobules, dont le nombre, la forme et les dimensions sont difficiles à déterminer.

L'examen attentif d'un lobule pulmonaire apprend qu'il est formé par un tissu spongieux, dont les aréoles sont si petites qu'il faut une forte loupe pour les voir distinctement ; ces aréoles communiquent toutes entre elles, et sont ensemble enveloppées par une couche mince du tissu cellulaire, qui les sépare des lobules voisins.

Dans chaque lobule, viennent se rendre une des divisions des bronches et une de l'artère pulmonaire ; cette dernière se distribue dans l'épaisseur du lobule d'une manière qui n'est pas bien connue ; elle paraît s'y transformer en un nombre infini de radicules des veines pulmonaires. Je croirais volontiers que ce sont ces nombreux petits vaisseaux par lesquels se termine l'artère et commencent les veines pulmonaires, qui, en s'entrecroisant et s'anastomosant de diverses manières, forment les aréoles du tissu des lobules (1); la petite division bronchique qui aboutit au lobule, ne pénètre pas dans son intérieur, et finit brusquement aussitôt qu'elle est arrivée au parenchyme.

Cette dernière circonstance me paraît remarquable ; car, puisque la bronche ne pénètre pas dans le tissu spongieux du poumon, il est peu probable que la surface des cellules avec lesquelles l'air se trouve en contact, soit revêtu par la membrane muqueuse. L'anatomie la plus exacte ne pourrait du moins en démontrer l'existence dans cet endroit.

____

(1) Cette disposition existe d'une manière on ne peut plus évidente dans les poumons des reptiles.

Une partie du nerf de la huitième paire et des filets du sympathique se répandent dans le poumon, mais sans qu'on sache comment ils s'y comportent; la surface de l'organe est recouverte par la plèvre, membrane séreuse, analogue au péritoine pour la structure et les fonctions.

Autour des bronches, et près du lieu où elles s'enfoncent dans le tissu du poumon, existent un certain nombre de glandes lymphatiques dont la couleur est à peu près noire, et auxquelles viennent se rendre les vaisseaux lymphatiques peu nombreux qui naissent de la surface et de la profondeur du tissu pulmonaire.

L'art des injections fines nous fournit, relativement au poumon, quelques renseignemens qu'il ne faut pas laisser échapper.

Si l'on pousse une injection de mercure ou simplement d'eau colorée dans l'artère pulmonaire, la matière injectée passe aussitôt dans les veines pulmonaires; mais en même temps une partie pénètre dans les bronches et sort par la trachée. Si l'injection est faite par une veine pulmonaire, elle passe de même en partie dans l'artère, et en partie dans les bronches. Enfin, si l'on introduit l'injection par la trachée, on la voit bientôt pénétrer dans l'artère et dans les veines pulmonaires, et même dans l'artère et la veine bronchique.

Les poumons remplissent en grande partie la cavité de la poitrine, s'agrandissent et se resserrent avec elle ; et comme ils communiquent avec l'air extérieur par la trachée-artère et le larynx, chaque fois que la poitrine s'agrandit, ils sont distendus par l'air qui est expulsé quand la poitrine reprend ses dimensions premières. Il est donc nécessaire que nous nous arrêtions un instant à l'examen de cette cavité.

La *poitrine*, ou le *thorax*, a la forme d'un conoïde, dont le sommet est en haut, la base en bas ; en arrière la poitrine est formée par les vertèbres dorsales, en avant par le sternum, et latéralement par les côtes ; ces derniers os sont au nombre de douze de chaque côté : on distingue les côtes en *vertébro-sternales*, et en *vertébrales*. Il y en a sept des premières et cinq des secondes. Les vertébro-sternales, ou les *vraies* côtes, sont les plus supérieures ; elles s'articulent en arrière avec les vertèbres, comme les vertébrales ; en avant, elles s'articulent avec le sternum, au moyen d'un prolongement appelé *cartilage des côtes*.

C'est la longueur, la disposition, et les mouvemens des côtes sur les vertèbres, qui déterminent la forme et les dimensions apparentes de la poitrine.

Le même muscle que nous avons vu for-

Du thorax.

mer la paroi supérieure de l'abdomen, forme
aussi la paroi inférieure du thorax; il s'attache
par sa circonférence, au contour de la base
de la poitrine; mais son centre s'élève dans la
cavité pectorale, et forme, lorsqu'il est relâché, une voûte dont la partie moyenne est de
niveau avec l'extrémité inférieure du sternum;
en sorte que la cavité du thorax se trouve partagée en deux portions, l'une supérieure ou *pectorale*, et l'autre inférieure ou *abdominale*. En
effet, c'est dans la première seulement que sont
logés les organes pectoraux, tels que les poumons, le cœur, etc. La seconde contient le foie,
la rate, l'estomac, etc.

Des muscles nombreux s'attachent aux os qui
forment la charpente du thorax : de ces muscles,
les uns sont destinés à rendre les côtes moins
obliques sur la colonne vertébrale, ou à agrandir
la capacité de la poitrine; les autres abaissent les
côtes, les rendent plus obliques sur les vertèbres
et diminuent ainsi la capacité du thorax.

Il importe que nous prenions connaissance du
mécanisme par lequel la poitrine s'agrandit ou se
resserre, plusieurs phénomènes de la respiration
étant liés intimement avec ses variations de capacité.

La poitrine peut se dilater verticalement,

transversalement et d'avant en arrière, c'est-à-dire, suivant ses principaux diamètres.

Le principal, et pour ainsi dire le seul agent de la dilatation verticale, c'est le diaphragme, qui, en se contractant, tend à perdre sa forme voûtée et à devenir plane, mouvement qui ne peut s'effectuer sans que la portion pectorale du thorax s'accroisse, et sans que la portion abdominale diminue. Les côtés de ce muscle, qui sont charnus et correspondent aux poumons, descendent davantage que le centre, qui, étant aponévrotique, ne peut faire aucun effort par lui-même, et qui d'ailleurs est retenu par ses attaches au sternum et son union avec le péricarde. Dans la plupart des cas, cet abaissement du diaphragme suffit pour la dilatation de la poitrine; mais il arrive souvent que le sternum et les côtes, en changeant de rapport entre eux et la colonne vertébrale, produisent une augmentation sensible de la cavité pectorale.

Agrandissement du thorax par la contraction du diaphragme.

Rien n'est plus simple à concevoir que le mécanisme de ce mouvement, dès que la disposition physique des parties est bien connue; et cependant il a été l'objet de discussions très-vives entre des auteurs estimables, qui ont donné à cette question une importance que peut-être elle ne méritait pas.

Mécanisme du mouvement des côtes.

Si de semblables disputes conduisaient à la

vérité, on regretterait moins le temps que les savan[s]
y consacrent; mais il est fort rare qu'elles aien[t]
ce résultat : c'est, du moins, ce qui n'est pas arriv[é]
relativement au mécanisme de la dilatation d[u]
thorax. Après un grand nombre de raisonnemen[s]
d'expériences en apparence exactes, Haller es[t]
parvenu à faire prévaloir ses idées, qui ne me pa[-]
raissent rien moins que satisfaisantes.

Je vais m'expliquer, sur ce point, avec tou[te]
la franchise que commande une autorité auss[i]
respectable.

Idées de Haller sur le mouvement des côtes. Son explication de la dilatation du thorax, gé[-]
néralement adoptée en ce moment, repose su[r]
des bases que je crois fausses : il pose en fait qu[e]
la première côte est presque immobile (1), et que [le]
thorax ne peut faire aucun mouvement de totalité[,]
soit en bas, soit en haut (2). Il est difficile de conce[-]
voir comment un observateur aussi habile que Hal[-]
ler a pu avancer et soutenir une pareille idée; ca[r]
il suffit d'examiner sur soi-même les mouvemen[s]
de la respiration, pour avoir aussitôt la preuv[e]

____

(1) Primum par (costarum) *firmissimum* est, indè u[t]
quæque inferiori loco ponitur, ità faciliùs emovetur, donc[e]
infima mobilissima fluctuet. HALLER, *Elementa physiologiæ,*
tom. III, pag. 39, lib. VIII.

(2) Totum tamen pectus, ut nunquam elevari vidi, it[à]
nunquam deprimi. HALLER, *loc. cit.*

que le sternum et la première côte s'élèvent dans l'inspiration, et s'abaissent dans l'expiration. L'examen du thorax sur le cadavre donne le même résultat; on n'a qu'à tirer en haut le sternum, il cède, et toutes les côtes sternales, y compris la première, se redressent sur la colonne vertébrale, et le thorax s'agrandit sensiblement.

Après avoir établi que la première côte est presque immobile, il dit, que la seconde présente une mobilité cinq ou six fois plus considérable; que la troisième en offre une encore plus grande, et que la mobilité va croissant jusqu'aux côtes les plus inférieures.

En n'ayant égard qu'aux vraies côtes, les seules importantes à considérer ici, je crois que l'observation est directement opposée à ce qu'a avancé Haller, c'est-à-dire, que la première côte est plus mobile que la seconde, celle-ci plus que la troisième, et ainsi de suite, jusqu'à la septième.

Mais pour juger sainement du degré de mobilité des côtes, il ne faut pas se borner à observer le mouvement qu'elles exécutent à leur extrémité; car, comme elles sont d'une longueur très-inégale, un léger mouvement dans l'articulation, quand la côte est longue, paraîtra très-étendu à l'extrémité; de même un mouvement assez étendu

Rapport de la mobilité des côtes avec leur longueur.

dans l'articulation d'une côte courte, pourra paraître peu de chose, examiné à son extrémité. Il faut, au contraire, considérer le mouvement des côtes en leur supposant à toutes une longueur égale ; et alors il devient de toute évidence que la mobilité va décroissant depuis la première, jusqu'à la septième ; cette dernière est même presque immobile.

La disposition anatomique des articulations postérieures donne la raison de cette différence de mobilité.

* Raisons pour lesquelles la première côte est mobile.

La première côte n'a qu'une seule facette articulaire à sa tête, et ne s'articule qu'avec une seule vertèbre ; elle n'a point de ligament interne, ni de ligament costo-transversaire. Le ligament postérieur de l'articulation avec l'apophyse transverse est horizontal, et ne peut empêcher ni l'élévation ni l'abaissement de la côte.

Aucunes de ces dispositions favorables au mouvement n'existent dans les autres vraies côtes ; elles ont deux facettes articulaires à leur tête, et s'articulent avec deux vertèbres. Il y a un ligament interne dans l'articulation, qui ne permet aucun glissement ; un ligament costo - transversaire, fixé à l'apophyse transverse supérieure, empêche la côte de descendre ; un ligament postérieur, dirigé de bas en haut, se voit derrière l'articulation de la tubérosité, et empêche la côte de monter. Cependant des nuances particulières dans la disposition de ces divers ligamens, permettent les divers degrés de mobilité dont nous avons parlé.

Du reste, il est évident que la mobilité moindre se trouvant dans les côtes les plus longues, il y a compensation, et, par cette raison, elles peuvent exécuter des mouvemens aussi étendus que la première, quoique moins mobiles; par la même cause, il serait possible qu'elles offrissent un mouvement plus étendu.

Cette compensation est indispensable; car les vraies côtes, leurs cartilages, le sternum, ne peuvent se mouvoir qu'ensemble, et le mouvement de l'une de ces pièces entraîne toujours celui de toutes les autres; il s'ensuit donc que, si les côtes inférieures étaient plus mobiles, elles ne pourraient faire un mouvement plus étendu que celui dont elles sont susceptibles, et la solidité du thorax se trouverait diminuée, sans aucun avantage pour la mobilité.

Dans la plupart des sujets, et souvent jusqu'à l'âge le plus avancé, le sternum est composé de deux pièces articulées par symphyse mobile au niveau du cartilage de la deuxième côte. Cette disposition, permettant à l'extrémité supérieure de la pièce inférieure de se porter un peu en avant, concourt à l'agrandissement de la poitrine d'une manière qui, je crois, n'avait pas encore été remarquée.

Muscles qui élèvent les côtes et le sternum. Mais quels sont les muscles qui élèvent le sternum et les côtes, et qui, par conséquent, dilatent la poitrine? Si l'on en croit Haller, les inter-costaux sont les principaux agens de cette élévation. Les premiers inter-costaux, dit-il, trouvent un point fixe sur la première côte qui est immobile, et élèvent la seconde côte; et successivement tous les autres inter-costaux prennent leur point fixe sur la côte supérieure et élèvent l'inférieure.

Nous venons de voir tout à l'heure que la première côte est loin d'être immobile; l'explication de Haller tombe donc par cela même, et je ne pense pas que les inter-costaux internes ou externes puissent seuls, quoi qu'on en ait dit, produire l'élévation des côtes. Les muscles qui me paraissent destinés à cet usage sont ceux qui ayant une extrémité fixée médiatement ou immédiatement sur la colonne vertébrale, la tête ou les membres supérieurs peuvent agir par l'autre directement ou indirectement sur le thorax, de manière à l'élever. Parmi ces muscles, je citerai les scalènes antérieurs et les postérieurs, les sur-costaux, les muscles du cou qui s'attachent au sternum, etc. J'y ajouterai un muscle auquel on n'a point jusqu'ici attribué cet usage; je veux dire le diaphragme. En effet, ce muscle s'attache par sa circonférence à l'extré-

mité inférieure du sternum, à la septième vraie
côte et à toutes les fausses; quand il se contracte,
il refoule en bas les viscères; mais, pour cela,
le sternum et les côtes doivent présenter une résistance suffisante à l'effort qu'il fait pour les tirer
en haut; or, la résistance ne peut-être qu'imparfaite, puisque toutes ces parties sont mobiles; c'est
pourquoi chaque fois que le diaphragme se contracte, il doit toujours élever plus ou moins le
thorax. En général l'étendue de l'élévation sera
en raison directe de la résistance des viscères
abdominaux et de la mobilité des côtes.

Dans l'élévation générale du thorax, la forme
de cette cavité change nécessairement, ainsi que
les rapports des os qui la composent; c'est
particulièrement pour se prêter à ces changemens que paraissent destinés les cartilages des
côtes : dès qu'ils sont ossifiés, et qu'ils perdent
par conséquent leur souplesse, la poitrine devient
immobile.

Pendant que le sternum est porté en haut, son
extrémité inférieure est dirigée un peu en avant;
il éprouve ainsi un léger mouvement de bascule;
les côtes deviennent moins obliques sur la colonne
vertébrale; elles s'écartent tant soit peu l'une de
l'autre, et leur bord inférieur est dirigé en dehors, en raison d'une petite torsion qu'éprouve
le cartilage. Tous ces phénomènes ne sont bien

Mécanisme
de la dilata-
tion du tho-
rax.

apparens que dans les côtes supérieures, ils l
sont à peine dans les inférieures.

Il résulte de l'élévation du thorax un agrandissement général de cette cavité, soit d'avan
en arrière, soit transversalement, soit même d
haut en bas.

Trois de-
grés de l'ins-
piration.

Cet agrandissement est nommé *inspiration*
il offre trois degrés bien marqués : 1°. l'inspiration *ordinaire*, qui se fait par l'abaissement du diaphragme, et une élévation presque
insensible du thorax ; 2°. l'inspiration *grande*,
dans laquelle il y a élévation évidente du thorax, en même temps qu'il y a abaissement du
diaphragme ; 3°. enfin, l'inspiration *forcée*, dans
laquelle les dimensions du thorax sont augmen-
tées dans tous les sens, autant que le permet
la disposition physique de cette cavité.

A la dilatation du thorax succède l'*expiration*,
c'est-à-dire, le retour du thorax en sa position
et à ses dimensions ordinaires. Le mécanisme
de ce mouvement est justement l'inverse de celui
que nous venons de décrire. Il est produit
par l'élasticité des cartilages et des ligamens des
côtes, qui tendent à revenir sur eux-mêmes,
par le relâchement des muscles qui avaient
élevé le thorax, et enfin par la contraction d'un
grand nombre de muscles disposés de façon qu'ils
abaissent le thorax, et le rétrécissent. Parmi ces

muscles qui sont très-nombreux et très-forts, il faut distinguer les muscles larges de l'abdomen, le dentelé postérieur et inférieur, le grand dorsal, le sacro-lombaire, etc.

Le resserrement du thorax, ou l'expiration, présente aussi trois degrés ; 1°. *l'expiration ordinaire* ; 2°. *l'expiration grande* ; 3°. et *l'expiration forcée.*

Dans l'expiration ordinaire, le relâchement du diaphragme, refoulé par les viscères abdominaux, pressés eux-mêmes par les muscles antérieurs de cette cavité, produit la diminution du diamètre vertical ; le relâchement des muscles inspirateurs et une contraction légère des expirateurs, permettant aux côtes et au sternum de reprendre leurs rapports ordinaires avec la colonne vertébrale, produisent l'expiration grande.

Mais le rétrécissement de la poitrine peut aller au-delà. Si les muscles abdominaux et les autres muscles expirateurs se contractent avec force, il en résulte un refoulement plus marqué du diaphragme, un abaissement plus grand des côtes et un rétrécissement de la base de la poitrine, et par conséquent une diminution plus considérable de la capacité thoracique. C'est ce qu'on nomme expiration forcée.

De l'air.

De toutes parts et jusqu'à 15 ou 16 lieues de hauteur, la terre est environnée d'un fluide rare et transparent que l'on nomme *air*, et dont la masse totale forme l'*atmosphère*.

L'air est un *fluide élastique*, c'est-à-dire, qui par lui-même a la propriété d'exercer une pression sur les corps qu'il entoure et sur les parois des vases qui le contiennent. Cette propriété suppose dans les particules dont l'air se compose une tendance continuelle à se repousser les unes les autres.

Une autre propriété de l'air est la *compressibilité*; c'est-à-dire, que son volume change avec la pression qu'il supporte. L'expérience apprend qu'une même masse d'air soumise successivement à des pressions différentes, occupé des espaces ou des volumes qui sont en raison inverse des pressions, en sorte que la pression devenant double, triple, quadruple, ce volume se réduit à la moitié, au tiers, au quart.

Dans l'atmosphère, la pression que supporte une masse quelconque d'air provient du poids des couches qui sont au-dessus d'elle; le poids diminuant à mesure qu'on l'élève, l'air doit être de plus en plus dilaté, ou, en d'autres termes, sa densité doit diminuer à mesure que l'élévation augmente. A la surface de la terre, la pression de l'air est le résultat du poids total de l'atmosphère. Cette pression est capable de soutenir une colonne de mercure de 28 pouces ou 76 centimètres de hauteur : l'instrument employé pour fournir cette mesure se nomme *baromètre*.

Différentes circonstances physiques font légèrement varier la pression atmosphérique ; elle est, par exemple, moins forte sur le sommet des montagnes que dans les vallées ; plus forte quand l'air est chargé d'humidité, que quand il est sec. Ces variations sont exactement appréciées au moyen du baromètre.

Comme tous les autres corps, l'air se dilate par la chaleur ; son volume augmente de 1/266 pour un échauffement d'un degré du thermomètre centigrade.

L'air est pesant ; c'est ce dont on s'est assuré en pesant d'abord un ballon plein d'air, et en pesant ensuite le même ballon, dans lequel on a fait le vide au moyen de la machine pneumatique. On a trouvé ainsi qu'à la température 0, et lorsque le baromètre est élevé de 76 centimètres, un litre d'air, c'est-à-dire, un décimètre cube d'air pèse 1 gramme et 3/10 ; un même volume d'eau pèserait 1 kilogramme. L'eau est donc 770 fois plus pesante que l'air.

L'air est plus ou moins chargé d'humidité. Cette

Propriétés
physiques
de l'air.

humidité provient de l'évaporation continuelle des eaux qui recouvrent la surface de la terre. En effet, l'expérience nous prouve qu'à toutes les températures, l'eau forme des vapeurs d'autant plus abondantes, que la température est plus élevée. De plus, pour chaque température, l'air ne peut contenir qu'une certaine quantité de vapeur. Lorsqu'il en est *saturé*, l'humidité est extrême. Plus il approche de l'être, plus l'humidité est grande. C'est là ce qu'indiquent les hygromètres. Enfin, quand, par l'effet d'un refroidissement ou de toute autre cause, l'air se trouve contenir plus de vapeur qu'il n'en peut renfermer à la température où il se trouve, l'excédent de cette vapeur se rassemble d'abord sous forme de brouillards et de nuages, et se précipite ensuite à l'état de pluie, de neige, etc.

La vapeur d'eau étant plus légère que l'air, et l'obligeant d'ailleurs à se dilater quand elle se mêle à lui, il en résulte que l'air humide est plus léger que l'air sec.

Malgré sa rareté et sa transparence, l'air réfracte, intercepte et réfléchit la lumière. En petite masse, il nous renvoie trop peu de rayons pour que sa couleur produise sur nos yeux une impression sensible; en grande masse, cette couleur est d'un bleu très-visible. Aussi l'interposition de l'air colore-t-il d'une teinte bleuâtre les objets éloignés.

L'air joue un grand rôle dans les phénomènes chimiques; regardé long-temps comme un élément, sa composition, soupçonnée par Jean Rey dans le 17e siècle, fut clairement établie par Lavoisier.

L'air est composé de deux gaz très-différens par leurs propriétés.

1º. L'oxigène; gaz un peu plus pesant que l'air dans le rapport de 11 à 10, se combinant avec tous les corps simples; élément de l'eau, des matières végétales et animales, et du plus grand nombre des corps connus; nécessaire à la combustion et à la respiration.

2º. L'azote; gaz un peu plus léger que l'air; élément de l'ammoniaque et des substances animales; éteignant les corps en combustion.

Les proportions d'oxigène et d'azote qui entrent dans la composition de l'air, se déterminent à l'aide d'instrumens qu'on nomme *eudiomètres*. Dans ces instrumens on produit la combinaison de l'oxigène avec quelque corps combustible, tel que l'hydrogène ou le phosphore, et le résultat de cette combinaison fait connaître la quantité d'oxigène que l'air renfermait. On a trouvé ainsi que 100 parties d'air en poids contenaient 21 parties d'oxigène et 79 d'azote. Ces proportions sont les mêmes dans tous les lieux et à toutes les hauteurs, et n'ont point changé sensiblement depuis environ quinze ans, que la chimie est parvenue à les établir d'une manière positive.

L'air, contient outre l'oxigène et l'azote, de la vapeur d'eau en quantité variable, comme nous l'avons déjà dit, et une *très-petite* quantité d'acide carbonique, dont la proportion n'est pas encore fixée d'une manière bien rigoureuse.

Presque tous les corps combustibles décomposent l'air à une température particulière pour chacun d'eux. Dans cette décomposition ils se combinent avec l'oxigène et laissent l'azote libre.

Inspiration et expiration.

Entrée de l'air dans les poumons.

Si l'on se rappelle la disposition des lobules pulmonaires, l'extensibilité de leur tissu, leur communication avec l'air extérieur par le moyen des bronches, de la trachée-artère et du larynx, on concevra aisément que chaque fois que la poitrine se dilate, l'air se précipite aussitôt dans ce tissu pulmonaire, en quantité proportionnée au degré de dilatation. Quand la poitrine se resserre, une partie de l'air qu'elle contient est expulsée et ressort par la glotte.

Pour arriver à la glotte dans l'inspiration, ou pour se porter au dehors dans l'expiration, l'air traverse tantôt les fosses nasales et tantôt la bouche : la position que prend le voile du palais dans ces deux cas, mérite d'être connue. Quand l'air traverse les fosses nasales et le pharynx pour entrer dans le larynx ou pour en sortir, le voile du palais est vertical et appliqué par sa face antérieure sur la partie postérieure de la base de la langue, de manière que la bouche n'a aucune communication avec le pharynx. Lorsque l'air traverse la bouche dans l'inspiration ou l'expiration, le voile du palais est horizontal, son bord postérieur est embrassé par la face concave du pharynx, et toute communication est interdite entre la partie inférieure du pharynx et la partie supérieure de ce canal, ainsi qu'avec les fosses nasales. De là la nécessité de faire respirer les malades par la bouche, si l'on veut faire l'inspection des tonsiles et du pharynx.

Ces deux voies, par lesquelles l'air peut arriver à la glotte, étaient bien nécessaires, car elles se suppléent mutuellement : ainsi quand la bouche est remplie d'alimens, la respiration se fait par le nez; elle se fait par la bouche quand les fosses nasales sont obstruées par du mucus, un léger gonflement de la pituitaire ou toute autre cause. Dans le moment de l'inspiration, la glotte s'ouvre; elle se resserre au contraire dans l'expiration.

Il paraît que le nombre d'inspirations faites dans un temps donné diffère beaucoup d'un homme à un autre. Hales les croit de 20 dans

Durée du séjour de l'air dans les poumons.

Nombre d'inspirations dans 24 heures.

l'espace d'une minute. Un homme sur lequel Menziès fit des expériences ne respirait que 14 fois dans une minute. M. H. Davy nous apprend que dans le même temps il respire 26 à 27 fois; M. Thomson dit qu'il respire ordinairement 19 fois; je ne respire que 15 fois. En prenant 20 fois pour moyenne dans une minute, on aurait 28,800 inspirations dans 24 heures. Mais il est probable que ce nombre varie beaucoup suivant une foule de circonstances, telles que l'état de sommeil, le mouvement, la distension de l'estomac par les alimens? la capacité de la poitrine, les affections morales, etc.

Quelle quantité d'air entre dans la poitrine à chaque inspiration? quelle quantité en sort à chaque expiration? et combien y en séjourne-t-il habituellement?

D'après le docteur Menziès, la quantité moyenne d'air qui entre dans les poumons, à chaque inspiration, est de 655 centimètres cubes. Goodwin pense qu'après une expiration complète, le poumon contient encore 1786 centimètres cubes; Menziès assure que cette quantité est plus forte, et qu'elle s'élève à 2923 c. c.

Suivant Davy, après une expiration forcée, ses poumons retiennent encore 672 c. c., et,

Après une expiration naturelle . . . . 1933 c. c.
Après une inspiration naturelle. 2212

Après une inspiration forcée . . . . . . 6412 c. c.
Par une expiration forcée après une inspi-
  ration forcée, il sortit des poumons. . . 3113
Après une inspiration naturelle. 1286
Après une expiration naturelle. 1106

M. Thomson croit qu'on ne s'éloignerait pas beaucoup de la vérité, en supposant que la quantité ordinaire d'air contenu dans les poumons est de 4588 centimètres c., et qu'il en entre et qu'il en sort, à chaque inspiration ou expiration, 655 c. c. Ainsi, en supposant 20 inspirations par minute, on aura, pour la quantité d'air entré ou sorti des poumons dans cet intervalle de temps, 13100 c. c.; ce qui, pour une heure, fait 786 décimètres c., et pour les 24 heures 18864 décimètres, ou à peu près 24 kilogrammes.

Les chimistes ont fait un grand nombre d'expériences pour déterminer si le volume de l'air diminue par son séjour dans le poumon. En tenant compte des expériences les plus récentes, il paraît que, dans le plus grand nombre des cas, la diminution est nulle, c'est-à-dire, que l'air expiré représente exactement un volume d'air inspiré. Quand cette diminution a lieu elle paraît être purement accidentelle (1).

En traversant successivement la bouche ou les

Quantité d'air contenu habituellement dans le poumon.

---

(1) Thomson, *Système de chimie.*

Changemens physiques de l'air inspiré.

cavités nasales, le pharynx, le larynx, la trachée-artère et les bronches, l'air inspiré prend une température analogue à celle du corps. Dans la plupart des cas, il s'échauffe, et par conséquent se raréfie, de sorte que la même quantité d'air en poids occupe dans le poumon un espace beaucoup plus considérable que celui qu'elle occupait avant d'être introduit dans ce viscère. Outre ce changement de volume, l'air inspiré se charge de la vapeur qui s'élève continuellement à la membrane muqueuse des voies aériennes, et ce n'est ainsi que, chaud et humide, il arrive aux lobules pulmonaires ; enfin la portion d'air dont nous parlons se mêle à celle que contenaient les poumons.

Mais l'expiration succède bientôt à l'inspiration: il ne s'écoule guère ordinairement entre elles plus de quelques secondes; l'air que contient le poumon pressé par les puissances expiratrices, s'échappe en parcourant, en sens inverse de l'air inspiré, le canal respiratoire.

Renouvellement partiel de l'air que contient le poumon.

Il faut remarquer ici que la portion d'air expirée n'est pas justement celle qui avait été inspirée précédemment, mais une partie de la masse que contenait le poumon après l'inspiration ; et si l'on compare le volume d'air que contiennent habituellement les poumons, avec celui qui est inspiré et expiré à chaque mouvement de

respiration, on sera porté à croire que l'inspiration et l'expiration ont pour but de renouveler
en partie, la masse considérable d'air renfermé
dans les poumons. Ce renouvellement sera d'autant plus considérable, que la quantité d'air expiré sera plus forte, et que l'inspiration qui suivra
sera plus complète.

*Changemens physiques et chimiques qu'éprouve l'air dans
les poumons.*

A sa sortie du poumon, l'air a une température voisine de celle du corps; avec lui s'échappe
de la poitrine une grande abondance de vapeur
nommée *transpiration pulmonaire;* en outre sa
composition chimique est différente de celle de
l'air inspiré. La proportion d'azote y est bien la
même, mais celle de l'oxigène et de l'acide carbonique a tout-à-fait changé.

Au lieu de 0,21 d'oxigène et d'une trace d'acide
carbonique que présente l'air atmosphérique,
l'air expiré offre 0,18 ou 0,19 d'oxigène, de 0,3
à 0,4 centièmes d'acide carbonique: en général, la
quantité d'acide carbonique représente exactement la quantité d'oxigène disparu ; cependant
les dernières expériences de MM. Gay-Lussac
et Davy donnent pour résultat un petit excès d'a-
cide, c'est-à-dire qu'il y a un peu plus d'acide
formé que d'oxigène absorbé.

Change-
mens chimi-
ques de l'air
des pou-
mons.

Quantité d'oxigène absorbé.

Pour évaluer la quantité d'oxigène consum[é] par un homme adulte en 24 heures, il ne faut qu[e] se rappeler la quantité d'air respiré pendant c[e] intervalle. D'après Lavoisier et H. Davy, 5[1] centimètres cubes sont consumés en une minute ce qui, pour 24 heures, donne 745 décimètre[s] cubes.

Il n'est pas plus difficile d'apprécier la quanti[té] d'acide carbonique qui sort du poumon dans l[e] même temps, puisqu'elle représente à peu près c[e] volume l'oxigène disparu. M. Thomson l'évalu[e] à 655 c. c., quoiqu'elle soit, dit-il, probablemen[t] peu moindre : or, cette quantité d'acide carbonique représente environ 340 grammes de carbone.

Quelques chimistes disent qu'il y a disparitio[n] d'une petite quantité d'azote pendant la respiration, d'autres pensent au contraire que la quantité de ce gaz est sensiblement augmentée ; mai[s] il n'y a rien encore de positif à cet égard.

Quantité d'acide carbonique formé.

Nous sommes avertis du degré d'altération qu[e] subit l'air dans nos poumons, par un sentiment qui nous porte à le renouveler : à peine sensibl[e] dans la respiration ordinaire, parce que nous nou[s] hâtons d'y obéir, il devient douloureux s'il n'es[t] pas assez promptement satisfait ; à ce degré, il es[t] accompagné d'anxiété et d'effroi, avertissement instinctif de l'importance de la respiration.

Tandis que l'air contenu dans les poumons est ainsi modifié dans ses propriétés physiques et chimiques, le sang veineux traverse les ramifications de l'artère pulmonaire, qui forment en partie le tissu des lobules du poumon; il passe dans les radicules des veines pulmonaires, et bientôt parcourt ces veines elles-mêmes; mais, passant des unes dans les autres, il change de nature, et de veineux il devient artériel.

Examinons les phénomènes de cette transformation.

Changement du sang veineux en sang artériel.

Au moment où le sang veineux traverse dans les petits vaisseaux des lobules pulmonaires, il prend une couleur écarlate, son odeur devient plus forte, sa saveur plus prononcée; sa température s'élève d'environ un degré; une partie de son sérum s'échappe sous la forme de vapeur dans le tissu des lobules, et se mêle à l'air. Sa tendance pour se coaguler augmente sensiblement, fait exprimé généralement en disant que sa *plasticité* devient plus forte, sa pesanteur spécifique diminue, ainsi que sa capacité pour le calorique: le sang veineux ayant acquis ces caractères, est du sang artériel.

Afin de rendre plus évidentes les différences du

sang veineux et du sang artériel, nous les oppo-
sons dans le tableau suivant.

Différences principales du sang veineux et du sang artériel.

	SANG VEINEUX.	SANG ARTÉRIEL.
Couleur.............	rouge brun....	rouge vermeil.
Odeur...........	faible.......	forte.
Température........	31° R.......	près de 32° R.
Capacité pour le calorique.	852 (1)......	839.
Pesanteur spécifique...	1051 (2).....	1049.
Coagulation........	moins prompte..	plus prompte.
Sérum...........	plus abondant..	moins abondant.

Théorie de la respiration. J'ai décrit plus haut les changemens que l'air éprouve dans les poumons, je viens de dire ceux qui arrivent au sang veineux en traversant ces organes : voyons maintenant quelle liaison peut être établie entre ces deux ordres de phénomènes.

La coloration du sang dépend bien évidemment de son contact médiat avec l'oxigène ; car, si tout autre gaz se trouve dans le poumon, ou seulement si l'air atmosphérique n'est pas convenablement renouvelé, le changement de couleur n'a plus lieu. Il se manifeste de nouveau aussitôt qu'on permet l'introduction de l'oxigène dans les lobules pulmonaires.

---

(1) L'eau étant 1000. J. DAVY, *Trans. philos.*, 1814.
(2) L'eau étant 1000. *Loc. cit.*

Il est facile de voir le phénomène de la coloration du sang veineux, même sur le cadavre. Souvent, aux approches de la mort, le sang veineux s'accumule dans les vaisseaux du poumon ; les lobules bronchiques étant dépourvus d'air, il conserve les propriétés veineuses long-temps après la mort. De l'air atmosphérique poussé dans la trachée, de manière à distendre le tissu du poumon, fait aussitôt changer la couleur rouge brun du sang accumulé en rouge vermeil.

Le même phénomène est vu toutes les fois que le sang veineux est en contact avec l'oxigène ou l'air atmosphérique. Du sang tiré d'une veine et exposé à l'air rougit à sa surface ; le contact immédiat n'est pas même nécessaire. Ce même sang, contenu dans une vessie, et plongé dans du gaz oxigène, devient écarlate dans tous les points de la superficie. Ainsi, la paroi vasculaire très-mince qui, dans le poumon, est placée entre l'air atmosphérique et le sang, ne peut être considérée comme un obstacle à la coloration de celui-ci.

Mais comment le gaz oxigène produit-il le changement de couleur du sang veineux ? Les chimistes ne sont pas d'accord sur ce point. Les uns pensent que le gaz se combine directement avec le sang ; les autres croient que c'est en enlevant au sang une certaine quantité de car-

bone ; et quelques-uns ne sont pas éloignés
croire que ces deux effets ont lieu en mê
temps ; mais aucune de ces explications ne re
raison du changement de couleur.

Plusieurs chimistes ont attribué la coloratio
du sang au fer ; cette opinion est rejetée maint
nant, comme très-douteuse ; cependant elle s
rait d'autant moins invraisemblable, que, si l'o
sépare ce métal de la partie colorante .du sang
cette substance, dont la couleur est rouge v
neuse, perd la propriété de devenir écarlate p
le gaz oxigène (1).

On conçoit plus aisément la déperdition de sé
rum qu'éprouve le sang dans la respiration : ce
tient très-probablement à ce qu'une certain
quantité de sérum s'échappe des dernières di
visions de l'artère pulmonaire, et vient se vapo
riser dans l'air que contiennent les lobules. Cett
vapeur sort ensuite avec l'air expiré, sous l
nom de *transpiration pulmonaire.*

Il ne faut pas croire cependant que toute l
vapeur qui sort dans l'expiration provienne d
sang de l'artère pulmonaire ; je ferai voir plu

---

(1) Il ne faut pas confondre la matière colorante du sang
décrite par MM. Brande et Vauquelin, avec l'*hématine*
qui est la matière colorante du bois de campèche, et qui
été découverte par M. Chevreul.

ard qu'une partie assez considérable de cette vapeur est formée aux dépens du sang artériel qui est distribué à la membrane muqueuse des voies aériennes.

Dans ses premières recherches sur la respiration, Lavoisier avait cru qu'il pouvait y avoir combustion d'hydrogène dans les poumons, d'où aurait résulté la formation d'une certaine quantité d'eau. Cette eau aurait formé une partie de la transpiration pulmonaire; mais cette idée n'est plus admise aujourd'hui, et cette transpiration est considérée, ainsi qu'il vient d'être dit, comme le résultat du passage dans les vésicules bronchiques, d'une partie du liquide qui parcourt l'artère pulmonaire.

L'anatomie met sur la voie de ce phénomène. Une injection d'eau poussée dans l'artère pulmonaire passe sous la forme d'une innombrable quantité de gouttelettes presque imperceptibles dans les cellules aériennes, et se mêle à l'air qu'elles contiennent.

Sur les animaux vivans, on augmente à volonté la quantité de la transpiration pulmonaire, en injectant de l'eau distillée à une température voisine de celle du corps dans le système veineux, comme le prouve l'expérience suivante : Prenez un chien de petite taille; injectez à diverses reprises un volume considérable d'eau, l'animal sera d'abord dans un état de véritable pléthore, ses vaisseaux

seront même tellement distendus, qu'il aura pei[ne]
à se mouvoir; mais, au bout de quelques instan[s]
les mouvemens respiratoires s'accéléreront sens[i]
blement, et de tous les points de la gueule coule[ra]
en abondance un liquide dont la source est év[i]
demment la transpiration du poumon, considér[a]
blement augmentée.

Ce n'est pas seulement la partie aqueuse [du]
sang qui s'échappe par la transpiration pulmo[-]
naire. J'ai montré, par des expériences particu[-]
lières, que plusieurs substances, introduites da[ns]
les veines par l'absorption ou par une injecti[on]
directe, ne tardent pas à sortir par le poumo[n.]
De l'alcool faible, une dissolution de camphre, [de]
l'éther, ou autres substances odorantes introduit[es]
dans la cavité du péritoine ou ailleurs, so[nt]
bientôt absorbées par les veines, transportées a[u]
poumon, elles passent dans les vésicules bron[-]
chiques, et on les reconnaît à leur odeur da[ns]
l'air expiré.

Expériences sur la trans-piration pul-monaire. Le phosphore se comporte de même; non
seulement son odeur est sensible dans l'air ex[-]
piré, mais sa présence est facile à constat[er]
d'une manière encore plus positive.

Injectez dans la veine crurale d'un chien u[ne]
demi-once d'huile dans laquelle du phospho[re]
aura été dissous : à peine aurez-vous fait l'inje[c]
tion, que l'animal rendra par les narines des flo[ts]

d'une vapeur épaisse et blanche, **qui n'est autre** chose que de l'acide phosphoreux.

Il résulte d'expériences intéressantes faites par M. le docteur Nysten, que les gaz se comportent à peu près de la même manière, c'est-à-dire qu'après avoir été injectés dans les veines, ils sortent avec l'air expiré.

Quelques tentatives ont été faites pour déterminer la quantité de vapeur qui s'échappe du poumon d'un homme adulte en vingt-quatre heures. Les dernières, qui sont dues à M. Thomson la mettent à environ 590 grammes ; Lavoisier et Séguin l'avaient estimée autrefois à 560 grammes : il est probable qu'elle doit être très-variable, suivant une infinité de circonstances.

Quantité de la transpiration pulmonaire.

On n'est pas d'accord sur la manière dont se forme l'acide carbonique que contient l'air expiré. Ceux-ci croient qu'il existait tout formé dans le sang veineux, et qu'il est exhalé au moment du passage à travers le poumon ; ceux-là pensent qu'il résulte de la combustion directe du carbone du sang veineux par l'oxigène : ni l'une ni l'autre de ces deux opinions ne sont suffisamment démontrées ; peut-être les deux effets ont-ils lieu en même temps. Par la raison qu'on n'est pas instruit sur le mode de formation de l'acide carbonique, on manque de données sur le rôle que joue l'oxigène dans la respiration. Les uns disent

Formation de l'acide carbonique.

qu'il est employé à brûler le carbone du sang
veineux ; les autres veulent qu'il passe dans les
veines pulmonaires, et d'autres, enfin, pensent
qu'il remplit à la fois les deux offices.

Toute cette partie de la chimie animale demande de nouvelles recherches.

Tant qu'on n'aura pas des notions plus positives sur la formation de l'acide carbonique, et sur
la disparition de l'oxigène, il sera difficile de se
rendre raison de l'élévation de température qu'é-
prouve le sang en traversant ces organes. Cependant, comme il est très-probable que l'oxigène se
combine avec le carbone du sang, et comme
toute formation de ce genre est accompagnée d'un
dégagement considérable de calorique, il devient
probable aussi que c'est là la source de la chaleur

plus grande du sang artériel. En supposant même
que l'oxigène soit absorbé et passe dans les veines
pulmonaires, et qu'il se combine ensuite directement avec le sang, on pourrait encore concevoir l'élévation de température du sang ; car toute
combinaison de l'oxigène avec un corps combustible est accompagnée de dégagement de chaleur (1).

La diminution légère dans la pesanteur spécifique et la capacité pour le calorique, tiennent

____

(1) Voyez l'article *Chaleur animale.*

probablement à la perte d'eau qui s'est effectuée à la surface des vésicules pulmonaires.

Quant aux autres propriétés qu'acquiert le sang veineux en traversant le poumon, telles que la plasticité, l'odeur, et la saveur plus forte, pour arriver à des notions satisfaisantes sur ce point, il faudrait qu'une analyse exacte et comparative du sang veineux et du sang artériel en eût fait connaître très-exactement les différences : or la physiologie attend encore ce service de la chimie.

Respiration des gaz autres que l'air atmosphérique.

On ne s'est point contenté d'étudier les effets de la respiration de l'air atmosphérique, on a voulu savoir quels seraient les résultats de la respiration des autres gaz. Des animaux ont été plongés dans chacun d'eux, des hommes en ont volontairement ou involontairement respiré, et il a été bientôt reconnu que l'air atmosphérique seul peut servir à la respiration ; tous les autres gaz font périr plus ou moins promptement les animaux ; l'oxigène lui-même, quand il est pur, est mortel ; et son mélange avec l'azote, mais dans des proportions différentes de celles de l'air, finit tôt ou tard par produire la mort des animaux qui le respirent.

Action des gaz non respirables.

En faisant ces diverses expériences, on est arrivé à distinguer les gaz sous le rapport de la respiration en deux classes. 1°. Les gaz *non res-pirables*; 2°. les gaz *délétères*.

Gaz non
délétères.

Les premiers, auxquels il faut rapporter l'a-zote, le protoxide d'azote, l'hydrogène, etc., font périr les animaux seulement, parce que leur action ne peut remplacer celle de l'oxi-gène; parmi ces gaz, il en est un, le protoxide d'azote, qui produit des effets singuliers, qui peut-être devraient le faire rapporter à la seconde classe.

M. Davy est le premier qui ait osé en étudier les effets sur lui-même; après avoir expiré l'air de ses poumons, il respira environ quatre litres de gaz protoxide d'azote. Les premiers sentimens qu'il éprouva, furent ceux du vertige et du tournoiement; mais au bout d'une demi-minute, continuant toujours de respirer, ces effets diminuèrent par degrés, et furent remplacés par une sensation analogue à une douce pression sur tous les muscles, accompagnée de frémissemens très-agréables, particulièrement dans la poitrine et les extrémités. Les objets environnans lui parurent éblouissans, et son ouïe devint plus fine; vers les dernières respirations l'agitation augmenta, sa force musculaire devint plus grande, et il acquit une propension irrésistible au mouvement. Ces effets cessèrent dès que M. Davy eût discontinué de respirer le gaz, et dans dix minutes il se retrouva dans son état naturel.

Ces effets ne sont cependant pas constamment les mêmes. MM. Vauquelin et Thénard, qui ont aussi respiré ce gaz, n'ont pas ressenti tous les phénomènes décrits par M. Davy ; mais d'autres phénomènes analogues.

Les gaz délétères sont ceux, qui non-seulement ne peuvent entretenir la respiration, mais tuent avec plus ou moins de promptitude l'homme ou les animaux qui les respirent purs, ou même mêlés en certaines proportions à l'air atmosphérique. De ce nombre sont tous les gaz acides, le gaz ammoniac, l'hydrogène sulfuré, l'hydrogène arseniqué, le gaz deutoxide d'azote, etc.

Gaz délétères.

Influence des nerfs de la huitième paire sur la respiration.

Les nerfs de la huitième paire, étant les seuls nerfs cérébraux qui envoient des filets dans le tissu des poumons, il a dû se présenter à l'esprit des physiologistes d'en faire la section, afin d'examiner les effets qui en résulteraient. Cette expérience facile a été faite plusieurs fois par les anciens, et il est peu de physiologistes modernes qui ne l'aient répétée.

Tout animal auquel on coupe les nerfs dont il est question, périt plus ou moins promptement ;

Influence des nerfs de la 8e paire sur la respiration.

quelquefois la mort arrive immédiatement après la section. Jamais il ne survit au-delà de trois ou quatre jours. La mort avait été attribuée tour à tour par les auteurs à la cessation des mouvemens du cœur, au défaut de digestion, à l'inflammation des poumons, etc. On doit aux travaux récens de MM. Dupuytren, Dumas, Blainville, Provençal et Legallois, des éclaircissemens précieux sur ce sujet. Je vais donner un résumé général de leurs recherches.

La section des nerfs de la huitième paire au cou, à la hauteur de la glande thyroïde ou même plus bas, influe, 1°. sur le larynx, 2°. sur les poumons. Ces deux genres d'effets doivent être distingués.

En traitant de la voix, nous avons dit que la section des nerfs récurrens produit subitement l'aphonie : le même phénomène a lieu par la section de la huitième paire, ce qui est aisé à concevoir, puisque les récurrens ne sont que des divisions de ces nerfs. Mais, outre l'abolition de la voix, il n'est pas rare que la section des nerfs de la huitième paire détermine un rapprochement tel des bords de la glotte, que l'air ne puisse plus pénétrer dans le larynx, et que la mort arrive aussitôt, comme cela a lieu toutes les fois qu'un animal ne peut renouveler l'air de son poumon.

Dans les cas ordinaires, le rapprochement est assez inexact pour que l'air s'introduise dans le larynx pour entretenir la respiration; mais comme la glotte a perdu ses mouvemens propres, l'entrée et la sortie de l'air de la poitrine sont toujours plus ou moins gênées.

A l'époque où ces observations ont été faites, il n'était guère possible de se rendre rigoureusement raison de ces divers phénomènes; mais, depuis que j'ai fait connaître la manière dont les nerfs récurrens et laryngés se distribuent aux muscles du larynx, cela ne présente plus de difficulté. Par la section de la huitième paire à la partie inférieure du cou, les muscles dilatateurs de la glotte sont paralysés; cette ouverture ne s'élargit plus dans l'instant de l'inspiration, tandis que les constricteurs, qui reçoivent leurs nerfs des laryngés supérieurs, conservent toute leur action, et ferment plus ou moins complétement la glotte.

Quand la section de la huitième paire ne détermine point un tel resserrement de la glotte, que la mort arrive immédiatement, d'autres phénomènes se développent, et la mort ne vient quelquefois qu'au bout de trois ou quatre jours.

La respiration est d'abord gênée, les mouvemens d'inspiration sont plus étendus, plus rapprochés, et l'animal paraît y donner une attention par-

Influence des nerfs de la 8ᵉ paire sur le larynx.

Influence des nerfs de la 8ᵉ paire sur le poumon.

ticulière ; les mouvemens de locomotion sont peu
fréquens, ils fatiguent évidemment ; souvent même
les animaux gardent un repos parfait : toutefois
la formation du sang artériel n'est point empê-
chée dans les premiers momens ; mais bientôt,
le second jour, par exemple, la gêne de la respiration augmente, les efforts d'inspiration deviennent de plus en plus considérables. Alors
le sang artériel n'a plus tout-à-fait la teinte vermeille qui lui est propre ; il est un peu plus
foncé, sa température baisse ; enfin, tous les
symptômes s'accroissent, la respiration ne se fait
qu'avec le secours de toutes les puissances inspi-
ratoires ; le sang artériel est d'un rouge sombre
et presque semblable au sang veineux, les artères
en contiennent peu ; le refroidissement est manifeste, et l'animal ne tarde pas à périr. A l'ouverture
de la poitrine, on trouve les cellules bronchiques,
les bronches et souvent la trachée elle-même,
remplies par un liquide écumeux, quelquefois
sanguinolent ; le tissu du poumon est engorgé,
volumineux ; les divisions et même le tronc de
l'artère pulmonaire sont fortement distendus par
un sang très-foncé et presque noir : il s'est fait des
épanchemens considérables de sérosité ou même
de sang dans le parenchyme du poumon. D'un autre
côté, les expériences ont appris qu'à mesure que
cette série d'accidens se montre, les animaux

Influence
des nerfs de
la 8ᵉ paire
sur les pou-
mons.

consomment de moins en moins d'oxigène, et qu'ils forment de moins en moins d'acide carbonique.

On a conclu avec raison que, dans ce cas, les animaux périssent, parce que la respiration ne peut plus s'effectuer, le poumon étant tellement altéré, que l'air inspiré ne peut arriver jusqu'aux lobules bronchiques. Je crois que l'on doit ajouter à cette cause la difficulté du passage du sang de l'artère dans les veines pulmonaires, difficulté qui me paraît être la cause de la distension du système veineux après la mort, et de la petite quantité de sang que contient le système artériel quelque temps avant qu'elle ait lieu.

La section d'un seul nerf de la huitième paire, ne pouvant produire ces divers effets que sur un poumon, et la vie pouvant continuer par l'action d'un seul de ces organes, ne fait point périr les animaux. J'en ai vu vivre plusieurs mois dans cet état.

De la respiration artificielle.

Les mouvemens du thorax ont pour principal objet d'attirer l'air dans les poumons, et de l'expulser ensuite de ces organes. Toutes les fois que ces mouvemens s'arrêtent, l'air du poumon n'étant plus renouvelé, la respiration ne se fait plus, et la mort ne tarde point à arriver. Mais on peut suppléer pour un certain temps à l'action du thorax, en introduisant artificiellement de l'air dans les poumons. Plusieurs fois les anatomistes anciens et modernes ont mis ce moyen en pratique. L'air a été tour-à-tour introduit avec un soufflet, une vessie, etc. Maintenant on se sert d'une seringue percée d'un petit trou sur les côtés de son canon. L'extrémité du canon est d'abord introduite dans la trachée artère, et fixée par une ligature ; ensuite on tire le piston, afin de remplir d'air la seringue, puis on applique un doigt sur le petit trou, pour empêcher l'air de sortir ; le piston est alors poussé, et l'air de la seringue passe dans le poumon ; on retire bientôt le piston, et l'air du poumon vient remplir la seringue. On lève le doigt placé sur le trou, et on pousse le piston pour chasser en dehors l'air qui a servi à la respiration ; on le retire immédiatement afin de remplir l'instrument d'air pur, et on bouche le trou, etc.

En répétant convenablement ces mouvemens, on parvient à entretenir vivant un animal dont le thorax est devenu immobile, soit parce qu'on a coupé la moelle épinière derrière l'occipital, soit parce qu'on a tout-à-fait retranché la tête ; mais il ne remplace cependant qu'imparfaitement la respiration naturelle, et ne peut être prolongé au delà de quelques heures. Le plus souvent les poumons s'engorgent par le sang, ou bien ils sont déchirés par l'air ; ce fluide s'introduit dans les veines pulmonaires, et s'épanche dans le tissu cellulaire de manière à empêcher la dilatation des lobules.

COURS DU SANG ARTÉRIEL.

Cette fonction a pour but de transporter le sang artériel du poumon à toutes les parties du corps.

Du sang artériel.

D'après ce que nous avons dit du sang artériel à l'article respiration, il nous reste peu de chose à ajouter ici sur ce liquide. Je dirai seulement que notre savant professeur Vauquelin a trouvé récemment dans ce fluide une assez grande quantité d'une huile grasse d'une couleur jaune, d'une saveur douce et d'une consistance molle, et qui a par conséquent, au moins en apparence, de l'analogie avec la graisse.

Quand à l'aide d'une forte loupe ou d'un microscope, on observe les parties transparentes des animaux à sang froid, on voit dans les vaisseaux sanguins une multitude innombrable de petites molécules arrondies qui nagent dans le sérum, et roulent les unes sur les autres, en parcourant les artères et les veines.

Jamais on n'a pu faire d'observations ana
gues sur les animaux à sang chaud; les me
branes et les parois des vaisseaux étant opaqu
Mais, comme en étendant dans l'eau une gou
de sang, on aperçoit au microscope des par
cules souvent de formes arrondies, l'exister
des globules a été admise pour les animaux,
par conséquent pour l'homme.

Les auteurs ont dit de ces globules des cho
merveilleuses. Selon Leuwenhoeck mille milli
de ces globules ne sont pas plus grands qu'
grain de sable; Haller, en parlant des anima
à sang froid, car il n'a jamais pu voir ce
des animaux à sang chaud, dit qu'ils sont
1 pouce, comme 1 est à 5000. Ceux-ci veule
qu'ils aient le même diamètre et la même forr
chez tous les animaux; d'autres au contrai
soutiennent qu'ils ont une grandeur et une forr
particulière pour chaque animal; les uns dise
qu'ils sont sphériques et pleins; les autres qu'
sont aplatis et percés d'une ouverture dans
centre; enfin, plusieurs croient qu'un globu
est une espèce de petite vessie qui contient u
certain nombre de globules plus petits.

Je crois qu'il s'est glissé beaucoup d'imagi
nation, d'erreurs, d'illusions d'optique dar
toutes ces opinions diverses. J'ai fait un grar
nombre d'expériences microscopiques pour m'é

...lairer à cet égard ; je n'ai jamais vu dans le sang Globules du sang.
...e l'homme, étendu d'eau, que des particules de ma-
...ière colorante, ordinairement arrondies, de gros-
...eur différente, qui, suivant qu'elles sont placées
...xactement ou inexactement au foyer du micros-
...ope, paraissaient tantôt sphériques, tantôt plates,
...t d'autres fois ayant la figure d'un disque percé
...u centre : toutes ces apparences se produisent à
...olonté, en variant la position des particules re-
...ativement à l'instrument. Je crois aussi que l'on
...a souvent décrit et dessiné dans les ouvrages des
...ulles d'air pour des globules de sang ; rien du
...moins ne ressemble davantage à certaines figures
d'Hewson, par exemple, que de très-petites bulles
d'air qu'on produit en agitant légèrement le liquide soumis au microscope.

Appareil du cours du sang artériel.

Il se compose, 1°. des veines pulmonaires ;
2°. des cavités gauches du cœur ; 3°. des artères.

Veines pulmonaires.

Elles naissent, à la manière des veines pro- Veines pulmonaires.
...prement dites, dans le tissu du poumon, c'est-à-
dire, qu'elles forment d'abord un nombre infini
...e radicules qui paraissent être la continuation
...e l'artère pulmonaire. Ces radicules se réunis-
...ent pour former des racines plus grosses, puis

2. 20

plus grosses encore. Enfin, elles se terminent toutes en quatre vaisseaux, lesquels viennent après un trajet très-court, s'ouvrir dans l'oreillette gauche. Les veines pulmonaires diffèrent des autres veines, en ce qu'elles ne s'anastomosent plus entre elles dès qu'elles ont acquis une certaine grosseur : on a vu une disposition analogue dans les divisions de l'artère qui se distribue au poumon. Les veines pulmonaires n'ont point de valvules, et leur structure est semblable à celles des autres veines ; leur membrane moyenne est cependant un peu plus épaisse, et paraît jouir d'une élasticité plus marquée.

Cavités gauches du cœur.

Oreillette et ventricule gauches.

La forme, la grandeur de l'oreillette gauche diffèrent peu de la droite ; seulement sa surface est lisse et ne présente aucune colonne charnue, si ce n'est dans l'appendice nommé *oricule*. Elle communique par une ouverture ovalaire avec le ventricule gauche, que l'épaisseur plus grande de ses parois, le nombre, le volume et la disposition de ses colonnes charnues, distinguent du droit : l'ouverture par laquelle l'oreillette et le ventricule communiquent est garnie d'une valvule nommée *mitrale*, très-analogue à la tricuspide. Le ventricule donne naissance à l'artère *aorte*, dont l'orifice présente trois val-

vules semblables aux sygmoïdes de l'artère pulmonaire.

Des artères.

L'aorte est au ventricule gauche ce que l'artère pulmonaire est au ventricule droit, mais
elle en diffère sous plusieurs rapports importans ; sa capacité et son étendue sont de beaucoup plus considérables ; presque toutes ses divisions sont considérées comme des artères, et ont
reçu des noms particuliers ; ses branches s'anastomosent entre elles de diverses manières ; plusieurs présentent des flexuosités nombreuses et
très-prononcées ; elle se distribue à toutes les
parties du corps, et affecte dans chacune une
disposition particulière ; enfin, elle se termine
en communiquant avec les veines et les vaisseaux lymphatiques. Du reste, la structure de
l'aorte est fort analogue à celle de l'artère pulmonaire ; seulement sa membrane moyenne est
beaucoup plus épaisse et élastique. Dans presque toute son étendue, l'aorte est accompagnée
par des filamens provenant des ganglions du
grand sympathique : ces filamens paraissent se
répandre dans ses parois.

De l'aorte
et de ses di-
visions.

20.

Cours du sang artériel dans les veines pulmonaires.

Nous avons fait voir en traitant du cours du sang dans l'artère pulmonaire, comment ce liquide arrive jusqu'aux dernières divisions de ce vaisseau ; le sang ne s'arrête pas là, il passe dans les radicules des veines pulmonaires, et bientôt parvient jusqu'au tronc de ces veines elles-mêmes; dans ce trajet il présente un mouvement graduellement accéléré à mesure qu'il passe des petites veines dans les plus grosses ; du reste son cours n'est point saccadé, et paraît à peu près également rapide dans les quatre veines pulmonaires.

Passage du sang à travers les capillaires du poumon.

Mais quelle cause détermine la progression du sang dans ces veines? Celle qui se présente naturellement à l'esprit, est la contraction du ventricule droit, et le resserrement des parois de l'artère pulmonaire; en effet, après avoir poussé le sang jusqu'aux dernières divisions de l'artère du poumon, on ne voit pas pourquoi ces deux causes ne continueraient pas à le faire mouvoir jusque dans les veines pulmonaires.

Telle était l'opinion d'Harvey qui, le premier, démontra le véritable cours du sang ; mais les physiologistes plus modernes l'ont à ce qu'il paraît trouvée trop simple; et il est généralement admis aujourd'hui qu'une fois arrivé dans les dernières divisions de l'artère pulmonaire et dans les premières radicules des veines, ou, selon le langage adopté, dans les *capillaires* du poumon, le sang ne se meut plus sous l'influence du cœur; mais bien par l'action propre aux petits vaisseaux qu'il traverse.

Cette idée de l'action des vaisseaux capillaires sur le sang est capitale dans la physiologie actuelle; après les propriétés vitales, c'est celle qui donne le plus de facilité pour expliquer les phénomènes les plus obscurs.

Examinons-la donc avec attention; et d'abord, cette action des capillaires a-t-elle été vue par quelques observateurs? tombe-t-elle sous les sens? Non, personne ne l'a jamais vue; on la suppose.

Mais admettons pour un instant cette action des capillaires : en quoi la fait-on consister? Est-ce une contraction plus ou moins forte, par laquelle ils chassent le sang qui les remplit? En se resserrant, ils chasseront, je veux le croire, le sang; mais il n'y a aucune raison pour qu'ils le dirigent plutôt du côté des artères que du côté des veines. Ensuite, une fois le petit vaisseau vidé, comment se remplira-t-il de nouveau? Ce ne peut être qu'autant que le cœur y poussera de nouveau sang, ou bien qu'en se dilatant il attirera

le liquide placé dans les vaisseaux voisins : da
cette supposition, il attirera tout aussi bien cel
des veines que celui des artères. Ainsi, en ad
mettant, ce qui assurément est une suppositio
bien gratuite, que les vaisseaux capillaires s
contractent et se resserrent alternativement, o
n'aurait pas encore une explication de la fonctio
qu'on leur attribue. Pour qu'ils puissent avoir ce
usage, il faudrait que chaque capillaire fût dis
posé d'une manière analogue au cœur ; qu'il fù
composé de deux parties, dont l'une se dilatera
tandis que l'autre se contracterait, et qu'entr
elles il y eût une valvule pareille ou analogue
la mitrale ; encore, avec cette disposition, n
pourrait-on pas se rendre raison du cours uni
forme qu'a le sang dans ces vaisseaux et dans le
veines pulmonaires.

De quelque côté qu'on envisage cette actio
des capillaires, on n'y voit que vague et con
tradiction ; d'ailleurs, dans les reptiles, où, à l'aid
du microscope, il est facile de voir le sang d
l'artère pulmonaire passer dans les veines, or
n'aperçoit aucun mouvement dans le lieu où l'ar
tère se transforme en veine ; et cependant le cour
du sang y est très-manifeste et même assez ra
pide.

Concluons donc que l'action des capillaire
pulmonaires sur le mouvement du sang dans le

veines pulmonaires est une supposition gratuite ,
un jeu d'esprit, et en un mot une chimère, et
que la véritable cause du passage du sang de
l'artère dans les veines pulmonaires , est la contraction du ventricule droit.

Je suis loin de penser que les petits vaisseaux
se prêtent toujours également bien au passage du
sang ; nous avons la preuve du contraire à chaque
inspiration ou expiration. Quand le poumon est
distendu par l'air, le passage est facile ; la poitrine est-elle resserrée, le poumon contient-il peu
d'air, il devient plus difficile. Il est en outre extrêmement probable qu'ils se dilatent ou se resserrent suivant la quantité de sang qui traverse
le poumon , et probablement par plusieurs autres
circonstances. Je crois très-volontiers que, suivant qu'ils sont distendus ou contractés, ils doivent influencer la marche du liquide qui les traverse ; mais il y a loin de les croire susceptibles
de modifier le cours du sang, à les considérer
comme les seuls agens de son mouvement.

Toutefois la huitième paire paraît avoir une
grande influence sur le passage du sang à travers les poumons. Il est très-probable qu'elle
modifie la disposition des capillaires de ces organes.

Influence de la 8ᵉ paire sur le cours du sang dans les pou-mons.

Sur les cadavres, lorsqu'on pousse une injection d'eau dans l'artère pulmonaire, elle passe

aussitôt dans les veines; il s'en échappe cependant une partie qui passe dans les cellules bronchiques, où elle se mêle à l'air, et forme avec ce fluide une mousse peu considérable; une autre portion s'épanche et s'infiltre dans le tissu cellulaire du poumon.

Au bout d'un certain temps, quand cette infiltration est devenue un peu considérable, il devient impossible de faire passer l'injection dans les veines pulmonaires; des phénomènes analogues arrivent quand, au lieu d'eau, c'est du sang qui est injecté dans l'artère pulmonaire. Ces phénomènes, comme on voit, ont beaucoup d'analogie avec ceux que produit la section de la huitième paire sur les animaux vivans.

Les veines pulmonaires ne sont point aussi extensibles que les autres veines, aussi versent-elles promptement dans l'oreillette gauche le sang qui les traverse.

Absorption des veines pulmonaires.

Absorption
des veines
pulmonai-
res.

De même que les autres veines, les pulmonaires absorbent, et transportent au cœur les substances qui se sont trouvées en contact avec le tissu spongieux des lobules du poumon.

Il suffit d'inspirer une seule fois de l'air chargé de particules odorantes, pour que les effets s'en manifestent dans l'économie animale.

Les gaz délétères, les substances médicamenteuses répandues dans l'air, les miasmes conta-
gieux, certains poisons ou médicamens appliqués
sur la langue, produisent de cette manière des
effets qui nous étonnent par leur promptitude.

La manière dont s'exécute cette absorption
n'est pas plus connue que celle de l'absorption
veineuse générale.

Passage du sang artériel à travers les cavités gauches du cœur.

Le mécanisme par lequel le sang traverse
l'oreillette et le ventricule gauches, est le même
que celui par lequel le sang veineux traverse les
cavités droites. Quand l'oreillette gauche se dilate, le sang des quatre veines pulmonaires s'y
précipite et la remplit; quand elle vient ensuite
à se contracter, une partie du sang passe dans
le ventricule, une autré partie reflue dans les
veines pulmonaires; quand le ventricule se dilate, il reçoit le sang qui vient de l'oreillette, et
une petite quantité de celui de l'aorte; quand il
se contracte, la valvule mitrale est soulevée, elle
ferme l'ouverture *oriculo-ventriculaire*, et le sang
ne peut retourner dans l'oreillette, il s'engage
dans l'aorte en soulevant les trois valvules sygmoïdes qui avaient été abaissées pendant la dilatation du ventricule.

Action de
l'oreillette
et du ventri-
cule gau-
ches.

Il faut remarquer cependant que les colonnes
charnues n'existant pas dans l'oreillette gauche, ne
peuvent avoir sur le sang l'influence dont nous
avons parlé pour la droite, et que le ventricule artériel étant beaucoup plus épais que le
veineux, comprime le sang avec une force bien
plus grande que le droit, ce qui était indispensable, à raison du trajet qu'il doit faire parcourir à ce liquide.

Cours du sang dans l'aorte et ses divisions.

Cours du
sang dans
l'aorte.

Malgré les différences qui existent entre cette
artère et la pulmonaire, les phénomènes du
cours du sang y sont à - peu - près les mêmes :
ainsi une ligature étant appliquée sur ce vaisseau près du cœur, sur un animal vivant, il se
resserre dans toute son étendue, et le sang,
à l'exception d'une certaine quantité qui reste
dans les **principales artères**, passe dans les veines
en peu d'instans.

Quelques auteurs mettent en doute le fait du
resserrement des artères ; on peut pour les convaincre faire l'expérience suivante : Mettez à découvert l'artère carotide d'un animal vivant dans
une étendue de plusieurs pouces ; prenez avec un
compas la dimension transversale du vaisseau,
liez-le en même temps à deux points différens,
vous aurez ainsi une longueur quelconque d'ar-

tère pleine de sang; faites aux parois de cette portion d'artère une petite ouverture, aussitôt vous verrez le sang sortir presqu'en totalité, et même être lancé à une certaine distance. Mesurez ensuite la largeur avec le compas, et vous ne douterez pas que l'artère ne se soit de beaucoup resserrée, si l'expulsion prompte du sang ne vous avait déjà convaincu. Cette expérience prouve aussi, contre l'opinion de Bichat, que la force avec laquelle les artères reviennent sur elles-mêmes, est suffisante pour expulser le sang qu'elles contiennent. J'en donnerai tout à l'heure encore d'autres preuves.

Pendant la vie, cette expulsion presque totale ne peut arriver, parce que le ventricule gauche envoie à chaque instant de nouveau sang dans l'aorte, et que ce sang remplace celui qui passe continuellement dans les veines.

Cours du sang dans l'aorte.

Chaque fois que le ventricule pousse du sang dans l'aorte, elle est distendue, ainsi que ses divisions d'un certain calibre; mais la dilatation va en s'affaiblissant à mesure que les artères deviennent plus petites; elle cesse tout-à-fait dans celles qui sont très-peu volumineuses. Ces phénomènes sont, comme on voit, les mêmes que nous avons décrits en parlant de l'artère pulmonaire; l'explication que nous en avons donnée doit être reproduite ici.

Le poli de la surface intérieure des artères d
être très-favorable au mouvement du sang :
sait du moins que s'il diminue, comme cela a
rive dans certaines maladies, le cours du liqui
est plus ou moins gêné, et peut même cesser e
tièrement. C'est probablement aussi la rais
pour laquelle le sang ne coule pas long-temps
travers un tube où l'on a introduit l'extrémi
d'une artère ouverte. Il est très-probable que
frottement du sang contre les parois des artère
son adhésion à ces parois, sa viscosité, etc., do
vent avoir aussi une grande influence sur so
mouvement; mais il est impossible d'appréci
ces diverses causes réunies ou séparées.

Indépendamment de ces phénomènes com
muns aux deux artères, il en est quelques-u
de particuliers à l'aorte, et qui dépendent d
anastomoses existantes entre ses branches, et d
courbures multipliées qu'offrent la plupart d'ent
elles.

Effets des
courbures
des artères.

Partout où une artère présente une courbur
il y a, chaque fois que le ventricule se contract
une tendance au redressement ou même un re
dressement véritable du vaisseau, tendance qu
se manifeste par un mouvement apparent, nomm
par quelques auteurs *locomotion de l'artère,*
qui a été regardé comme la cause principale d
pouls. Ce mouvement est d'autant plus marqu

qu'on l'observe plus près du cœur et dans une plus grosse artère. La crosse de l'aorte est le lieu où il est le plus apparent : il est facile de s'en rendre raison.

Une conséquence à déduire de ce fait, c'est qu'il est mécaniquement impossible que les courbures des artères, particulièrement quand elles sont anguleuses, ne ralentissent pas le cours du sang. Bichat s'est entièrement trompé à cet égard, quand il assure que les courbures artérielles ne peuvent en rien l'influencer. Cela ne pourrait arriver, dit-il, qu'autant que les artères seraient vides quand le cœur y envoie du sang ; et comme elles sont constamment pleines, cet effet ne peut avoir lieu. Mais, puisque chaque courbure entraîne une dépense de force employée à redresser le vaisseau, ou seulement à tendre à le redresser, il y a nécessairement moins de force pour le mouvement du liquide, et par conséquent ralentissement à son mouvement.

Il est beaucoup plus difficile d'expliquer l'influence des diverses anastomoses ; on voit bien qu'elles sont utiles, et que, par leur secours, les artères se suppléent mutuellement dans la distribution du sang aux organes ; mais on ne saurait dire avec exactitude quelles modifications elles impriment à la marche du sang.

Si les dimensions, les courbures, et probable-

Effets des anastomoses.

ment les anastomoses des artères ont une aussi grande influence sur le cours du sang, il est impossible que tous les organes, où chacune de ces choses présente une disposition différente, reçoivent du sang avec la même vitesse, et par conséquent avec la même force. Le cerveau, par exemple, a quatre artères volumineuses pour lui seul ; mais ces artères font de nombreux circuits, présentent même plusieurs courbures anguleuses avant de pénétrer dans le crâne, et quand elles y sont parvenues, elles s'anastomosent très - fréquemment ; et enfin, elles n'entrent dans le tissu de l'organe que lorsqu'elles sont devenues d'une petitesse extrême : le sang ne doit donc s'y répandre que lentement.

Le rein, au contraire, a une seule artère courte et volumineuse, qui s'enfonce dans son parenchyme alors que ses divisions sont très-grosses : le sang doit donc au contraire le traverser avec rapidité, etc.

Ainsi par le concours des circonstances, qui modifient le cours du sang artériel, se trouve résolu un problême d'hydraulique très-compliqué ; savoir, la distribution continue et très-variée pour la quantité et la vitesse d'un même fluide contenu dans un seul système de tuyaux, dont les parties sont très-inégales pour la longueur et pour la capacité, et au moyen d'un seul agent alternatif d'impulsion.

Au nombre des phénomènes du cours du sang artériel, nous avons placé la dilatation et le resserrement des artères.

Bichat n'admet pas l'existence de ces phénomènes. Cet auteur ne veut pas que les artères se dilatent dans l'instant où le ventricule se contracte, et il nie formellement qu'elles se resserrent pour pousser le sang dans toutes les parties ; je crois cependant qu'avec un peu d'attention, il est possible de voir distinctement sur une artère mise à nu ces deux phénomènes. Ils sont, par exemple, évidens dans les grosses artères, telles que l'aorte pectorale ou abdominale, surtout dans les grands animaux ; mais, pour les rendre apparens sur des artères plus petites, il faut faire l'expérience suivante.

Mettez à découvert sur un chien l'artère et la veine crurale dans une certaine étendue, passez ensuite derrière ces deux vaisseaux une ligature, dont vous nouerez fortement les extrémités à la partie postérieure de la cuisse ; de cette manière le sang artériel n'arrivera au membre que par l'artère crurale, et ne retournera au cœur que par la veine ; mesurez avec un compas le diamètre de l'artère, puis pressez-la entre les doigts, pour y intercepter le cours du sang, et vous la verrez peu à peu diminuer de volume au-dessous de l'endroit comprimé,

Expériences sur le cours du sang dans l'aorte.

et se vider du sang qu'elle contenait. Laissez ensuite le sang y pénétrer de nouveau en cessant de la comprimer, vous la verrez bientôt se distendre à chaque contraction du ventricule, et reprendre les dimensions qu'elle avait précédemment.

Dilatation et resserrement des artères.

Mais, tout en considérant comme certaines la contraction et la dilatation des artères, je suis loin de penser, avec quelques auteurs du siècle dernier, qu'elles se dilatent d'elles-mêmes, et qu'elles se contractent à la manière des fibres musculaires ; je crois au contraire qu'elles sont passives dans les deux cas, c'est-à-dire, que leur dilatation et leur resserrement ne sont qu'un simple effet de l'élasticité de leurs parois mise en jeu par le sang que le cœur pousse continuellement dans leur cavité.

Expériences sur les artères.

Il n'y a, sous ce rapport, aucune différence entre les grosses et les petites artères. J'ai constaté, par des expériences directes, que dans aucun point les artères ne présentent d'indices d'irritabilité, c'est-à-dire, qu'elles restent immobiles sous l'action des instrumens piquans, des caustiques et du courant galvanique.

Opinion de Bichat sur le cours du sang artériel.

Ne reconnaissant point la contractilité des parois artérielles, Bichat a dû nécessairement rejeter le phénomène important qui en est l'effet. Il ne croyait donc pas que le sang *coulât* ou se mût d'une manière continue dans ces vaisseaux, il pensait que la masse entière du liquide était déplacée dans l'instant où le ventricule se contracte, et immobile dans l'instant de son relâchement, comme il arriverait si les parois des artères étaient inflexibles.

Cette opinion vient d'être soutenue tout récemment par un médecin anglais, M. le Dr Johnson; il a même fait construire une machine qui, selon lui, rend la chose évidente : mais il suffit d'ouvrir une artère sur un animal vivant, pour voir que le sang sortira d'une manière continue, saccadée, si l'artère est grosse, et uniforme si l'artère est petite. Or, l'action du cœur étant intermittente, elle ne peut produire un écoulement continu. Il est donc impossible que les artères n'agissent pas sur le sang.

L'élasticité des parois artérielles représente celle du réservoir d'air dans certaines pompes à jeu alternatif, et qui pourtant fournissent le liquide d'une manière continue; et en général on sait, en mécanique, que tout mouvement intermittent peut être transformé en mouvement continu, en employant la force qui le produit à comprimer un ressort qui réagit ensuite avec continuité.

Elasticité des parois artérielles.

Passage du sang des artères dans les veines.

Quand une injection est poussée, sur le cadavre, dans une artère, elle revient prompteme[nt]
par la veine correspondante : la même chose [a]
lieu, et encore plus facilement, si l'injection [se]
fait dans l'artère d'un animal vivant. Sur les an[i-]
maux à sang froid on voit, à l'aide du microscop[e,]
le sang passer des artères dans les veines (1); [la]
communication entre ces vaisseaux est donc d[i-]
recte et extrêmement facile; il est naturel [de]
penser que le cœur, après avoir poussé le sa[ng]
jusqu'aux dernières artérioles, continue de [le]
faire mouvoir dans les radicules veineuses, et ju[s-]
que dans les veines. Harvey et un grand nomb[re]
d'anatomistes célèbres le pensaient ainsi. B[i-]
chat, dans ces derniers temps, s'est élevé av[ec]
force contre cette doctrine; il a donné des l[i-]
mites à l'influence du cœur; il veut qu'elle cess[e]
tout-a-fait à l'endroit où le sang artériel se tran[s-]
forme en sang veineux, c'est-à-dire, dans l[es]
innombrables petits vaisseaux qui terminent l[es]
artères et commencent les veines. Selon lui, à c[et]
endroit, *l'action seule des petits vaisseaux* est [la]
cause du mouvement du sang.

---

(1) Cowper dit avoir vu ce passage sur des animaux [à]
sang chaud ; j'ai répété sans succès ses expériences.

Nous avons déjà combattu cette supposition en parlant du cours du sang dans le poumon : les mêmes raisonnemens s'appliquent parfaitement ici. Bichat dit que cette action des capillaires consiste dans une *espèce d'oscillation, de vibration insensible des parois vasculaires.* Or, je demande comment une oscillation, ou une vibration insensible des parois, peut déterminer le mouvement d'un liquide contenu dans un canal ? ensuite, si cette vibration est insensible, qui en a révélé l'existence ? Ne compliquons donc pas une question simple par des suppositions vagues et dénuées de preuves, et admettons l'explication qui se présente naturellement à l'esprit ; savoir, que la cause principale qui fait passer le sang des artères dans les veines est la contraction du cœur.

Passage du sang des artères dans les veines.

Voici d'ailleurs quelques expériences qui me paraissent rendre le phénomène évident.

Après avoir passé une ligature autour de la cuisse d'un chien, comme je l'ai indiqué tout à l'heure, c'est-à-dire, sans comprendre ni l'artère ni la veine crurales, appliquez une ligature séparément sur la veine près de l'aine, et faites ensuite une légère ouverture à ce vaisseau : aussitôt le sang s'échappera en formant un jet assez élevé. Pressez ensuite l'artère entre les doigts pour empêcher le sang artériel d'arriver

Expérience sur le passage du sang des artères dans les veines.

au membre, le jet de sang veineux ne s'arrêtera pas pour cela, il continuera quelques instans, mais il ira en diminuant, et l'écoulement finira par s'arrêter, quoique la veine soit pleine dans toute sa longueur. Si pendant la production de ces phénomènes on examine l'artère, on verra qu'elle se resserre peu à peu, et qu'elle finit par se vider complètement ; c'est alors que le sang de la veine s'arrête : à cette époque de l'expérience cessez de comprimer l'artère, le sang poussé par le cœur s'y précipitera, et aussitôt qu'il sera arrivé dans les dernières divisions, le sang recommencera à couler par l'ouverture de la veine, et petit à petit le jet se rétablira comme auparavant. Maintenant comprimez de nouveau l'artère jusqu'à ce qu'elle se soit vidée, ensuite n'y laissez pénétrer que lentement le sang artériel : dans ce cas l'écoulement du sang par la veine se fera, mais il n'y aura pas de jet, tandis qu'il se développera dès que l'artère sera entièrement libre. On obtiendra des résultats analogues en poussant une injection d'eau tiède dans l'artère, au lieu d'y laisser le sang pénétrer ; plus l'injection sera poussée avec force, et plus le liquide sortira avec promptitude par la veine.

Communication entre les artères et les vaisseaux lymphatiques.

J'ai dit, en parlant des vaisseaux lymphatiques, qu'ils communiquent avec les artères, et que les injections passent aisément des unes dans les autres; cette communication devient encore plus évidente quand on injecte quelques substances salines ou colorantes dans les veines d'un animal vivant. Je me suis assuré plusieurs fois que ces substances passent dans les lymphatiques en moins de deux ou trois minutes, et que leur présence est facile à démontrer dans la lymphe qu'on extrait de ces vaisseaux.

Tant que les veines qui sortent des organes sont libres, le sang qui y arrive, par les artères, traverse leur parenchyme, et ne s'y accumule point; mais si les veines sont comprimées, ou ne peuvent se vider du sang qu'elles contiennent, le sang arrivant toujours par les artères, et ne trouvant plus à s'échapper dans les veines, s'accumule dans le tissu de l'organe, distend les vaisseaux sanguins, et augmente plus ou moins son volume, surtout si ses propriétés physiques peuvent se prêter à ces changemens. Ce phénomène peut être observé sur beaucoup d'organes; mais comme il est plus apparent au cerveau, il y a été plus souvent remarqué.

Gonflement de quelques organes par l'accumulation du sang.

Ce gonflement du cerveau par la gêne de la circulation arrive chaque fois que le cours du sang est plus difficile dans le poumon, et comme cela a lieu en général dans l'expiration, le cerveau se gonfle dans cet instant, d'autant plus que l'expiration est plus complète et plus prolongée. Dans les jeunes animaux, où le cerveau reçoit proportionnellement plus de sang artériel, le gonflement est plus marqué.

Remarques sur les mouvemens du cœur.

A. L'oreillette et le ventricule droits, l'oreillette et le ventricule gauches, dont nous avons étudié séparément l'action, ne forment réellement qu'un même organe, qui est le *cœur*.

Les oreillettes se contractent et se dilatent ensemble; il en est de même des ventricules dont les mouvemens sont simultanés. Quand on parle de la contraction du cœur, c'est celle des ventricules que l'on désigne. Leur resserrement est aussi nommé *systole*; leur dilatation, *diastole*.

Mouvement
du cœur.

B. Chaque fois que les ventricules se contractent, la totalité du cœur est brusquement portée en avant, et la pointe de cet organe vient frapper la paroi latérale gauche de la poitrine, vis-à-vis l'intervalle des sixième et septième vraies côtes.

Ce déplacement, en avant, du cœur dans la systole, a donné lieu à une longue et vive controverse; les uns prétendaient que le cœur se raccourcissait en se contractant; les autres soutenaient qu'il s'allongeait, et qu'il devait nécessairement le faire; car sans cela il n'aurait pas pu frapper la paroi du thorax, puisqu'il en est éloigné de plus d'un pouce dans la diastole. Un grand nombre d'animaux furent inutilement sacrifiés, pour étudier le mouvement du cœur; dans le même instant ceux-ci voyaient le cœur se raccourcir, et ceux-là le voyaient s'allonger. Ce que les expériences ne purent faire, un raisonnement très-simple le fit. Bassuel intervint dans la dispute, et montra que, si le cœur s'allongeait dans la systole, les valvules mitrales et tricuspides, retenues abaissées par les colonnes charnues, ne pourraient fermer les ouvertures oriculo-ventriculaires. Les partisans de l'allongement ne persistèrent plus; mais il restait à démontrer comment, les ventricules se raccourcissant, le cœur se porte en avant.

Senac fit voir que cela dépendait de trois causes, 1°. la dilatation des oreillettes qui se fait pendant la contraction du ventricule; 2°. la dilatation de l'aorte et de l'artère pulmonaire, par suite de l'introduction du sang que les ventricules y ont poussé; 3°. le redressement de la crosse de l'aorte par l'effet de la contraction du ventricule gauche.

C. Le nombre des battemens du cœur est considérable, il est en général d'autant plus grand qu'on est plus jeune.

Nombre des mouvemens du cœur en une minute.

A la naissance, il est de . 130 à 140 par minute.
A 1 an. 120   130

A 2 ans	100 à	110 par minute.
A 3 ans	90	100
A 7 ans	85	90
A 14 ans	80	85
A l'âge adulte	75	80
A la 1ᵉʳᵉ vieillesse. . . .	65	75
A la vieillesse confirmée.	60	65

Mais ces nombres varient suivant une infini[té]
de circonstances, le sexe, le tempérament, [la]
disposition individuelle, etc.

Les affections de l'âme ont une grande in[-]
fluence sur la rapidité des contractions du cœur[;]
chacun sait qu'une émotion, même légère, mo[-]
difie aussitôt les contractions, et le plus sou[-]
vent les accélère. Les maladies apportent aus[si]
de grands changemens à cet égard.

Force avec laquelle les ventricules se contractent. D. Beaucoup de recherches ont été faites pour sa[-]
voir qu'elle est la force avec laquelle les ventricule[s]
se contractent. Pour apprécier celle du ventricul[e]
gauche, on a fait une expérience, qui consiste [à]
croiser les jambes, en posant sur un genoux le jar[-]
ret de l'autre jambe, et à suspendre au bout d[u]
pied de cette dernière un poids de 25 kilogr. C[e]
poids considérable, quoique placé à l'extrémit[é]
d'un aussi long levier, est soulevé à chaque con[-]
traction du ventricule, à raison du redressement
qui tend à s'opérer dans la courbure accidentell[e]
qu'éprouve l'artère poplitée, quand les jambes son[t]
croisées de cette manière.

Cette expérience montre que la force de contraction du cœur est assez grande ; mais elle ne peut donner cependant aucune évaluation exacte. Les physiologistes mécaniciens ont fait de grands efforts pour l'exprimer en nombre, Borelli compare la force qui entretient la circulation à celle qui serait nécessaire pour soulever un poids de 180,000 liv. ; Hales le croit de 51 liv. 5 onces ; et Keil le réduit de 5 à 8 onces. Où trouver la vérité dans ces contradictions ?

Il paraît impossible de savoir au juste la force que le cœur développe, en se contractant ; il est très - probable qu'elle doit varier suivant une multitude de causes, telles que l'âge, le volume de l'organe, la taille de l'individu, sa disposition particulière, la quantité de sang, l'état du système nerveux, l'action des organes, l'état de santé ou de maladie, etc.

Tout ce qui a été dit sur la force du cœur, n'a rapport qu'à sa contraction, sa dilatation a été souvent regardée comme un état passif, une sorte de repos des fibres ; cependant quand les ventricules se dilatent, c'est avec une force très-grande, capable, par exemple, de soulever un poids de 20 livres, comme je l'ai observé plusieurs fois sur des animaux récemment morts. Quand on saisit avec la main le cœur d'un animal vivant, pour peu que sa taille soit un peu considérable, il est impossible, quelque effort qu'on fasse, de s'opposer à la dilatation des ventricules. La dilatation du cœur ne doit donc pas être envisagée comme un état de repos ou d'inaction.

E. Depuis les premiers jours de l'existence de l'embryon jusqu'à l'instant de la mort par décrépitude, le cœur se meut. Pourquoi se meut-il? Telle est la question que se sont faite les philosophes et les physiologistes anciens et modernes. Le pourquoi des phénomènes n'est pas facile à donner en physiologie; presque toujours ce que l'on prend pour tel n'est que l'expression des phénomènes en d'autres termes; mais c'est une chose remarquable que la facilité avec laquelle nous nous laissons abuser sous ce rapport : les diverses explications du mouvement du cœur en sont une des preuves les plus palpables.

Cause des mouvemens du cœur. Les anciens disaient qu'il y avait dans le cœur une *vertu pulsifique, un feu concentré* qui donnait le mouvement à cet organe. Descartes imagina qu'il se faisait dans les ventricules une *explosion aussi subite que celle de la poudre à canon.* Le mouvement du cœur fut ensuite attribué *aux esprits animaux, au fluide nerveux,* à *l'âme, au* præses *du systéme nerveux* (1), à *l'archée:*

____

(1) Wepfer, *Præses systematis nervosi.*

Haller la considéra comme un effet de l'irritabilité. Tout récemment M. Legallois a cherché à
prouver, par des expériences, que le principe
ou la cause du mouvement du cœur avait son
siége dans la moelle épinière.

Ces expériences de M. Legallois consistent à
détruire successivement, sur des animaux vivans, la moelle épinière par l'introduction d'une
tige métallique dans le canal vertébral. Le résultat est que la force avec laquelle le ventricule gauche se contracte, diminue à mesure que
la destruction de la moelle est plus considérable,
et quand elle est complète, le cœur n'a plus assez
de force pour entretenir la circulation, et pousser
le sang jusqu'aux extrémités des membres.

De ces expériences qui ont été multipliées et
variées d'une manière très-ingénieuse, M. Legallois conclut que la cause du mouvement du
cœur est dans la moelle épinière, et comme on
lui faisait remarquer que cet organe se contracte
encore long - temps après la destruction complète de la moelle, que même ses mouvemens
continuent régulièrement après qu'il a été tout-
à-fait séparé du corps, M. Legallois répondait
que ces mouvemens n'étaient plus la contraction véritable du cœur, qu'ils n'étaient qu'un
simple effet de l'irritabilité de l'organe.

Pour faire admettre cette explication, M. Le-

Expériences de Legallois sur les mouvemens du cœur.

gallois aurait dû montrer, par des expériences en quoi diffère l'irritabilité des fibres musculaires de leur contraction : cette distinction importante n'ayant pas été établie, on ne peut, selon moi, conclure du beau travail de M. Legallois autre chose, sinon que la moelle épinière influe sur la force avec laquelle le cœur se contracte; mais on ne peut en déduire quelle est la cause du mouvement du cœur.

Les organes qui transmettent au cœur l'influence de la moelle épinière et du cerveau, sont des filamens nerveux, provenant de la huitième paire, et peut-être un grand nombre de filets des ganglions cervicaux du grand sympathique.

Influence des ganglions sur les mouvemens du cœur.

Nous avons, M. Dupuytren et moi, il y a quelques années, cherché à déterminer par l'extraction des ganglions cervicaux, et même du premier thoracique, quelle était l'action des ganglions sur le mouvement du cœur, mais nous n'avons rien obtenu de satisfaisant; les animaux sont presque tous morts des suites de la plaie inévitable pour l'extraction. Nous n'avons jamais remarqué aucune influence directe sur le cœur.

Remarques sur le mouvement circulaire du sang ou la circulation.

Nous connaissons maintenant tous les anneaux de la chaîne circulaire que le système sanguin représente ; nous savons comment le sang est porté du poumon vers toutes les autres parties du corps, et comment de ces parties il revient au cœur. Examinons ces phénomènes d'une manière générale, afin de faire ressortir les plus importans.

A. La quantité de sang contenu dans le système sanguin est très-considérable. Plusieurs auteurs l'ont estimée de vingt-quatre à trente livres. Il ne peut y avoir rien d'exact dans cette évaluation ; car la quantité du sang varie suivant un grand nombre de causes.

Quantité totale de sang.

On connaît un peu mieux le rapport de la masse du sang artériel et celle du veineux. Ce dernier, contenu dans des vaisseaux dont la capacité totale est supérieure à celle des artères, est nécessairement plus abondant, sans qu'on puisse dire au juste de combien sa masse est plus considérable que celle du sang artériel.

B. Le cercle circulatoire du sang étant continu, et la capacité du canal étant très-variable, la vitesse de ce fluide doit être très-différente ; car la même quantité doit passer par tous

Vitesse du mouvement du sang.

les points dans un temps donné : c'est ce que l'ol
servation confirme. La vitesse est grande dans
tronc et les principales divisions des artères aor
et pulmonaires ; elle diminue beaucoup dans l
divisions secondaires ; elle diminue encore au m
ment du passage des artères dans les veines ; el
va ensuite en augmentant à mesure que des r
cines des veines , le sang passe dans des racin
plus grosses , et enfin dans les grosses veines ; ma
jamais la vitesse ne peut être aussi grande da
les veines caves que dans l'aorte.

Différens modes du mouvement du sang.

Dans les troncs et les principales divisions a
térielles, le cours du sang est non - seuleme
continu sous l'influence du resserrement des a
tères, mais il est en outre saccadé par l'effet c
la contraction des ventricules. Cette saccade
manifeste dans les artères par une dilatation sin
ple dans celles qui sont droites, et par une dila
tation et un mouvement de redressement dai
celles qui sont flexueuses.

Du pouls.

Le premier phénomène, auquel se joint quel
quefois le second, forme le *pouls*. Il n'est facile c
l'étudier sur l'homme ou les animaux qu'aux en
droits où les artères sont accolées à un os, parc
qu'alors elles ne fuient point le doigt qui s'ap
plique dessus, comme le font celles qui flotter
entre les parties molles.

Le plus souvent le pouls fait connaître les mc

dification principales de la contraction du ventricule gauche, sa promptitude, son intensité, sa faiblesse, sa régularité ou son irrégularité. On connaît aussi, par le pouls, la quantité du sang. Si elle est grande, l'artère est ronde, grosse et résistante. Si le sang est peu abondant, l'artère est petite et se laisse facilement aplatir. Certaines dispositions dans les artères influent aussi sur le pouls, et peuvent le rendre différent dans les principales artères.

C. Le battement des artères se fait nécessairement sentir aux organes qui les avoisinent, et d'autant plus que les artères sont plus volumineuses, et que les organes cèdent moins facilement. La secousse qu'ils en éprouvent est généralement considérée comme favorisant leur action, quoiqu'il n'en existe aucune preuve positive.

Influence présumée du battement des artères sur l'action des organes.

Sous ce rapport, aucun organe ne doit être influencé davantage que le cerveau. Les quatre artères cérébrales se réunissent en cercles à la base du crâne, et soulèvent le cerveau à chaque contraction du ventricule, comme il est facile de s'en convaincre en mettant à nu le cerveau d'un animal, ou en observant cet organe dans les plaies de tête. C'est probablement pour modérer cette secousse que sont utiles les nombreuses courbures anguleuses des artères carotides internes et des vertébrales, avant leur entrée dans

le crâne; courbures qui doivent aussi nécessairement ralentir le cours du sang dans ces vaisseaux.

Quand les artères pénètrent encore volumineuses dans le parenchyme des organes, comme
au foie, au rein, etc., l'organe doit aussi recevoir
une secousse à chaque contraction du cœur. Les
organes, où les vaisseaux ne pénètrent qu'après
s'être divisés et subdivisés, ne doivent éprouver
rien de semblable.

D. Depuis le poumon jusqu'à l'oreillette gauche,
le sang est de même nature; cependant il arrive
quelquefois qu'il n'est pas semblable dans les
quatre veines pulmonaires (1). Si, par exemple, un
poumon est altéré au point que l'air ne puisse
pénétrer dans ses lobules, le sang qui le traverse
ne sera pas changé de veineux en artériel; il arrivera au cœur sans avoir subi cette transformation;
mais par son passage à travers les cavités gauches,
il se mélangera intimement avec celui du poumon opposé. Du ventricule gauche jusqu'aux
dernières divisions de l'aorte, le sang est nécessairement homogène; mais arrivé à ces petits
vaisseaux, ses élémens se partagent : il existe
du moins un grand nombre de parties, telles
que les membranes séreuses, le tissu cellulaire,
les tendons, les aponévroses, les membranes

Nature du sang dans les différentes parties du cercle qu'il parcourt.

---

(1) Voyez les expériences de Legallois.

fibreuses, etc., où l'on ne voit jamais pénétrer la partie rouge du sang, et où les capillaires ne contiennent que du sérum.

Ce partage des élémens du sang ne se fait cependant que dans l'état de santé; quand les parties que je viens de nommer deviennent malades, il arrive souvent que leurs petits vaisseaux se remplissent de sang avec toutes ses propriétés.

On a cherché à expliquer cette analyse particulière du sang par les petits vaisseaux. Boerrhaave, qui admettait dans le sang plusieurs espèces de globules de grosseur différente, disait que les globules d'une certaine grosseur ne pouvaient passer que dans des vaisseaux d'un calibre approprié : nous avons vu que les globules, tels que Boerrhaave les admettait, n'existent point.

Bichat croyait qu'il existait dans les petits vaisseaux une sensibilité particulière par laquelle ils ne se laissaient pénétrer que par la partie du sang en rapport avec elle. Nous avons déjà combattu plusieurs fois des idées de ce genre; elles ne sont pas plus admissibles ici, car les liquides les plus irritans, introduits dans les artères, passent aussitôt dans les veines sans que les capillaires s'opposent à leur passage.

E. En traversant les petits vaisseaux, le sang se dépouille de ses élémens; tantôt c'est le sérum qui s'échappe et se répand à la surface d'une mem-

Séparation des élémens du sang des capillaires.

brane, tantôt c'est la matière grasse qui se dépose dans des cellules ; ici c'est le mucus, là c'est la fibrine ; ailleurs ce sont les substances étrangères qui avaient été accidentellement mêlées au sang artériel. En perdant ces divers élémens, le sang prend les qualités de sang veineux.

Elémens du sang qui s'échappe des petits vaisseaux.

En même temps que le sang artériel fournit à ces pertes, les petites veines absorbent les substances avec lesquelles elles sont en contact. Par exemple, dans le canal intestinal elles s'emparent des boissons ; d'un autre côté, les troncs lymphatiques versent la lymphe et le chyle dans le système veineux ; il est donc certain que le sang veineux ne peut être homogène, et que sa composition doit varier dans les différentes veines ; mais arrivés au cœur, par les mouvemens de l'oreillette et du ventricule droits, et la disposition des colonnes charnues, tous les élémens se mêlent, et lorsqu'ils sont intimement mélangés, ils passent dans l'artère pulmonaire.

F. C'est une loi générale de l'économie, qu'aucun organe ne peut continuer d'agir s'il ne reçoit du sang artériel ; il en résulte que la circulation tient sous sa dépendance toutes les autres fonctions ; mais, à son tour, la circulation ne peut continuer sans la respiration, qui forme le sang artériel, et sans l'action du système nerveux, qui a la plus grande influence sur la vitesse du cours du sang et sur sa répartition dans les organes. En effet, sous l'action du système nerveux, les mouvemens du cœur se précipitent ou se ralentissent, et par conséquent la vitesse générale du cours du sang; ensuite, quand les organes agissent volontairement ou involontairement, l'observation apprend qu'ils reçoivent une plus grande quantité de sang, sans qu'il y ait pour cela accélération du mouvement de la circulation générale; et si leur action devient prédominante, les artères qui s'y portent prennent un accroissement considérable; si, au contraire, l'action diminue ou cesse entièrement, les artères se rétrécissent, et ne laissent plus parvenir à l'organe qu'une petite quantité. Ces phénomènes sont manifestes pour les muscles : la circulation y devient plus rapide quand ils se contractent; s'ils sont souvent en contraction, leurs artères croissent en volume; s'ils sont paralysés, les artères deviennent très-petites et le pouls s'y fait à peine sentir.

Le système nerveux peut donc influencer la circulation de trois manières : 1°. en modifiant les mouvemens du cœur; 2°. en modifiant les capillaires des organes, de manière à y accélérer ou ralentir le cours du sang; 3°. enfin, en produisant les mêmes effets dans le poumon, c'est-à-dire, en rendant plus ou moins facile le cours du sang à travers cet organe.

Sentimens instinctifs qui avertissent des modifications de la circulation.

L'accélération des mouvemens du cœur devier
sensible pour nous par la manière dont la point
de cet organe vient frapper les parois pectorale
La gêne de la circulation capillaire se fait recon
naître par un sentiment d'engourdissement, d
fourmillement particulier ; et enfin, quand l
circulation pulmonaire est difficile, nous e
sommes avertis par une oppression, une suffoca
tion plus ou moins forte.

Il est probable que la distribution des filets d
grand sympathique dans les parois des artères
quelque usage important ; mais on ignore com
plétement cet usage ; aucune expérience n'a en
core éclairé sur ce point.

De la transfusion du sang et de l'infusion des médicamens.

Transfusion du sang.

Telle est l'opposition que les hommes de géni
rencontre quelquefois dans leurs contemporains
qu'il fallut trente années à Harvey avant qu'i
pût faire admettre sa découverte, dont les preuve
les plus évidentes perçaient de toutes parts ; mai
dès que la circulation fut reconnue, une sort
de délire s'empara des esprits : on crut avoi
trouvé le moyen de guérir toutes les maladies, e
même de rendre l'homme immortel. La cause d
tous nos maux fut attribuée au sang ; pour le
guérir, il ne s'agissait que d'ôter le mauvais sang

et de le remplacer par du sang pur, tiré d'un animal sain.

Les premières tentatives furent faites sur des animaux; elles eurent un plein succès. Un chien, ayant perdu une grande partie de son sang, reçut, par la transfusion, celui d'une brebis, et s'en trouva bien. Un autre chien, vieux et sourd, recouvrit, par ce même moyen, l'usage de l'ouïe, et sembla rajeunir. Un cheval de vingt-six ans ayant reçu dans ses veines le sang de quatre agneaux, reprit de nouvelles forces.

On ne tarda pas à tenter sur l'homme la transfusion. Denys et Emerez, l'un médecin, l'autre chirurgien de Paris, furent les premiers qui osèrent l'essayer. Ils introduisirent dans les veines d'un jeune homme imbécille le sang d'un veau, en quantité supérieure à celle qu'on avait tiré des veines du jeune homme, qui parut recouvrer la raison. Une lèpre, une fièvre quarte, furent aussi guéries par ce moyen; et plusieurs autres transfusions furent faites sur l'homme sain sans qu'il en résultât aucune suite fâcheuse.

Cependant de tristes événemens vinrent calmer l'enthousiasme général causé par ces succès répétés. Le jeune idiot cité tomba, peu de temps après l'expérience, dans un état de phrénésie. Il fut soumis une seconde fois à la transfusion, et mourut aussitôt, atteint d'un pissement de sang,

et dans un état d'assoupissement et de torpeur.
Un jeune prince du sang royal en fut aussi la
victime. Le parlement de Paris défendit la transfusion. Peu de temps après, G. Riva ayant fait,
en Italie, la transfusion sur deux individus qui
en moururent, le pape fit la même défense.

Depuis cette époque, la transfusion a été regardée comme inutile et même dangereuse; cependant, puisqu'elle paraît avoir réussi dans certains cas, il serait très-intéressant que quelqu'un
d'habile en fît l'objet d'une série d'expériences.
J'ai eu occasion d'en faire un certain nombre, et
je n'ai jamais vu que l'introduction du sang d'un
animal dans les veines d'un autre eût des inconvéniens graves, même quand on augmente beaucoup, par ce moyen, la quantité de sang.

Infusion des médicamens. Peu de temps après la découverte de la circulation, on essaya de porter directement les médi-
camens dans les veines : il en résulta des avantages dans certains cas et des inconvéniens dans
d'autres : ce moyen tomba bientôt dans l'oubli;
mais il a été et est encore employé avec succès dans
les expériences sur les animaux. C'est un excellent
procédé pour juger promptement du mode d'action d'un médicament ou d'un poison. C'est par
ce procédé qu'on administre les médicamens aux
grands animaux à l'école vétérinaire de Copen-
hague; on y trouve l'avantage d'une action très-

prompte et d'une grande économie dans la quantité des médicamens employés.

Un sage emploi de ce moyen pourrait être très-utile en médecine, pour quelques cas extrêmes où les secours ordinaires sont insuffisans.

DES SÉCRÉTIONS.

En parcourant les innombrables petits vaisseaux par lesquels les artères et les veines communiquent, une partie des élémens du sang se répand à toutes les surfaces extérieures et intérieures du corps, une autre est déposée dans de petits organes creux situés dans l'épaisseur de la peau et des membranes muqueuses ; une troisième enfin s'engage dans le parenchyme d'organes nommés *glandes,* y subit une élaboration particulière, et vient se répandre ensuite, dans certaines circonstances, à la surface des membranes muqueuses ou de la peau.

Partage des élémens du sang dans les capillaires.

On donne le nom générique de *sécrétion* à ce phénomène par lequel une partie du sang s'échappe des organes de la circulation, pour se répandre au dehors ou au dedans, soit en conservant ses propriétés chimiques, soit après que ses élémens ont éprouvé un autre ordre de combinaisons.

Sécrétions.

On distingue ordinairement les sécrétions en trois espèces ; les *exhalations,* les *sécrétions folli-*

Division des sécrétions.

culaires, et les *sécrétions glandulaires;* mai
cette division, sous le rapport des organes sé
créteurs et des fluides sécrétés, laisse beau
coup à désirer. Plusieurs organes qui sécrèten
ne peuvent être rapportés ni aux follicules, n
aux glandes, et ce qu'on appelle généralemen
glandes ou *follicules,* sont des organes si dif
férens les uns des autres, par leur forme, leu
structure et les fluides qu'ils sécrètent, qu'il eût
peut-être été avantageux de ne pas les confondre
sous la même dénomination. Toutefois, pou
ne pas trop nous éloigner des idées reçues, nou
allons parler des sécrétions d'après cette classifi
cation. Nous serons court sur cet article; car
si nous lui donnions toute l'extension dont il est
susceptible, nous dépasserions de beaucoup les
bornes auxquelles nous nous sommes astreint
dans cet ouvrage.

Des exhalations.

Exhala-
tions.

Les exhalations ont lieu, soit au-dedans du
corps, soit à la peau et aux membranes muqueuses ; de là leur distinction en *intérieures*
et en *extérieures.*

Exhalations intérieures.

Exhalations
intérieures.

Partout où des surfaces grandes ou petites
sont en contact, il se fait une exhalation ; par-

tout où des fluides sont accumulés dans une cavité sans ouverture apparente, c'est par exhalation qu'ils y ont été déposés : aussi le phénomène de l'exhalation se manifeste-t-il dans presque toutes les parties de l'économie animale. Il existe dans les membranes séreuses, les synoviales, les muqueuses, le tissu cellulaire, l'intérieur des vaisseaux, les cellules graisseuses, l'intérieur de l'œil, de l'oreille, le parenchyme de beaucoup d'organes, tels que le thymus, la thyroïde, les capsules surrénales, etc., etc. C'est par l'exhalation que l'humeur aqueuse, l'humeur vitrée, le liquide labyrinthique se forment et se renouvellent.

Les fluides exhalés dans ces diverses parties n'ont pas tous été analysés ; parmi ceux qui l'ont été, plusieurs se rapprochent plus ou moins des élémens du sang, et particulièrement du sérum : tels sont les fluides des membranes séreuses du tissu cellulaire, des chambres de l'œil ; d'autres en diffèrent davantage : tels sont la synovie, la graisse, etc.

Exhalation séreuse.

Tous les viscères de la tête, de la poitrine et de l'abdomen, sont recouverts d'une membrane séreuse qui revêt aussi les parois de ces cavités, de manière que les viscères n'ont de con-

Exhalations séreuses.

tact avec les parois, ou avec les viscères voisins, que par l'intermédiaire de cette même membrane; et comme la surface en est très-lisse, les viscères peuvent facilement changer de rapport entre eux et avec les parois.

La principale circonstance qui entretient le poli de leur surface, c'est l'exhalation dont elles sont le siège; il sort continuellement de chacun des points de la membrane un fluide très-ténu, qui se mêle à celui des points voisins, et forme avec lui une couche humide qui favorise le glissement que les organes exécutent.

Il paraît que cette facilité de glisser les uns sur les autres est très-favorable à l'action des organes, car aussitôt qu'ils en sont privés par une maladie de la membrane séreuse, leurs fonctions sont troublées, et cessent même quelquefois entièrement.

Dans l'état de santé le fluide sécrété par les membranes séreuses paraît être le sérum du sang, moins une certaine quantité d'albumine.

Exhalation séreuse du tissu cellulaire.

Exhalations du tissu cellulaire.

Le tissu qu'on nomme *cellulaire* est généralement répandu dans l'économie animale, il y sert à la fois à isoler et à réunir les divers organes, et les parties des mêmes organes. Partout ce tissu est formé d'un très-grand nombre de petites lames très-minces qui, s'entre-croisant de mille manières, forment une sorte de feutre. La grandeur et l'arrangement des lames varient suivant les diverses parties du corps. Là, elles sont plus larges, plus épaisses, et forment de grandes cellules; ici, elles sont très-étroites, très-minces, et forment des cellules extrêmement petites; dans quelques points le tissu est extensible; dans d'autres il prête peu, et offre une résistance considérable. Mais quelle que soit la disposition du tissu cellulaire, ses lames exhalent, par leurs deux surfaces, un fluide qui a la plus grande analogie avec celui des membranes séreuses, et qui paraît avoir les mêmes usages, c'est-à-dire, de rendre faciles les glissemens des lamelles les unes sur les autres, et par suite de favoriser les mouvemens réciproques des organes, et même les changemens de rapport des diverses parties qui les composent.

Exhalation graisseuse du tissu cellulaire.

Indépendamment de la sérosité, on trouve, dans un grand nombre d'endroits du tissu cellulaire, un fluide d'une nature très-différente, qui est la graisse.

Sous le rapport de la présence de la graisse, le tissu cellulaire peut être divisé en trois espèces; celui qui en contient constamment, celui qui en

Cellules graisseuses.

contient quelquefois, et enfin celui qui n'en contient jamais. L'orbite, la plante du pied, la pulpe des doigts, celle des orteils, présentent toujours de la graisse ; le tissu cellulaire sous-cutané, et celui qui revêt le cœur, les reins, etc. , en présentent souvent ; enfin, celui des paupières, du scrotum, de l'intérieur du crâne, n'en contient jamais.

La graisse est contenue dans des cellules distinctes qui ne communiquent point avec les cellules voisines ; cette circonstance a fait penser que le tissu qui contient et qui forme la graisse était différent du cellulaire qui produit la sérosité ; mais, comme on n'a jamais pu montrer ces cellules graisseuses, à moins qu'elles ne fussent pleines de graisse, cette distinction anatomique me paraît encore douteuse.

La grandeur, la forme, la disposition de ces cellules ne sont pas moins variables que la quantité totale de graisse qu'elles contiennent. Chez quelques individus à peine en existe-t-il quelques onces, tandis que chez d'autres on en trouve quelquefois plusieurs centaines de livres.

D'après les dernières recherches de M. Chevreul, la graisse humaine est presque toujours colorée en jaune. Elle est inodore ; elle commence à se figer au-dessus de 25 à 15 degrés. Elle est composée de deux parties, l'une fluide et l'autre concrète, qui sont composées elles-mêmes, mais en proportions différentes, de deux nouveaux principes immédiats, découverts par M. Chevreul, l'*élaïne* et la *stéarine*.

C'est principalement par les propriétés physiques que la graisse paraît être utile dans l'économie animale ; dans l'orbite elle forme une sorte de coussin élastique, sur lequel l'œil se meut avec facilité ; à la plante du pied, aux fesses, elle forme une couche qui rend moins défavorable à la peau et aux autres parties molles la pression qu'exerce le corps sur le sol ou les siéges, etc. ; sa présence au-dessous de la peau concourt à arrondir les contours, diminuer les saillies osseuses et musculaires, et à embellir les formes ; et comme tous les corps gras sont de mauvais conducteurs du calorique, elle contribue à conserver celui du corps. En général les personnes replètes souffrent peu en hiver par le froid.

L'âge, le genre de vie ont beaucoup d'influence sur le développement de la graisse ; les enfans très-jeunes sont ordinairement gras. Il est rare que la graisse soit abondante chez le jeune homme ; mais vers l'âge de trente ans, surtout si la nourriture est succulente et la vie sédentaire, la quantité de graisse augmente beaucoup ; l'abdomen devient saillant, les fesses grossissent, ainsi que les mamelles chez les femmes. La graisse est d'autant plus jaune qu'on est plus avancé en âge.

Exhalation synoviale.

Exhalations synoviales.

Autour des articulations mobiles on trouve une membrane mince qui a beaucoup d'analogie avec les séreuses ; mais qui en diffère cependant, en ce qu'elle a de petits prolongemens rougeâtres contenant des vaisseaux sanguins nombreux : on les nomme *franges synoviales* ; elles sont très-visibles dans les grandes articulations des membres. On a cru long-temps, et bien des anatomistes croient encore, que les capsules articulaires se replient sur les cartilages diarthrodiaux, et revêtent les surfaces par lesquelles ils se correspondent ; mais je me suis récemment assuré que les membranes ne vont point au delà de la circonférence des cartilages.

Nous avons fait connaître les usages de la synovie en traitant des mouvemens.

Exhalation intérieure de l'œil.

C'est aussi par exhalation que se forment les diverses humeurs de l'œil ; elles sont, chacune en particulier, enveloppées par une membrane qui paraît être destinée à les exhaler et à les absorber.

Les humeurs de l'œil sont, l'humeur aqueuse, dont la formation est en ce moment attribuée aux procès ciliaires ; l'humeur vitrée, sécrétée par l'hyaloïde ; le cristallin ; la matière noire de la choroïde, et celle de la face postérieure de l'iris. Exhalations de l'œil.

La composition chimique de l'humeur aqueuse du cristallin et de l'humeur vitrée a été exposée à l'article *Vision* ; la matière noire de l'iris et de la choroïde a été analysée par M. Berzelius : elle est insoluble dans l'eau et les acides ; les alcalis caustiques la dissolvent, et les acides la précipitent de cette dissolution. Elle brûle comme une matière végétale, et laisse une cendre ferrugineuse.

L'expérience a appris que les humeurs aqueuse et vitrée se renouvellent avec rapidité, quand du pus, du sang a été épanché dans l'œil ; on le voit disparaître en quelques jours et les humeurs reprendre peu à peu leur transparence. Il ne paraît pas que la matière du cristallin ni celle de la choroïde puissent ainsi se reproduire, rien du moins ne semble l'annoncer.

Exhalations sanguines.

Dans toutes les exhalations dont il vient d'être question, c'est seulement une partie des principes du sang qui sort des vaisseaux ; le sang lui-même paraît se répandre dans plusieurs organes, Exhalations sanguines.

y remplir l'espèce de tissu celluleux qui en forme l
parenchyme ; tels sont les corps caverneux de l
verge et du clitoris, l'urètre et le gland , la rate
le mamelon , etc. L'examen anatomique de ce
divers tissus semble montrer qu'ils sont habituelle
ment remplis de sang veineux, dont la quantité vari
suivant diverses circonstances , particulièremen
suivant l'état d'action ou d'inaction des organes

Il existe encore beaucoup d'autres exhalation
intérieures , parmi lesquelles je citerai celles de
cavités de l'oreille interne, celle du parenchyme
du thymus , de la thyroïde , celle de la cavit
des capsules surrénales, etc. ; mais on connaî
à peine les fluides qui sont formés dans ce
diverses parties , ils n'ont jamais été analysé
et les usages en sont inconnus.

Explication
des exhalá-
tions.

Plus d'une fois les physiologistes ont cherché
à se rendre raison du phénomène de l'exhalation,
chacun a donné son explication ; ceux-ci ont
admis des *bouches exhalantes ;* ceux-là des *pores
latéraux.* Bichat a créé des vaisseaux particuliers
qu'il nomme les *exhalans.* Je dis créé , car il
convient lui-même que ces vaisseaux ne peuvent
point être vus ; et comme l'existence de ces pores,
de ces bouches ou de ces exhalans, ne suffit point
pour expliquer la diversité des exhalations , on
leur suppose une sensibilité et des mouvemens
particuliers , en vertu desquels ils ne laissent

passer que certaines parties du sang et se refusent au passage des autres. Nous savons à quoi nous en tenir sur les explications de ce genre.

Ce qui paraît beaucoup plus certain, c'est que la disposition physique des petits vaisseaux influe sur l'exhalation, comme les faits suivans paraissent l'établir.

Quand on injecte sur le cadavre, avec de l'eau tiède, une artère qui se rend à une membrane séreuse, dès que le courant est établi de l'artère à la veine, il sort de la membrane une multitude de petites gouttelettes qui se vaporisent promptement. Ce phénomène n'a-t-il pas beaucoup d'analogie avec l'exhalation?

Expériences sur les exhalations.

Si l'on se sert d'une dissolution de gélatine, colorée avec du vermillon, pour injecter un cadavre entier, il arrive fréquemment que la gélatine est déposée autour des circonvolutions et dans les anfractuosités cérébrales, sans que la matière colorante se soit échappée des vaisseaux; l'injection entière se répand, au contraire, à la surface externe et interne de la choroïde. Si l'on se sert d'huile de lin colorée aussi par le vermillon, on voit souvent l'huile dépouillée de matière colorante se déposer dans les articulations à grandes capsules synoviales, tandis qu'il n'y a aucune transudation à la surface du cerveau, ni à l'intérieur de l'œil.

2.

23

Exhalations extérieures.

Elles se composent seulement de l'exhalation des *membranes muqueuses* et de celle de la peau, ou *transpiration cutanée.*

Exhalation des membranes muqueuses.

Exhalation des membranes muqueuses.

Il y a deux membranes muqueuses, l'une revêt la surface de l'œil, les voies lacrymales, les cavités nasales, les sinus, l'oreille moyenne, la bouche, tout le canal intestinal, les canaux excréteurs qui s'y terminent, enfin, le larynx, la trachée et les bronches.

L'autre membrane muqueuse recouvre la surface des organes de la génération et de l'appareil urinaire.

Ces deux membranes sont continuellement lubrifiées par un fluide qu'elles sécrètent, et qu'on nomme le *mucus.* Ce fluide est transparent, visqueux, filant, d'une saveur salée; il rougit le papier de tournesol, contient beaucoup d'eau, du muriate de potasse et de soude, du lactate de chaux, de soude, et du phosphate de chaux. Selon MM. Fourcroy et Vauquelin, le mucus est le même dans toutes les membranes muqueuses. M. Berzelius le croit au contraire variable, suivant les points d'où il est extrait. Beaucoup de personnes pensent que le mucus est formé exclu-

sivement par les follicules que contiennent les
membranes muqueuses ; mais je me suis assuré,
par des expériences récentes, qu'il se forme même
dans les lieux où il n'existe point de follicules.
J'ai remarqué aussi qu'il se produit encore assez
de temps après la mort.

Le mucus forme une couche, plus ou moins   Du mucus.
épaisse, à la surface des membranes muqueuses,
il s'y renouvelle avec plus ou moins de promptitude ; l'eau qu'il contient s'évapore sous le nom
d'exhalation muqueuse ; il protége aussi ces membranes contre l'action de l'air, des alimens, des différens fluides glandulaires, etc.; en un mot, il est
en quelque sorte, pour ces membranes, ce que l'é-
piderme est pour la peau. Indépendamment de cet
usage général, il en a encore d'autres particuliers
qui varient suivant les parties des membranes
muqueuses. Ainsi le mucus nasal favorise l'odorat, celui de la bouche facilite le goût, celui de
l'estomac et des intestins concourt à la digestion,
celui des voies génitales et urinaires sert dans la
génération et la sécrétion de l'urine, etc.

Une grande partie du mucus est résorbée par
les membranes même qui le sécrètent ; une
autre est portée au dehors, soit seule, comme
il arrive quand on se mouche ou qu'on crache,
soit mêlée avec la transpiration pulmonaire, soit
enfin mêlée avec les matières fécales ou l'urine, etc.

Transpiration cutanée.

Un liquide transparent, d'une odeur plus ou moins forte, salé, acide, sort habituellement à travers les innombrables ouvertures dont est percé l'épiderme. Le plus souvent ce liquide est vaporisé dès qu'il est en contact avec l'air, et d'autres fois il coule à la surface de la peau. Dans le premier cas, il est imperceptible à la vue, et porte le nom de *transpiration insensible;* dans le second, on le nomme *sueur.*

Quelle que soit la forme qu'il affecte, le liquide qui s'échappe de la peau est composé, d'après M. Thénard, de beaucoup d'eau, d'une petite quantité d'acide acétique, de muriate de soude et de potasse, de très-peu de phosphate terreux, d'un atome d'oxide de fer et d'une trace de matière animale. M. Berzelius regarde l'acide de la sueur, non comme l'acide acétique, mais comme l'acide lactique de Schèele. La peau exhale en outre une matière huileuse et de l'acide carbonique.

Un grand nombre d'expériences ont été faites pour déterminer la quantité de transpiration qui se forme dans un temps donné, et les variations que cette quantité peut subir suivant les circonstances. Les premières tentatives sont dues à Sanctorius qui, pendant trente ans, pesa chaque

jour, avec un soin extrême, et une patience infati-
gable, ses alimens et ses boissons, ses excrétions solides et liquides; et enfin lui-même. Malgré son zèle
et sa persévérance, Sanctorius n'arriva qu'à des
résultats assez peu précis. Depuis cet auteur, plusieurs médecins et physiciens s'occupèrent du
même sujet avec plus de succès; mais le travail le
plus remarquable en ce genre est celui de Lavoisier et Séguin. Ces savans sont les premiers qui
aient distingué la perte qui se fait par la transpiration pulmonaire, de celle qui a lieu par la peau.
M. Séguin se renfermait dans un sac de taffetas
gommé, lié au-dessus de la tête, et présentant une
ouverture, dont les bords étaient collés autour
de la bouche avec un mélange de térébenthine et
de poix. De cette manière, l'humeur seule de la
transpiration pulmonaire était rejetée dans l'air.
Pour en connaître la quantité, il lui suffisait de
se peser avec le sac, au commencement et à la
fin de l'expérience, dans une balance très-sensible. En répétant l'expérience hors du sac, il
déterminait la quantité totale de l'humeur trans-
pirée; de sorte qu'en retranchant de celle - ci
la quantité qu'il savait être sortie par le poumon,
il avait la quantité de l'humeur exhalée par la
peau. Il tenait d'ailleurs compte des alimens dont
il faisait usage, de ses excrétions solides et liquides, et en général de toutes les causes qui

pouvaient avoir de l'influence sur la transpiration. Voici quels sont les résultats auxquels sont
arrivés MM. Lavoisier et Séguin en suivant ce
procédé (1).

1°. La quantité la plus considérable de transpiration insensible (y compris la pulmonaire) est
de 32 grains par minutes, et par conséquent
3 onces 2 gros 48 grains par heure, et de 5
livres en 24 heures.

Expériences
sur la trans-
piration cu-
tanée.

2°. La perte la moins considérable est de 11
grains par minute, conséquemment 1 livre 11
onces 4 gros en 24 heures.

3°. C'est pendant la digestion que la perte
de poids occasionnée par la transpiration insensible est à son minimum.

4°. C'est immédiatement après le dîner que
la transpiration est à son maximum.

5°. Le terme moyen de la transpiration insensible est de 18 grains par minute; sur les 18
grains, terme moyen, 11 dépendent de la transpiration cutanée, et 7 de la pulmonaire.

6°. La transpiration cutanée est la seule qui
varie pendant et après les repas.

7°. Quelque quantité d'aliment que l'on prenne,
quelles que soient les variations de l'atmosphère,
le même individu, après avoir augmenté en poids

____

(1) *Annales de Chimie*, tom. XC, pag. 14.

de toute la nourriture qu'il a prise , revient tous
les jours après 24 heures au même poids à peu
près qu'il avait la veille , pourvu toute fois qu'il
ne soit pas dans un état de croissance , et qu'il
n'ait pas fait d'excès.

Il aurait été bien à désirer que ce beau travail
fût continué , et que les auteurs ne se fussent pas
bornés à étudier la transpiration insensible , mais
étendissent leurs observations sur la sueur.

Toutes les fois que l'humeur de la transpiration De la sueur.
n'est point réduite en vapeur aussitôt qu'elle est
en contact avec l'air, elle paraît à la surface de la
peau sous la forme d'une couche liquide, plus
ou moins épaisse. Or, cet effet peut arriver, soit
parce que la transpiration est trop abondante ,
soit parce que la force dissolvante de l'air a
diminué. Nous suons facilement dans un air
chaud et humide par l'influence des deux causes
réunies; nous suerions bien plus difficilement dans
un air aussi chaud, mais sec. Certaines parties du
corps transpirent plus abondamment et suent
plus facilement que d'autres : telles sont les mains
et les pieds, les aisselles, les aines, le front, etc.
En général la peau de ces parties reçoit proportionnellement une plus grande quantité de sang,
et dans quelques-unes, l'aisselle, la plante du
pied et les intervalles des orteils, le contact avec
l'air n'est point facile.

La sueur ne paraît point avoir partout la même composition ; chacun sait que son odeur varie suivant les diverses parties du corps, il en est de même de son acidité qui paraît beaucoup plus forte aux aisselles et aux pieds qu'ailleurs.

Usages de la transpiration cutanée.

La transpiration cutanée a des usages multipliés dans l'économie animale, elle entretient la souplesse de l'épiderme et favorise ainsi l'exercice du tact et du toucher. En se vaporisant elle est avec la pulmonaire le moyen de refroidissement principal par lequel le corps se maintient dans de certaines limites de température ; il paraît ensuite que son expulsion de l'économie est très-importante, car chaque fois qu'elle est diminuée ou suspendue, des dérangemens plus ou moins graves en sont la suite, et beaucoup de maladies ne cessent qu'au moment où une grande quantité de sueur a été expulsée.

SÉCRÉTIONS FOLLICULAIRES.

Sécrétions folliculaires.

On appelle *follicules* de petits organes creux logés dans l'épaisseur de la peau ou des membranes muqueuses, et que, pour cela, on distingue en *muqueux* et en *cutanés*.

Les follicules sont en outre distingués en simples et en composés.

Sécrétions folliculaires muqueuses.

Les follicules muqueux simples se voient sur presque toute l'étendue des membranes muqueuses, où ils sont plus ou moins abondans ; il existe cependant des points assez étendus de ces membranes où on n'en aperçoit point.

Les corps qui portent le nom de papilles fongueuses de la langue, les amygdales, les glandes du cardia, les prostates, etc., sont considérés, par les anatomistes, comme des amas de follicules simples : peut-être cette opinion n'est-elle pas suffisamment fondée.

On connaît peu le fluide qu'ils sécrétent ; il paraît être analogue au mucus et avoir les mêmes usages.

Sécrétions folliculaires cutanées.

Dans presque tous les points de la peau il existe de petites ouvertures qui sont les orifices de petits organes creux, à parois membraneuses, habituellement remplis d'une matière albumineuse et grasse, dont la consistance, la couleur, l'odeur et même la saveur, varient suivant les diverses parties du corps, et qui se répand continuellement à la surface de la peau.

Ces petits organes sont appelés les *follicules de la peau;* il en existe au moins un à la base de chaque poil, et, le plus souvent, les poils traversent la cavité d'un follicule pour se porter au dehors.

Sécrétion folliculaire cutanée.

Ce sont les follicules qui forment cette matière micacée et grasse qui se voit à la peau du crâne et à celle du pavillon de l'oreille ; ce sont aussi des follicules qui sécrètent le cérumen dans le conduit auditif ; c'est dans des follicules qu'est contenue la matière blanchâtre assez consistante que l'on fait sortir, sous la forme de petits vers, de la peau du visage en la comprimant ; c'est la même matière qui, par sa surface en contact avec l'air, noircit et produit les taches nombreuses qui se voient à la figure de quelques personnes, particulièrement aux ailes du nez et aux joues.

Il paraît aussi que ce sont des follicules qui sécrètent la matière blanchâtre odorante qui se renouvelle continuellement à la surface des parties génitales externes.

En se répandant à la surface de l'épiderme, des cheveux, des poils, etc., la matière des follicules entretient la souplesse et l'élasticité de ces parties, rend leur surface lisse et polie, favorise les glissemens qu'elles exercent les unes sur les autres : à raison de sa nature onctueuse, elles les rend moins perméables à l'humidité, etc.

Sécrétions glandulaires.

On nomme *glande* un organe sécréteur qui verse le fluide qu'il forme à la surface d'une membrane muqueuse, ou de la peau, par un ou plusieurs canaux excréteurs.

Le nombre des glandes est assez considérable ; l'action de chacune porte le nom de sécrétion glandulaire. Il y a six sécrétions de ce genre, celle des larmes, celle de la salive, celle de la bile, celle du fluide pancréatique, celle de l'urine, celle du sperme, et enfin celle du lait ; on peut y joindre l'action des glandes muqueuses et celle des glandes de Cowper.

Sécrétion des larmes.

La glande qui forme les larmes est fort petite ; elle est située dans l'orbite au-dessus et un peu en dehors de l'œil ; elle est composée de petits grains réunis par du tissu celluleux ; ses canaux excréteurs, petits et très-multiples, s'ouvrent derrière le côté externe de la paupière supérieure ; elle reçoit une petite artère, branche de l'ophtalmique, et un nerf, division de la cinquième paire.

Dans l'état de santé les larmes sont peu abondantes ; le liquide qui les forme est limpide, sans odeur, d'une saveur salée. MM. Fourcroy

et Vauquelin, qui l'ont analysé, l'ont trou[v]
composé de beaucoup d'eau, de quelques cen[-]
tièmes de mucus, et muriate et de phospha[t]
de soude, et d'un peu de soude et de chau[x]
pure. Ce qu'on appelle *larmes*, n'est point ce[-]
pendant le fluide sécrété en entier par la gland[e]
lacrymale; c'est un mélange de ce fluide avec [la]
matière sécrétée par la conjonctive, et probable[-]
ment avec celle des glandes de Meibomius.

Usages des larmes. Les larmes forment une couche au-devant d[e]
la conjonctive oculaire, et la défendent du con[-]
tact de l'air; elles facilitent les frottemens de[s]
paupières sur l'œil, favorisent l'expulsion de[s]
corps étrangers, et s'opposent à l'action des corp[s]
irritans sur la conjonctive; dans ce cas leu[r]
quantité augmente promptement. Elles sont auss[i]
un moyen d'expression des passions : le chagrin[,]
la douleur, la joie et le plaisir font couler le[s]
larmes; leur sécrétion est donc influencée d'un[e]
manière particulière par le système nerveux.
Cette influence a lieu probablement au moyen
du nerf qu'envoie à la glande lacrymale la cin[-]
quième paire des nerfs cérébraux (1).

---

(1) Voyez, pour les autres usages des larmes, tome I",
article *Vision*.

Sécrétion de la salive.

Les glandes salivaires sont, 1º. les deux *pa-rotides*, situées au-devant de l'oreille et derrière le col et la branche de la mâchoire; 2º. les *sous-maxillaires*, situées au-dessous et à la face du corps de cet os; 3º. enfin, les *sublinguales* pla-cées immédiatement au-dessous de la langue: les parotides et les sous-maxillaires n'ont chacun qu'un canal excréteur; les sublinguales en ont plusieurs. Toutes ces glandes sont formées par la réunion de granulations de forme et de vo-lume différens; elles reçoivent des artères consi-dérables relativement à leur masse; plusieurs nerfs provenant du cerveau ou de la moelle épinière s'y distribuent.

La salive que sécrétent ces glandes coule con-tinuellement dans la bouche et va en occuper la partie inférieure; elle se place d'abord entre la partie antérieure et latérale de la langue et la mâchoire, et lorsque l'espace est rempli, elle se loge entre la lèvre inférieure, la joue et le côté externe de la mâchoire; en se déposant aussi dans la bouche, elle se mêle avec les fluides sécrétés par la membrane et les follicules mu-queux.

Jamais on n'a analysé directement le liquide qui sort d'une glande salivaire; c'est toujours le fluide qui se trouve dans la bouche, et qui, à la vérité, est composé presque entièrement de salive. Il a été trouvé limpide, visqueux, sans couleur ni odeur, d'une saveur douce, un peu plus pesant que l'eau. M. Berzelius le dit ainsi formé : eau, 992,9 ; matière animale particulière, 2,9 ; mucus, 1,4 ; muriate de potasse et de soude, 0,7 ; tartrate de soude et matière animale, 0,9 ; soude, 0,2. Il est probable que cette composition de la salive varie, car dans certaines circonstances elle est sensiblement acide.

Usages de la salive. La salive est un des fluides digestifs les plus utiles ; elle favorise le broyement et la division des alimens ; elle aide leur déglutition et leur transformation en chyme ; elle rend aussi plus facile les mouvemens de la langue dans la parole et le chant. La plus grande partie du fluide est portée dans l'estomac par les mouvemens de déglutition ; une autre partie doit se vaporiser et sortir avec l'air expiré quand celui-ci traverse la bouche.

Sécrétion du suc pancréatique.

Sécrétion du suc pancréatique. Le pancréas est situé transversalement dans l'abdomen derrière l'estomac ; il a un canal excréteur qui s'ouvre dans le duodénum à côté de celui du foie : la structure granuleuse de cette glande l'a fait considérer comme une glande salivaire ; mais elle en diffère par la petitesse des artères qu'elle reçoit, et en ce qu'elle ne paraît recevoir aucun nerf cérébral.

De Graaf, anatomiste hollandais, a donné autrefois un procédé pour recueillir du suc pancréatique; il consiste à introduire dans le canal excréteur du pancréas par son extrémité intestinale un petit tuyau de plume qui irait se rendre dans une petite bouteille attachée sous le ventre de l'animal. J'ai essayé plusieurs fois ce procédé, je le crois impraticable. Le tuyau de plume ou tout autre tube déchire la membrane muqueuse interne du canal, le sang coule, et le tube est bouché aussitôt. Je me sers d'un moyen beaucoup plus simple; je mets l'orifice du canal à nu sur un chien, j'essuie avec un linge fin la membrane muqueuse circonvoisine, et j'attends qu'il sorte une goutte de liquide; sitôt qu'elle paraît, je l'aspire avec une *pipette*, instrument employé en chimie. De cette manière je suis parvenu à recueillir quelques gouttes de suc pancréatique; mais jamais assez pour pouvoir en faire une analyse en règle. J'y ai reconnu une couleur légèrement jaunâtre, une saveur salée, point d'odeur; j'ai vu qu'il était alcalin et qu'il était en partie coagulable par la chaleur (1).

Moyen d'obtenir le suc pancréatique.

––––––––––

(1) Dans les oiseaux où il y a deux pancréas, j'ai remar-

Propriétés du suc pancréatique.

Ce qui m'a le plus frappé, en cherchant à me procurer du suc pancréatique, c'est la petite quantité qui s'en forme; le plus souvent à peine en sort-il une goutte en une demi-heure, et quelquefois j'ai attendu plus long-temps avant d'en voir paraître. L'écoulement n'en paraît pas plus rapide pendant la digestion; au contraire, il m'a semblé plus lent. En général je le crois plus abondant dans les animaux très-jeunes.

Il est impossible de dire à quoi peut servir le liquide du pancréas.

Sécrétion de la bile.

Sécrétion de la bile.

La plus grosse de toutes les glandes est le *foie*; il se distingue encore par la circonstance unique parmi les organes sécréteurs, qu'il est habituellement traversé par une très-grande quantité de sang veineux, indépendamment du sang artériel qui y arrive comme partout ailleurs. Son parenchyme ne ressemble en rien à celui des autres glandes, et le fluide qu'il forme ne diffère pas moins des autres fluides glandulaires.

---

qué que les canaux excréteurs sont doués d'un mouvement péristaltique presque continu ; le suc pancréatique est aussi beaucoup plus abondant : il est presque entièrement albumineux, du moins il durcit comme l'albumine par la chaleur.

Le canal excréteur du foie se rend au duodénum ; près de s'y engager, il communique avec
une petite poche membraneuse nommée *vésicule
du fiel,* et qui, par cette raison, est remplie presque toujours par la bile.

Peu de fluides sont aussi composés et aussi
différens du sang que la bile. La couleur en est
verdâtre, la saveur très-amère ; elle es visqueuse,
filante, tantôt limpide et tantôt trouble. Elle contient de l'eau, de l'albumine, une matière que
quelques chimistes nomment résineuse, un principe colorant jaune, de la soude, des sels ; savoir :
du muriate, du sulfate, du phosphate de soude,
du phosphate de chaux, et de l'oxide de fer. Ces
propriétés appartiennent à la bile contenue dans
la vésicule du fiel. Celle qui sort directement du
foie, et qu'on nomme bile *hépatique,* n'a jamais
été analysée ; elle paraît moins foncée en couleur, moins visqueuse et moins amère que la bile
cystique.

La formation de la bile paraît continue. Quelles
que soient les circonstances dans lesquelles se
trouve un animal, si l'orifice du canal cholédoque est mis à découvert, on voit ce liquide
couler goutte à goutte à la surface de l'intestin.
Il paraît que la vésicule se remplit plus particulièrement quand l'estomac est vide, et que la pression abdominale est moindre. Il m'a toujours

Propriétés physiques et chimiques de la bile.

Excrétion de la bile.

semblé qu'elle était plus distendue à cet instan
mais elle ne se vide pas entièrement dans la di
tension de l'estomac. La cause qui contribue
plus à en expulser la bile, est le vomissement. J
l'ai souvent trouvée vide sur des animaux mor
par l'effet d'un poison vomitif.

Opinions sur la sécrétion de la bile. Le foie recevant en même temps du sang vei
neux par la veine porte, et du sang artériel pa
l'artère hépatique, les physiologistes se sont for
inquiétés pour savoir quel est celui de ces deu
sangs qui sert à la formation de la bile. Plusieur
ont dit que le sang de la veine porte, plus car
boné et plus hydrogéné que celui de l'artère hé
patique, était plus propre à fournir les élémen
de la bile. Bichat a combattu avec avantage cett
opinion; il a montré que la quantité du sang ar
tériel qui arrive au foie, était plus en rappor
avec la quantité de bile formée, que celle d
sang veineux; que le volume du canal hépatiqu
n'était point en proportion avec la veine porte
que la graisse, fluide très-hydrogéné, était sécré
tée aux dépens du sang artériel, etc.: il aurait p
ajouter que rien ne prouve que le sang de la vein
porte ait plus d'analogie avec la bile que le sang
artériel. Nous ne prendrons point partie dans
cette discussion; les deux opinions sont égale
ment dénuées de preuve. D'ailleurs, rien n'éloign
l'idée que les deux sangs servent à la sécré

tion. L'anatomie semble même l'indiquer ; car les injections montrent que tous les vaisseaux du foie, artériels, veineux, lymphatiques et excréteurs, communiquent ensemble.

La bile concourt à la digestion d'une manière très-utile, mais dont le mode est inconnu. Dans l'ignorance où nous sommes relativement aux causes des maladies, nous attribuons à la bile des propriétés malfaisantes que probablement elle est loin d'avoir.

Sécrétion de l'urine.

La sécrétion, dont nous allons nous occuper, diffère à plus d'un égard des précédentes. Le liquide qui en est le résultat est beaucoup plus abondant que celui d'aucune autre glande ; au lieu de servir à quelques usages intérieurs, il doit être expulsé ; sa rétention aurait les suites les plus fâcheuses. Nous sommes avertis de la nécessité de son expulsion par un sentiment particulier qui, semblable aux phénomènes instinctifs de ce genre, devient très - vif et douloureux, s'il n'est point assez promptement satisfait.

Peu d'appareils de sécrétion sont aussi compliqués que celui de l'urine ; il est composé des deux reins, des calices, des bassinets, des uretères, de la vessie et de l'urètre ; en outre, les muscles abdominaux concourent à l'action de ces diverses parties, parmi lesquelles les reins seuls forment l'urine ; les autres servent à son transport et à son expulsion.

Des reins. Situés dans l'abdomen, sur les côtés de la colonne vertébrale, au-devant des dernières fausses côtes et du muscle carré des lombes, les reins sont peu volumineux relativement à la quantité de fluide qu'ils sécrètent. Ils sont ordinairement entourés de beaucoup de graisse ; leur parenchyme est composé de deux substances, l'une extérieure, vasculaire ou *corticale*; l'autre, nommée *tubuleuse*, disposée en un certain nombre de cônes, dont la base correspond à la surface de l'organe, et dont les sommets se réunissent dans la cavité membraneuse appelée *bassinet*. Ses cônes paraissent formés par une grande quantité de petites fibres creuses, qui sont des canaux excréteurs d'un genre particulier, et qui sont habituellement remplies d'urine.

Quantité de sang qui va au rein. Aucun organe ne reçoit, en ayant égard à son volume, autant de sang que le rein. L'artère qui s'y porte est grosse, courte, et naît immédiatement de l'aorte ; elle a des communications très-faciles avec les veines et avec la substance tubuleuse, comme on peut s'en assurer au moyen des injections les plus grossières qui, poussées dans l'artère reinale, passent dans les veines et dans le bassinet, après avoir rempli la substance corticale.

Les filets du grand sympathique sont les seuls qui se distribuent au rein.

Les calices, le bassinet, l'uretère, forment ensemble un canal qui part du rein, où il embrasse le sommet des mamelons, et va se rendre, placé sur les côtés de la colonne vertébrale, dans le fond du bassin, à la *vessie,* où il se termine. Ce dernier organe est une poche extensible et contractile, destinée à être remplie par le fluide que sécrète le rein, et qui communique avec l'extérieur par un canal assez long chez l'homme, très-court chez la femme, nommé l'*urètre.*

Canal excréteur du rein.

De la vessie et de l'urètre.

L'extrémité postérieure de l'urètre est, chez l'homme seulement, entourée par la glande *prostate,* que certains anatomistes considèrent comme un amas de follicules muqueux. Deux petites glandes, placées au-devant de l'anus, versent un fluide particulier dans ce canal. Deux muscles, qui descendent du pubis vers le rectum, passent sur les côtés de la partie de la vessie qui s'abouche à l'urètre, se rapprochent l'un de l'autre en arrière, et forment ainsi une arcade qui embrasse le col de la vessie, et le porte plus ou moins en haut.

Si l'on incise le bassinet sur un animal vivant, on voit l'urine suinter lentement par le sommet des cônes excréteurs. Ce liquide se dépose dans la cavité des calices, puis dans celle du bassinet,

Sortie de l'urine des reins.

et peu à peu s'engage dans l'uretère, qu'il parcourt dans toute sa longueur. Il arrive ainsi jusque dans la vessie, où il pénètre par un suintement continuel, comme il est facile de l'observer chez les personnes affectées du vice de conformation nommé *rétroversion de la vessie*, où la face interne de cet organe est accessible à la vue.

Une légère compression sur les cônes urinifères en fait sortir l'urine en quantité assez considérable ; mais, au lieu d'être limpide comme lorsqu'elle sort naturellement, elle est trouble et épaisse. Elle paraît donc être *filtrée* par les fibres creuses de la substance tubuleuse.

Le bassinet ni l'uretère n'étant pas contractiles, il est probable que la force qui y détermine la marche de l'urine, est, d'une part, celle par laquelle elle est versée dans le bassinet (1), et de l'autre, la pression des muscles abdominaux, à quoi peut se joindre, quand on est debout, la pesanteur du liquide. Sous l'influence de ces causes, l'urine s'introduit dans la vessie, et peu à peu distend cet organe quelquefois à un degré

______

(1) Puisqu'il est prouvé que le cœur et le resserrement des artères ont une influence marquée sur le cours du sang dans les capillaires et dans les veines, pourquoi ces mêmes causes n'agiraient-elles pas sur le mouvement des fluides dans certains canaux excréteurs ?

considérable, l'extensibilité des diverses membranes permettant cette accumulation (1).

Comment l'urine s'accumule-t-elle dans la vessie? pourquoi ne coule-t-elle pas immédiatement par l'urètre? et pourquoi ne reflue-t-elle

Causes qui produisent l'accumulation de l'urine dans la vessie.

---

(1) Depuis long-temps les physiologistes comparent l'introduction de l'urine dans la vessie, à celle d'un liquide
dans une cavité à parois résistantes, par un canal étroit,
vertical et inflexible; mais la comparaison n'est point exacte.
Dans le canal supposé, le liquide coule, et presse continuellement le liquide contenu dans le vase qui le reçoit. L'urine
ne coule point dans l'uretère; elle y suinte, et, sous ce
rapport, son influence sur la distension de la vessie ne
peut être comparée à celle que produirait le poids d'un liquide. La pression abdominale doit avoir une grande part
dans la dilatation de la vessie par l'urine. Si la vessie et les
uretères sont également pressés, cette cause suffit pour que
l'urine s'introduise dans la vessie. En supposant la pression
égale dans tous les points de l'abdomen, si la surface du
bassinet et des uretères est supérieure à celle de la vessie,
l'urine doit entrer encore plus facilement dans cette dernière;
mais la pression abdominale paraît être beaucoup plus faible
dans le bassin que dans l'abdomen proprement dit; en sorte
qu'il est facile de concevoir comment l'urine passe des uretères dans la vessie.

Cependant la distension de la vessie par l'abord de l'urine a des bornes. Quand elle est portée au point que l'organe contient un litre et plus d'urine, la distension s'arrête, et les uretères se dilatent à leur tour de la partie
inférieure vers la supérieure.

point dans les uretères ? La réponse est facile pour les uretères : ces conduits font un trajet assez long dans l'épaisseur des parois de la vessie. A mesure que l'urine distend cet organe, elle aplatit les uretères et les ferme d'autant plus exactement qu'elle est plus abondante. Cet effet a lieu sur le cadavre comme sur le vivant; aussi un liquide, ou même de l'air, poussé avec force dans la vessie par l'urètre, ne peut jamais s'introduire dans les uretères. C'est donc par un mécanisme analogue à celui de certaines soupapes, que l'urine ne remonte pas vers les reins.

Il n'est pas aussi facile d'expliquer pourquoi l'urine ne coule pas par l'urètre; plusieurs causes paraissent y concourir : les parois de ce canal, surtout vers la vessie, tendent continuellement à revenir sur elles-mêmes et à effacer sa cavité; mais cette cause seule serait insuffisante, pour résister à l'effort considérable que fait l'urine pour s'échapper quand la vessie est distendue. Dans le cadavre, où le canal revient sur lui-même à peu près de la même manière, il n'a qu'une résistance très-faible, et n'empêche point la sortie du liquide, pour peu que la vessie soit comprimée.

L'angle que fait la vessie avec l'urètre, quand elle est distendue fortement, peut aussi mettre un obstacle au passage de l'urine; mais la cause

que je crois la principale , c'est la contraction des
muscles releveurs de l'anus , qui, soit par la disposition des fibres musculeuses à se raccourcir,
soit par leur contraction sous l'influence cérébrale, pressent du bas en haut l'urètre, appliquent avec plus ou moins de force contre elles-
mêmes ses parois, et ferment ainsi son orifice
postérieur.

Excrétion de l'urine.

Dès que l'urine est accumulée en certaine quantité dans la vessie, nous éprouvons le besoin de
nous en débarrasser. Le mécanisme de cette expulsion mérite une attention particulière, et n'a
pas été toujours bien compris.

Si l'urine n'est pas continuellement expulsée,
il ne faut pas l'attribuer au défaut de contraction
de la vessie, car cet organe tend toujours à
se rétrécir; mais, par l'influence des causes qui
viennent d'être indiquées, l'orifice interne de l'u-
rètre résiste avec une force que la contraction de
la vessie ne saurait surmonter : la volonté amène
ce résultat, 1°. en ajoutant à la contraction de la
vessie celle des muscles abdominaux; 2°. en re-
lâchant les releveurs de l'anus qui fermaient l'u-
rètre. Une fois la résistance de ce canal vaincue ,
la contraction de la vessie suffit pour l'expulsion
complète de l'urine qu'elle contenait ; mais l'ac-

tion des muscles abdominaux peut s'y ajouter, et alors le jet de l'urine est beaucoup plus considérable. Nous pouvons aussi arrêter tout à coup l'écoulement de l'urine, en faisant contracter les releveurs de l'anus.

La contraction de la vessie n'est point volontaire, quoique nous puissions, en agissant sur les muscles abdominaux et les releveurs de l'anus, produire sa contraction quand nous le voulons.

Ce qui reste d'urine dans l'urètre quand la vessie cesse d'y en pousser, est expulsée par la contraction des muscles du périnée, et particulièrement par celle des *bulbo-caverneux*.

Action des reins. Quoique la quantité d'urine soit très-abondante et que ce fluide contienne plusieurs principes immédiats qui ne se trouvent pas dans le sang, et que par conséquent il se passe une action chimique dans le rein, la sécrétion de l'urine est cependant très-rapide.

Propriétés physiques de l'urine. Dans l'état de santé, l'urine a une couleur jaune plus ou moins foncée; sa saveur est salée et un peu âcre; son odeur lui est particulière. Elle est *Propriétés chimiques de l'urine.* composée d'eau, de mucus provenant probablement de la membrane muqueuse des voies urinaires, d'une autre matière animale, d'acide urique, d'acide phosphorique, d'acide lactique, de muriate de soude et d'ammoniaque, de phosphate de soude, d'ammoniaque, de chaux, de magnésie, de sulfate de potasse, de lactate d'ammoniaque, et de silice.

Les propriétés physiques de l'urine sont sujettes à de grandes variations. Si l'on a fait usage de rhubarbe ou de garance, elle devient jaune très-foncé ou rouge sanguin ; si l'on a respiré un air chargé de vapeurs d'essence de térébenthine, ou si l'on a avalé un peu de résine, elle prend une odeur de violette : chacun connaît l'odeur désagréable qu'elle acquiert par l'usage des asperges.

Modifications des propriétés physiques ou chimiques de l'urine.

Sa composition chimique n'est pas moins variable. Plus on fait usage de boissons aqueuses, et plus la quantité totale et la proportion d'eau devient considérable ; le contraire arrive si l'on boit peu. L'acide urique devient plus abondant quand le régime est très-substantiel et l'exercice peu considérable ; cet acide diminue et peut même disparaître totalement par l'usage soutenu et exclusif d'alimens non azotés, tels que le sucre, la gomme, le beurre, l'huile, etc. Certains sels portés dans l'estomac, même en petite quantité, sont retrouvés au bout de très-peu de temps dans l'urine.

La promptitude extrême avec laquelle se fait ce transport a donné lieu de croire qu'il existait une voie directe de communication de l'estomac à la vessie ; aujourd'hui même cette opinion compte un assez grand nombre de partisans.

Il n'y a pas long-temps encore qu'on supposait l'existence d'un canal qui irait de l'estomac à la vessie, mais ce canal n'existe point ; d'autres ont pensé, même sans en donner aucune preuve, que le passage s'effectuait par le tissu cellulaire, par les anastomoses des vaisseaux lymphatiques, etc.

Passage des boissons de l'estomac à la vessie.

Darwin, ayant fait prendre à un de ses amis quelques grains de nitrate de potasse, recueillit son urine au bout d'une demi-heure, et le fit saigner : le sel fut reconnu dans l'urine et ne put l'être dans le sang. M. Brande a fait des obser-vations analogues avec du prussiate de potasse; il en conclut que la circulation n'est pas la seule voie de communication entre l'estomac et les organes urinaires, sans s'expliquer sur le moyen qui pourrait exister. M. Everard Home est aussi de ce sentiment.

Expériences sur la sécrétion de l'urine.

J'ai fait des expériences dans la vue d'éclaircir cette importante question, et j'ai reconnu 1°. que, toutes les fois que l'on injecte du prussiate de potasse dans les veines, ou qu'on le fait absorber dans le canal intestinal ou dans une membrane séreuse, il passe bientôt dans la vessie, où il est facile de le reconnaître mêlé à l'urine; 2°. que si la quantité de prussiate injecté est très-considérable, les réactifs peuvent le démontrer dans le sang; mais que si la quantité est petite, il est impossible d'y reconnaître sa présence par les moyens usités ; 3º. que la même chose a lieu en mélangeant dans un vase du prussiate et du sang ; 4º. que l'on reconnaît le sel en toute proportion dans l'urine. Il n'y a donc rien d'extraordinaire que Darwin et M. Brande n'aient point retrouvé dans le sang la substance qu'ils apercevaient distinctement dans l'urine.

Quant aux organes qui transportent les liquides de l'estomac et des intestins dans le système circulatoire, d'après ce que nous avons dit, en parlant des vaisseaux chylifères et de l'absorption des veines, il est évident que ce sont les veines qui absorbent directement les liquides, et qui les transportent aussitôt au foie et au cœur ; en sorte que la route que suivent ces liquides pour arriver aux reins est beaucoup plus courte que celle qui est admise généralement, c'est-à-dire, les vaisseaux lymphatiques, les glandes mésentériques et le canal thoracique.

C'est pour expliquer les sécrétions glandulaires, que les physiologistes ont donné toute liberté à leur imagination. Les glandes ont été successivement envisagées comme des cribles, des filtres, les foyers de fomentation. Bordeu, et plus récemment Bichat, ont attribué à leurs molécules une sensibilité et un mouvement particuliers, par lesquels elles choisissent, dans le sang qui les traverse, les particules propres à entrer dans

Explications des sécrétions glandulaires.

les fluides qu'elles sécrètent (1). On leur a donné
des atmosphères, des départemens; on les a crues
susceptibles d'érection, de sommeil, etc. Malgré
les efforts d'un grand nombre d'hommes de mérite, la vérité est qu'on ignore tout-à-fait ce qui
se passe dans une glande quand elle agit. Il s'y
développe nécessairement des phénomènes chimiques. Plusieurs fluides sécrétés sont acides,
tandis que le sang est alcalin; la plupart contiennent des principes immédiats qui n'existent
pas dans le sang, et qui sont formés dans les
glandes : mais le mode particulier de ces combinaisons est inconnu.

Ne confondons pas cependant parmi ces hypothèses sur l'action des glandes une conjecture
ingénieuse de M. Wolaston. Cet illustre savant
soupçonne que l'électricité, même très-faible,
peut avoir une influence marquée sur les sécrétions; il s'appuie sur une expérience curieuse que
nous allons rapporter.

Expériences sur les sé-crétions glandulai-res.

M. Wolaston prit un tube de verre, haut de
deux pouces, et de trois quarts de pouce de diamètre; il en ferma une extrémité avec un morceau de vessie. Il versa dans le tube un peu d'eau;
avec 1/240ᵉ de son poids de muriate de soude; il

___

(1) Bordeu convient que ces idées ne sont que des mé-
taphores. — Voyez *Recherches sur les glandes.*

mouilla la vessie en dehors, et la posa sur une pièce d'argent; il courba ensuite un fil de zinc, de manière qu'une de ses extrémités touchait la pièce de métal et l'autre pénétrait dans le tube, à la profondeur d'un pouce. Au même instant, la face externe de la vessie indiqua la présence de la soude pure; en sorte que, sous cette influence électrique très-faible, il eut décomposition du sel marin, et passage de la soude, séparée de l'acide, à travers la vessie. M. Wolaston pense qu'il n'est pas impossible que quelque chose d'analogue arrive dans les sécrétions; on sent que, pour admettre cette idée, il faudrait beaucoup d'autres preuves (1).

Plusieurs organes, tels que la thyroïde, le thymus, la rate, les capsules surrénales, ont été nommés *glandes* par beaucoup d'anatomistes : M. le professeur Chaussier a substitué à cette dénomination celle de *ganglions glandiformes*. On ignore entièrement les usages de ces parties. Comme elles sont en général plus volumineuses chez le fœtus, on pense qu'elles y ont quelques fonctions importantes, mais il n'en existe aucune preuve. Les ouvrages de physiologie contiennent un grand nombre d'hypothèses faites dans la vue d'expliquer leurs fonctions.

____

(1) Pour la sécrétion du sperme et pour celle du lait, voyez *Génération*.

DE LA NUTRITION.

Nous savons que le sang fournit à toutes les sécrétions intérieures et extérieures; qu'il se répare par l'absorption générale, et par celle du chyle et des boissons: il nous reste maintenant à étudier ce qui se passe dans le parenchyme des organes et des tissus pendant toute la durée de la vie, c'est-à-dire, la *nutrition* proprement dite.

Depuis l'état d'embryon jusqu'à la vieillesse la plus avancée, le corps change presque continuellement de poids, de volume; les différens organes et les tissus présentent des variations infinies dans leur consistance, leur couleur, leur élasticité et quelquefois leur composition chimique. Le volume des organes augmente quand ils sont fréquemment en action; leur dimension diminue beaucoup, au contraire, quand ils restent long-temps en repos. Par l'influence de l'une ou l'autre de ces causes, leurs propriétés physiques et chimiques offrent des variations remarquables. Un grand nombre de maladies produisent souvent, dans un temps très-court, des changemens marqués dans la conformation extérieure et dans la structure d'un grand nombre d'organes.

Si l'on mêle de la garance à la nourriture d'un animal, au bout de quinze ou vingt jours les os présentent une teinte rouge qui disparaît si l'on en cesse l'usage.

Il existe donc dans la profondeur des organes un mouvement moléculaire insensible qui produit toutes ces modifications. C'est ce mouvement intestin, inconnu dans sa nature, que l'on a nommé *nutrition*, ou *mouvement nutritif*.

Ce phénomène, que l'esprit observateur des anciens n'avait pas laissé échapper, a été pour eux l'objet de plusieurs suppositions ingénieuses qui sont encore admises aujourd'hui. On dit, par exemple, qu'au moyen du mouvement nutritif, le corps entier se renouvelle, de sorte qu'à une certaine époque il n'est plus formé d'une seule des molécules qui le composaient auparavant. On a même assigné des limites à cette rénovation totale : les uns l'ont établie après trois ans ; d'autres veulent qu'elle ne soit complète qu'au bout de sept : mais rien ne justifie ces conjectures ; au contraire, quelques faits bien constatés semblent devoir en éloigner l'idée.

Tout le monde sait que les soldats, les matelots et plusieurs peuplades sauvages se colorent la peau avec certaines substances qu'ils introduisent dans le tissu même de cette membrane : les figures, tracées ainsi, conservent leur forme et leur couleur toute la vie, à moins de circonstances particulières. Comment allier ce phénomène avec le renouvellement qui, d'après les auteurs, arrive à la peau (1)?

En s'appuyant sur les suppositions dont nous venons de parler, il est reçu dans le langage métaphorique usité maintenant en physiologie, que les molécules des organes ne peuvent servir qu'un certain temps à les composer, qu'elles *s'usent* à la longue, et finissent par devenir impropres à entrer dans leur composition, et qu'alors elles sont absorbées et remplacées par des molécules *neuves* provenant des alimens.

On ajoute que les matières animales qui composent nos excrétions sont le détritus des organes, et qu'elles sont principalement composées des molécules qui ne peuvent plus servir à la composition de ceux-ci, etc., etc.

Au lieu de discuter ces hypothèses, disons le peu de faits qui donnent quelques notions sur le mouvement nutritif.

____

(1) L'emploi récent du nitrate d'argent à l'intérieur, pour le traitement de l'épilepsie, a fourni un nouveau phénomène de ce genre. Après quelques mois de l'usage de cette substance, la peau de plusieurs malades s'est colorée en bleu grisâtre, probablement parce que le sel a été déposé dans le tissu de cette membrane, où il se trouve immédiatement en contact avec l'air. Quelques individus sont dans cet état depuis plusieurs années, sans que la teinte se soit affaiblie; chez d'autres elle a diminué peu à peu, et a fini par disparaître au bout de deux ou trois ans.

A. En ayant égard à la promptitude avec laquelle les organes changent de propriétés physiques et chimiques dans les maladies et par l'âge, il paraît que la nutrition est plus ou moins rapide suivant les tissus. Les glandes, les muscles, la peau, etc. , changent de volume, de couleur, de consistance, avec une très-grande promptitude; les tendons, les membranes fibreuses, les os, les cartilages, paraissent avoir une nutrition beaucoup plus lente, car leurs propriétés physiques ne changent que lentement par l'effet de l'âge et des maladies.

B. Si l'on tient compte de la quantité d'alimens consommée, proportionnellement au poids du corps, il semble que le mouvement nutritif est plus rapide dans l'enfance et la jeunesse, que dans l'âge adulte et la vieillesse; qu'il s'accélère par l'action répétée des organes, et se ralentit par le repos. En effet, les enfans et les jeunes gens consomment davantage d'alimens que les adultes et les vieillards : ces derniers peuvent conserver toutes leurs facultés en n'usant que d'une très-petite quantité d'alimens. Tous les exercices du corps, les travaux de peine, nécessitent des alimens plus abondans ou plus nutritifs; un repos parfait, au contraire, permet une abstinence prolongée.

C. Le sang paraît contenir la plupart des prin-

25.

Remarques sur la nutrition.

cipes nécessaires à la nutrition des organes ; l
fibrine, l'albumine, la graisse, les sels, etc., qu
entrent dans la composition des tissus, se trou
vent dans le sang. Ils paraissent être déposé
dans leur parenchyme au moment où le sang le
traverse : la manière dont se fait ce dépôt est en
tièrement ignorée. Il existe un rapport éviden
entre l'activité de la nutrition d'un organe et l
quantité de sang qu'il reçoit. Les tissus à nutri
tion rapide ont des artères plus grosses ; quan
l'action d'un organe a déterminé une accéléra
tion de nutrition, les artères et les veines gros
sissent.

Plusieurs principes immédiats qui entrent dan
la composition des organes ne se trouvent poin
dans le sang : tels sont l'osmazome, la matièr
cérébrale, la gélatine, etc. Ils se forment donc
aux dépens des autres principes, dans le paren
chyme des organes, par une action chimique
dont le mode est inconnu.

D. Depuis que l'analyse chimique a fait con
naître la nature des divers tissus de l'économie
animale, on a reconnu qu'ils contiennent tous une
assez grande proportion d'azote. Nos alimens étant
aussi composés en partie de ce corps simple, il
était probable que c'était d'eux que venait l'azote
des organes ; mais plusieurs auteurs estimés pen
sent qu'il provient de la respiration, et d'autres

eroient qu'il est formé de toutes pièces par l'in-fluence de la vie. Les uns et les autres s'appuient particulièrement sur l'exemple des herbivores, qui se nourrissent exclusivement de matières non azotées; sur l'histoire de certains peuples qui vivent seulement de riz et de maïs; sur celle des nègres, qui peuvent vivre long-temps en ne mangeant que du sucre; enfin, sur ce qu'on raconte des caravanes qui, en traversant les déserts, n'ont eu pendant long-temps que de la gomme pour toute nourriture. Si ces faits prouvaient en effet que des hommes peuvent vivre long-temps sans alimens azotés, il faudrait bien reconnaître que l'azote des organes a une autre origine que celui des alimens; mais il s'en faut de beaucoup que les faits cités conduisent à cette conséquence. En effet, presque tous les végétaux dont se nourrissent l'homme et les animaux contiennent plus ou moins d'azote; par exemple, le sucre impur que mangent les nègres en présente une assez grande proportion; et quant aux peuples qui se nourrissent, dit-on, avec du riz ou du maïs, il est connu qu'ils y ajoutent du lait ou du fromage: or le caséum est, de tous les principes immédiats nutritifs, le plus azoté.

J'ai pensé qu'on pourrait acquérir quelques notions exactes sur ce sujet en soumettant des animaux, pendant le temps nécessaire, à une nour-

Remarques sur la nutrition.

riture dont la composition chimique serait rigoureusement déterminée.

Les chiens étaient très-propres à ce genre d'expériences ; ils se nourrissent, comme l'homme,
également bien de substances végétales et animales.

Chacun sait qu'un chien peut vivre long-temps
en ne mangeant que du pain ; mais, en le nourrissant
ainsi, on n'en peut rien conclure relativement à
la production de l'azote dans l'économie animale;
car le gluten que contient le pain est une substance très-abondante en azote. Pour obtenir un
résultat satisfaisant, il fallait nourrir un de ces
animaux avec une substance réputée nutritive,
mais qui ne contînt pas d'azote.

Expériences
sur la nutri-
tion.

À cet effet, j'ai mis un petit chien âgé de trois
ans, gras et bien portant, à l'usage du sucre blanc
et pur pour tout aliment, et de l'eau distillée
pour boisson : il avait de l'un et de l'autre à discrétion.

Les sept ou huit premiers jours il parut se
bien trouver de ce genre de vie ; il était gai,
dispos, mangeait avec avidité et buvait comme
de coutume. Il commença à maigrir dans la seconde semaine, quoique son appétit fût toujours
fort bon, et qu'il mangeât jusqu'à six ou huit
onces de sucre en vingt-quatre heures. Ses excrétions alvines n'étaient ni fréquentes ni copieuses;

en revanche, celle de l'urine était assez abondante.

La maigreur augmenta dans la troisième semaine, les forces diminuèrent, l'animal perdit la gaîté, l'appétit ne fut pas aussi vif. A cette même époque il se développa, d'abord sur un œil et ensuite sur l'autre, une petite ulcération au centre de la cornée transparente ; elle augmenta assez rapidement, et, au bout de quelques jours, elle avait plus d'une ligne de diamètre ; sa profondeur s'accrut dans la même proportion ; bientôt la cornée fut entièrement perforée, et les humeurs de l'œil s'écoulèrent an dehors. Ce singulier phénomène fut accompagné d'une sécrétion abondante des glandes propres aux paupières.

Cependant l'amaigrissement allait toujours croissant, les forces se perdirent ; et quoique l'animal mangeât, par jour, de trois à quatre onces de sucre, la faiblesse devint telle, qu'il ne pouvait ni mâcher ni avaler ; à plus forte raison, tout autre mouvement était-il impossible. Il expira le trente-deuxième jour de l'expérience. Je l'ouvris avec toutes les précautions convenables ; j'y reconnus une absence totale de graisse ; les muscles étaient réduits de plus des cinq sixièmes de leur volume ordinaire ; l'estomac et les intestins étaient aussi très-diminués de volume et fortement contractés.

Expériences
sur la nutri-
tion.

La vésicule du fiel et la vessie urinaire étaient distendues par les fluides qui leur sont propres. Je priai M. Chevreul de vouloir bien les examiner ; il leur trouva presque tous les caractères qui appartiennent à l'urine et à la bile des animaux herbivores, c'est-à-dire que l'urine, au lieu d'être acide comme elle l'est chez les carnivores, était sensiblement alcaline, n'offrait aucune trace d'acide urique ni de phosphate. La bile contenait une portion considérable de pycromel, caractère particulier de la bile de bœuf, et en général de celle des herbivores. Les excrémens, qui furent aussi examinés par M. Chevreul, contenaient très-peu d'azote, tandis qu'ils en présentent ordinairement beaucoup.

Un semblable résultat méritait bien d'être vérifié par de nouvelles expériences : je soumis donc un second chien au même régime que le précédent, c'est-à-dire, au sucre et à l'eau distillée. Les phénomènes que j'observai furent entièrement analogues à ceux que je viens de décrire ; seulement les yeux ne commencèrent à s'ulcérer que vers le vingt-cinquième jour, et l'animal mourut avant qu'ils eussent eu le temps de se vider, comme cela était arrivé chez le chien sujet de la première expérience : du reste, même amaigrissement, même faiblesse, suivis de la mort le trente-quatrième jour de l'expérience ; et, à l'ouverture du cadavre, même état des muscles et des viscères abdominaux, et surtout même caractère des ex- crémens, de la bile et de l'urine.

Une troisième expérience me donna des résultats tout-à-fait semblables, et je considérai dès lors le sucre comme incapable seul de nourrir les chiens.

Ce défaut de qualité nutritive pouvait être particulier au sucre; il était important de s'assurer si d'autres substances non azotées, mais considérées généralement comme nourrissantes, produiraient des effets pareils.

Je pris deux chiens jeunes et vigoureux, quoique de petite taille; je leur donnai pour toute nourriture de très-bonne huile d'olive et de l'eau distillée; ils parurent s'en bien trouver pendant environ quinze jours; mais ensuite ils éprouvèrent la série d'accidens dont j'ai fait mention en parlant des animaux qui mangeaient du sucre. Ils n'éprouvèrent point cependant d'ulcération de la cornée; ils moururent tous deux vers le trente-sixième jour de l'expérience; ils présentèrent, sous le rapport de l'état des organes et sous celui de la composition de l'urine et de la bile, les mêmes phénomènes que les précédens.

La gomme est une autre substance qui ne contient pas d'azote, mais qui passe pour être aussi nourrissante. On pouvait présumer qu'elle agirait comme le sucre et l'huile; mais il fallait s'en assurer directement.

Dans cette vue, j'ai nourri plusieurs chiens avec de la gomme, et les phénomènes que j'ai observés n'ont pas différé sensiblement de ceux dont je viens de rendre compte.

J'ai tout récemment répété l'expérience en nourrissant un chien avec du beurre, substance animale privée d'azote : il a d'abord, comme les animaux précédens, très-bien supporté cette nourriture; mais, au bout d'environ quinze jours, il a commencé à maigrir et a perdu ses forces : il est mort le trente-sixième jour, quoique, le trente-deuxième, je lui aie fait donner de la viande à discrétion, et quoiqu'il en ait mangé pendant deux jours une certaine quantité. L'œil droit de cet animal m'a offert l'ulcération de la cornée dont j'ai parlé à l'occasion de ceux qui ont été nourris avec du sucre. L'ouverture du cadavre m'a présenté les mêmes modifications de la bile et de l'urine.

Quoique la nature des excrémens rendus par les différens animaux dont je viens de parler annonçât bien qu'ils digéraient les substances dont ils faisaient usage, j'ai voulu m'en assurer plus positivement; c'est pourquoi, après avoir fait manger séparément à plusieurs chiens de l'huile, de la gomme ou du sucre, je les ai ouverts, et j'ai

reconnu que ces substances étaient réduites chacune en un chyme particulier dans l'estomac, et
qu'ensuite elles fournissaient un chyle abondant:
celui qui provient de l'huile est d'un blanc laiteux prononcé; le chyle qui provient de la gomme
ou du sucre est transparent, opalin et plus aqueux
que celui de l'huile. Il est donc évident que si ces
diverses substances ne nourrissent point, on ne
doit pas l'attribuer à ce qu'elles ne sont pas digérées.

Ces faits paraissent importans sous plus d'un
rapport; d'abord ils rendent très-probable que
l'azote des organes a primitivement sa source dans
les alimens; ils sont propres à éclairer sur les
causes et le traitement de la goutte et de la gra-
velle (1).

E. Un assez grand nombre de tissus dans l'économie paraissent ne point éprouver de nutrition
proprement dite : tels sont l'épiderme, les ongles,
les poils, les dents, la matière colorante de la
peau, et peut-être les cartilages. Ces diverses par-

Remarques
sur la nutri-
tion.

______

(1) Les personnes atteintes de ces maladies sont ordinairement de grands mangeurs de viande, de poisson, de lai-
tage et autres substances abondantes en azote. La plupart
des graviers, des calculs de la vessie, et des tophus arthri-
tiques sont formés par l'acide urique, principe qui contient
beaucoup d'azote. En diminuant dans le régime la proportion des alimens azotés, on parvient à prévenir ces maladies.

ties sont réellement sécrétées , soit par des organes particuliers , comme les dents et les poils ;
soit par des parties qui ont en même temps d'autres
fonctions, comme les ongles et l'épiderme. La plupart des parties formées de cette matière s'usent
par le frottement des corps extérieurs , et se renouvellent à mesure ; enlevées complétement,
elles peuvent se reproduire en entier. Un fait assez
singulier, c'est qu'elles continuent à croître plusieurs jours après la mort : nous avons vu un phénomène semblable à l'occasion du mucus.

Après ce peu de mots sur les principaux phénomènes nutritifs, il faut examiner un phénomène très-important, qui paraît intimement lié
avec la nutrition, mais qui a aussi des rapports
étroits avec la respiration : je veux parler de la
production de la chaleur dans le corps de l'homme.

De la chaleur animale.

Chaleur
animale.

Un corps inerte, qui ne change point d'état,
placé au milieu d'autres corps, prend bientôt la
même température que ceux-ci, à raison de la
tendance qu'a le calorique à se mettre en équilibre.
Le corps de l'homme se comporte tout autrement :
environné de corps plus chauds que lui, il conserve,
tant que la vie dure, sa température inférieure ;
entouré de corps dont la température est plus
basse que la sienne, il maintient sa température

plus élevée. Il y a donc dans l'économie animale deux propriétés distinctes et différentes, l'une de produire de la chaleur, et l'autre de produire du froid. Examinons ces deux propriétés ; voyons d'abord comment se produit la chaleur.

La principale, ou, si l'on veut, la plus évidente source de la chaleur animale, paraît être la respiration. L'expérience nous a démontré, en effet, que le sang s'échauffe d'environ un degré en traversant les poumons ; et comme du poumon il est réparti dans tout le corps, il porte partout de la chaleur, et la dépose dans les organes ; car nous avons vu aussi que le sang des veines est plus froid que celui des artères.

Ce développement de chaleur dans la respiration paraît être dû, comme nous l'avons déjà dit, à la formation de l'acide carbonique, soit qu'elle ait lieu directement dans le poumon, soit qu'elle n'arrive qu'ultérieurement dans les artères ou dans le parenchyme même des organes. De très-belles expériences de Lavoisier et de M. de Laplace conduisent à cette conclusion : Ils placèrent dans un calorimètre des animaux, et comparèrent la quantité d'acide formé par la respiration, avec la quantité de chaleur produite dans un temps donné : à une petite proportion près, la chaleur produite était celle qu'avait nécessairement entraînée la quantité d'acide carbonique formée.

Chaleur animale.

Des expériences de MM. Brodie, Thillaye et Legallois ont aussi prouvé que si l'on gêne la respiration d'un animal, soit en le mettant dans une position fatigante, soit en le faisant respirer artificiellement, sa température baisse, et la quantité d'acide carbonique qu'il forme diminue. Dans les maladies, quand la respiration est accélérée, la chaleur augmente, à moins de circonstances particulières. La respiration est donc un foyer où il se développe du calorique.

Principale source de la chaleur animale.

En ne considérant pour un moment que cette source de chaleur dans l'économie, nous voyons que le calorique doit se distribuer aux différentes parties du corps d'une manière inégale ; les plus éloignées du cœur, celles qui reçoivent moins de sang, ou qui se refroidissent le plus facilement, doivent être généralement plus froides que celles qui présentent les dispositions contraires.

C'est en partie ce qui existe. Les membres sont plus froids que le tronc ; souvent ils n'offrent que 25 ou 26°, et quelquefois beaucoup moins, tandis que la cavité du thorax approche de 32° : mais les membres ont une surface considérable, relativement à leur masse ; ils sont plus éloignés du cœur, et reçoivent moins de sang que la plupart des organes du tronc. A raison de l'étendue considérable de leur surface et de leur éloignement du cœur, il est probable que les pieds et les

mains auraient une température encore plus
basse que celle qui leur est propre, si ces parties
ne recevaient proportionnellement une quantité
de sang plus grande. La même disposition existe
pour tous les organes extérieurs dont la surface
est très - grande, comme le nez, le pavillon de
l'oreille, etc. : aussi leur température est-elle plus
élevée que ne semble l'indiquer leur surface et
leur éloignement du cœur.

Malgré cette prévoyance de la nature, les parties à larges surfaces perdent plus facilement leur
calorique, et non-seulement sont habituellement
plus froides que les autres, mais éprouvent souvent des refroidissemens considérables : les mains
et les pieds, en hiver, sont fréquemment sujets à
une température voisine de o. C'est la raison pour
laquelle nous les exposons plus volontiers à la
chaleur de nos foyers.

Parmi les moyens que nous employons instinctivement pour empêcher ou pour remédier au
refroidissement, il faut remarquer les mouvemens, la course, la marche, les sauts, qui accélèrent la circulation ; les pressions, les chocs sur
la peau, qui attirent dans le tissu de cette membrane une plus grande quantité de sang. Un autre
moyen, aussi efficace, consiste à diminuer la surface en contact avec les corps qui nous enlèvent
du calorique. Ainsi nous fléchissons les différentes

parties des membres les unes sur les autres, nou[s]
les appliquons fortement contre le tronc quand
la température extérieure est très-froide. Les enfans et les personnes faibles adoptent souven[t]
cette position lorsqu'ils sont couchés (1). Sous c[e]
rapport, il serait avantageux de ne pas renferme[r]
les très-jeunes enfans dans des maillots qui le[s]
empêchent de se fléchir ainsi sur eux-mêmes.

Nos vêtemens conservent notre chaleur, car
les tissus qui les forment, étant mauvais conducteurs du calorique, ne laissent point échappe[r]
celui du corps.

D'après ce qui vient d'être dit, la combinaison
de l'oxigène de l'air avec le carbone du sang satisfait seule à la plupart des phénomènes que
présente la production de la chaleur animale;
mais il en est quelques-uns qui, s'ils sont réels,
ne sauraient être expliqués par ce moyen. Des
observateurs dignes de foi ont remarqué que,
dans certaines maladies locales, la température du lieu malade s'élève de plusieurs degrés
au-dessus de celle du sang, prise à l'oreillette
gauche. S'il en est ainsi, l'abord continuel du
sang artériel ne peut suffire pour rendre raison de cet accroissement de chaleur. Cette se-

____

(1) Voyez, sur ce sujet, un Mémoire de M. Brès, dans
le *Journal de Médecine*, année 1817.

conde source de chaleur doit être rapportée aux phénomènes nutritifs qui ont lieu dans la partie malade.

Il n'y a rien de forcé dans cette supposition, car la plupart des combinaisons chimiques donnent lieu à des élévations de température, et l'on ne peut douter que, soit dans les sécrétions, soit pour la nutrition, il ne se passe des combinaisons de ce genre dans la profondeur des organes.

Au moyen de ces deux sources de chaleur, la vie peut se maintenir quoique le corps soit exposé à une température très-basse, telle que celle de l'hiver dans les pays voisins du pôle, et qui descend quelquefois à 34° R. En général, nous supportons difficilement un froid aussi rigoureux, et il arrive souvent que les parties qui se refroidissent le plus aisément sont mortifiées et tombent en gangrène : un grand nombre de militaires ont éprouvé ces accidens dans les guerres de Russie.

Cependant, puisque nous résistons facilement à une température beaucoup plus basse que la nôtre, il est évident que la faculté de produire de la chaleur est très-développée en nous.

Celle de produire du froid, ou, en termes plus exacts, de résister à une chaleur étrangère qui tend à s'introduire dans nos organes, est plus restreinte. Dans les pays équatoriaux, il est arrivé

Seconde source de la chaleur animale.

Moyen par lequel nous résistons à une forte chaleur.

que des hommes sont morts subitement quand la température approchait de 40°.

Mais, pour être restreinte, cette propriété n'en est pas moins réelle. MM. Banks, Blagden et Fordyce, s'étant exposés eux-mêmes à une chaleur de près de 100° R., ont constaté que leur corps avait conservé, à peu de chose près, sa même température. Des expériences plus récentes, de MM. Berger et Delaroche, ont fait voir que la chaleur du corps pouvait, par cette cause, monter de plusieurs degrés : il n'est pas même nécessaire, pour que cet effet ait lieu, que la température ambiante soit très-élevée. S'étant placés l'un et l'autre dans une étuve à 39°, leur température s'éleva de 3° environ. M. Delaroche ayant séjourné seize minutes dans une étuve sèche à 64°, trouva une augmentation de 4° dans la sienne.

Franklin, à qui les sciences physiques et morales sont redevables de plusieurs découvertes importantes, et d'un grand nombre d'aperçus ingénieux, est le premier qui ait trouvé la raison pour laquelle le corps résiste ainsi à une forte chaleur. Il a fait voir que cet effet était dû à l'évaporation de la transpiration cutanée et pulmonaire, et que, sous ce rapport, le corps des animaux ressemble aux vases poreux nommés *alcarrazas*. Ces vases, en usage dans les pays chauds, laissent suinter l'eau qu'ils renferment, ont une surface constamment humide, où se fait une évaporation rapide qui refroidit le liquide qu'ils renferment.

Pour vérifier cet important résultat, M. Delaroche a placé des animaux dans une atmosphère chaude, et tellement saturée d'humidité qu'aucune évaporation ne pouvait s'y produire. Ces animaux n'ont pu supporter, sans périr, qu'une chaleur un peu plus élevée que la leur, et se sont échauffés comme s'ils n'avaient plus aucun moyen de se refroidir. Ainsi, point de doute que l'évaporation cutanée et pulmonaire ne soit la cause pour laquelle l'homme et les animaux résistent à une forte chaleur. Cette explication est encore confirmée par la perte considérable de poids qu'éprouve le corps après avoir été exposé à une chaleur élevée.

D'après les faits qui viennent d'être exposés, il est évident que les auteurs qui ont représenté la chaleur animale comme fixe, se sont fort éloignés de la vérité. Pour en juger sainement, il faudra tenir compte de la température et de l'humidité ambiante; il faudra prendre le degré de chaleur des diverses parties, et ne point juger la température de l'une par celle de l'autre.

Nous avons peu d'observations bien faites sur la température propre au corps de l'homme; les plus récentes sont dues à MM. Edwards et Gen-

26.

til. Ces auteurs ont observé que le lieu le plus propice pour juger de la chaleur du corps est l'aisselle. Ils ont remarqué une différence de près d'un degré entre la chaleur d'un jeune homme et celle d'une jeune fille : celle-ci ne présentait à la main qu'un peu moins de 29° ; la main du jeune homme marquait 29° 1/2. Les mêmes ont observé des différences remarquables pour la chaleur dans les différens tempéramens. Il existe aussi des variations diurnes ; la température peut varier de deux ou trois degrés du matin au soir. En général, ce sujet aurait besoin de nouvelles observations.

DE LA GÉNÉRATION.

Les fonctions de relation et les fonctions nutritives établissent l'existence individuelle de l'homme ; mais, comme tous les animaux, il est encore appelé à en exercer une autre très-importante, qui est la création d'êtres semblables à lui, et à concourir ainsi à l'existence de l'espèce.

Par son but, la génération est déjà très-différente des fonctions de relation et nutritives ; mais elle en diffère encore en ce que les organes qui y coopèrent n'existent pas sur le même individu, et établissent la principale différence des sexes.

Appareil de la génération.

Il se compose des organes propres à l'homme et de ceux particuliers à la femme.

Organes génitaux de l'homme.

Ces organes sont les *testicules*; les *vésicules spermatiques*, la *prostate* et le *pénis*.

Il y a deux *testicules*. Les cas rapportés dans les auteurs, où l'on dit en avoir vu trois et même quatre, sont fort incertains. Leur forme est ovoïde et leur volume peu considérable; leur parenchyme consiste en un nombre infini de petits vaisseaux repliés et contournés sur eux-mêmes, nommés *spermifères*, et se dirigeant tous vers un point de la surface, nommé la *tête de l'épididyme*: là ils se rapprochent, s'anastomosent, diminuent de nombre, et finissent par ne plus former qu'un canal contourné qui règne au-dessus de l'organe, et y prend le nom d'*épididyme*; il se détache bientôt de l'organe sous le nom de *conduit déférent*; remonte vers les anneaux inguinaux; se plonge dans le bassin, et arrive enfin à la partie inférieure et antérieure de la vessie; là il communique d'une part avec les vésicules spermatiques, et de l'autre avec la portion prostatique de l'urètre.

Le parenchyme du testicule est enveloppé par

Organes
génitaux de
l'homme.

Testicules.

une membrane fibreuse et résistante ; il est en outre recouvert, 1°. par une membrane séreuse, nommée *tunique vaginale*, qui dans le fœtus a fait partie du peritoine ; 2°. par une membrane musculaire qui peut élever le testicule et l'appliquer contre l'anneau inguinal ; 3°. par le *dartos*, couche de tissu cellulaire fort lâche qui paraît être contractile ; 4°. enfin, par la peau rugueuse, et de couleur foncée qui forme le *scrotum* ou les bourses.

Le sang artériel arrive au testicule par une petite artère qui naît de l'aorte à la hauteur des rénales. Les veines de cet organe sont grosses, flexueuses, et multipliées ; elles ont des anastomoses fréquentes, et portent ensemble le nom de *corps pampiniforme*. Quoique la sensibilité des testicules soit des plus vives, il ne paraît pas qu'on ait pu y suivre aucun nerf, soit du cerveau, soit des ganglions.

Vésicules spermatiques. — On donne le nom de *vésicule spermatique* à deux petits organes celluleux situés au-dessous du bas fond de la vessie, et qui paraissent destinés à contenir le fluide sécrété par le testicule. Les parois en sont minces, recouvertes en dedans par une membrane muqueuse, et en dehors par une lame fibreuse : on ignore si la membrane intermédiaire est ou n'est pas contractile. L'extrémité antérieure de ces petites vessies communique avec les canaux déférens et l'urètre, par l'inter-médiaire d'un canal très-court et très-étroit, appelé *éjaculateur.*

Enfin la *verge* ou *pénis* est au nombre des or-ganes génitaux mâles. Elle est principalement formée par les *corps caverneux, la portion spon-gieuse de l'urètre,* et *le gland.*

Les *corps caverneux* déterminent en grande partie la forme et les dimensions de la verge ; ils commencent sur la partie interne des branches de l'ischion, se rapprochent bientôt, et finissent par s'adosser pour former le corps de la verge. Ils sont séparés l'un de l'autre par une cloison fibreuse percée de beaucoup d'ouvertures. Ils ont une mem-brane extérieure fibreuse, dure, épaisse, et très-résistante. A leur intérieur, il existe un très-grand nombre de filamens, de lames entrecroisées en divers sens, et qui, par leur réunion, produi-sent une sorte d'éponge, au milieu de laquelle le sang paraît épanché. L'urètre et le gland, qui font aussi partie essentielle de la verge, ont un parenchyme analogue, mais ils ne sont pas en-tourés d'une membrane fibreuse.

Six artères se rendent à la verge. Cette partie reçoit aussi plusieurs nerfs qui naissent des paires sacrées.

Les organes génitaux de l'homme ne consti-tuent réellement qu'un appareil de sécrétion glandulaire dont le testicule est la glande, les vésicules le réservoir, le conduit déférent et l'urètre le canal excréteur. Cette sécrétion est indispensable pour la génération.

Sécrétion du sperme.

On nomme *sperme* le fluide sécrété par les testicules. Le petit volume de ces glandes, le nombre et la ténuité des conduits spermifères, la petite quantité de sang qu'y apportent les artères spermatiques, la longueur et l'étroitesse extrême des canaux déférens, rendent probable que sa quantité est très-peu considérable, et qu'il ne se dirige vers les vésicules qu'avec une extrême lenteur. Il est probable aussi que la sécrétion du sperme se fait d'une manière continue, mais plus rapide, si l'on éprouve des excitations voluptueuses, si l'on a fait usage de certains alimens, ou si l'on répète souvent l'acte vénérien.

On conçoit assez difficilement comment la liqueur sécrétée par le testicule chemine à travers les canaux spermifères et l'épididyme, et comment elle parcourt de bas en haut le canal déférent. Peut-être y a-t-il dans ce canal un effet de capillarité que rend probable son étroitesse, ainsi que l'épaisseur et la résistance de ses parois. Il est un peu plus facile de comprendre comment le sperme, arrivé à l'extrémité du canal déférent, peut pénétrer dans les vésicules : les canaux éjaculateurs, embrassés avec le col de la vessie par les releveurs de l'anus, doivent résister à l'abord du liquide, qui trouve un plus libre accès dans le col de la vésicule spermatique.

Jamais le sperme n'a été analysé tel qu'il sort du testicule : le fluide qui a été étudié sous ce nom est formé par le sperme, le liquide sécrété par la membrane muqueuse des vésicules, celui de la glande prostate, et peut-être celui des glandes de Cowper.

Au moment où il sort de l'urètre, ce fluide mixte est composé de deux substances, l'une liquide, légèrement opaline, l'autre épaisse, presque opaque. Abandonnées à elles-mêmes, ces deux matières se mêlent, et la masse se liquéfie en quelques minutes. L'odeur du sperme est forte, *et sui generis;* sa saveur est salée et même un peu âcre. M. le professeur Vauquelin, qui l'a analysé, l'a trouvé composée de eau, 900; mucilage animal, 60; soude, 10, phosphate de chaux, 30. Examiné au microscope, on y aperçoit une multitude de petits animalcules qui paraissent avoir une tête arrondie et une queue assez longue : ces animalcules se meuvent avec une certaine rapidité; ils semblent fuir la lumière et se plaire davantage à l'ombre.

L'époque à laquelle commence la sécrétion du sperme est celle de la puberté; avant ce temps, les testicules forment un fluide visqueux transparent qui n'a jamais été analysé, mais qui, à en juger par l'apparence, diffère beaucoup du sperme.

Influence de la sécrétion du sperme sur l'économie.

Les modifications de l'économie qui arrivent à la même époque, telles que la mue de la voix, le développement des poils, l'accroissement des muscles et des os, etc., sont liés avec l'existence des testicules et au fluide qu'ils sécrètent. En effet, la soustraction de ces organes avant la puberté s'oppose à leur développement. Les eunuques conservent d'abord les formes de l'enfance ; leur larynx ne s'accroît pas, leur menton ne se couvre point de poils, leur caractère reste timoré ; plus tard, leur physique et leur moral se rapprochent beaucoup de ceux de la femme : cependant la plupart se plaisent dans le commerce de celles-ci, et se livrent avec ardeur à un acte qui ne peut jamais tourner au profit de l'entretien de l'espèce.

De l'érection.

Dans l'état de santé, pour que l'émission du sperme puisse avoir lieu, le tissu spongieux de la verge doit être distendu en tous sens, durci, plus chaud, en un mot, être en *érection*. Dans cet état, tout annonce que le sang arrive en plus grande abondance de la verge, ses artères sont plus grosses et battent avec plus de force, ses veines sont gonflées, et la température est sensiblement augmentée. Ces divers phénomènes sont évidemment sous l'influence du système nerveux.

Diverses explications ont été proposées pour l'érection. Elle a été rapportée tantôt à la compression des veines honteuses ou des corps caverneux par les muscles intrinsèques de la verge, tantôt à la constriction des veines par l'influence nerveuse, etc.; mais l'érection, action purement vitale, peut-elle être expliquée?

Quoi qu'il en soit, elle est produite par plusieurs causes très-différentes, telles que des excitations mécaniques, les désirs vénériens, la plénitude des vésicules, l'usage de certains alimens, de quelques médicamens et même de quelque poison; elle est encore excitée par plusieurs maladies, la flagellation, etc. De toutes ces causes, l'imagination est celle dont l'effet est le plus rapide. Parmi les phénomènes de l'érection, l'un des plus remarquables est sans doute la promptitude avec laquelle elle se reproduit ou cesse dans certains cas.

Ordinairement l'érection est accompagnée de l'écoulement d'un liquide visqueux, qu'on dit venir de la prostate.

Les circonstances qui amènent l'excrétion du sperme, ainsi que la sensation qui l'accompagne, sont connues; le mécanisme même de son évacuation l'est beaucoup moins. Les vésicules se vident-elles en tout ou en partie dans le moment de l'éjaculation? est-ce leur tunique moyenne qui se contracte, ou bien sont-elles comprimées

Excrétion du sperme.

par quelques autres causes? les faisceaux musculaires (1), qui, de l'orifice des uretères, se portent à la crête urétrale, y concourent-ils? le muscle releveur de l'anus doit-il être relâché à cet instant? est-ce le contact du sperme sur la partie membraneuse ou spongieuse qui excite la sensation qui accompagne son expulsion? etc. Nous ne savons rien de positif sur ces diverses questions.

Organes génitaux de la femme.

Organes génitaux de la femme.

Les *ovaires*, les *trompes*, l'*utérus* ou la *matrice*, et le *vagin*, tels sont les organes qui servent essentiellement à la génération chez la femme.

Des ovaires.

Depuis Stenon, on donne le nom d'*ovaires* à deux petits corps situés dans l'excavation du bassin, sur les côtés de l'utérus. Chaque ovaire est formé par une membrane extérieure fibreuse, et à l'intérieur par un tissu cellulaire particulier au milieu duquel se trouvent quinze ou vingt vésicules dont ordinairement plusieurs sont plus volumineuses et correspondent par un de leur côté à la membrane extérieure, qui est plus mince à cet endroit. Ces vésicules paraissent contenir les rudimens du germe et être ainsi pour la femme ce que les œufs sont pour les oiseaux, les reptiles et

____

(1) Décrits récemment par M. Charles Bell.

les poissons. Elles sont formées par deux enveloppes membraneuses et par un fluide qui se prend en masse et durcit comme l'albumine.

Le défaut de développement des ovaires, qui arrive quelquefois chez la femme, exerce sur l'ensemble de l'économie une influence non semblable, mais analogue à celle de la soustraction des testicules. La femme stérile par cette cause a ordinairement les formes masculines : son menton et le pourtour de la bouche présentent des poils, ses goûts et son caractère se rapprochent de celui de l'homme, sa voix est grave et sonore, son clitoris a souvent une étendue considérable. Dans cette espèce de femme incomplète, nommée souvent *virago*, se rencontre un penchant qui ne devrait se trouver que chez l'homme, et que les mœurs réprouvent, mais qui n'en est pas moins remarquable sous le point de vue physiologique.

Les trompes de Fallope ou utérines sont deux canaux étroits qui, l'un à droite, l'autre à gauche, établissent une communication entre l'ovaire et la matrice. Elles sont évasées et frangées par leur extrémité externe, étroites et arrondies dans le reste de leur étendue. Leur tissu, surtout du côté de l'utérus, a de l'analogie avec celui du canal déférent.

Dans l'excavation du bassin, devant le rectum

et derrière la vessie, se trouve la *matrice*, organe pyriforme peu volumineux dans l'état ordinaire, mais destiné à éprouver une extension considérable pendant la grossesse. On distingue dans la matrice le *corps*, qui est supérieur ; le *col*, qui est inférieur, embrassé par le vagin, et une cavité, laquelle a trois orifices, deux supérieurs, qui correspondent aux trompes, et un inférieur, qui communique dans le vagin.

Structure de l'utérus. Le tissu propre de l'utérus est seul de son genre dans l'économie animale ; il a cependant quelque analogie avec celui du cœur : sa structure est inextricable dans l'état ordinaire ; elle est plus facile à étudier dans la grossesse avancée : deux prolongemens de ce tissu se rendent, sous le nom de *ligamens ronds*, aux anneaux inguinaux, et se répandent dans le côté externe des grandes lèvres ; une grande partie de la surface externe de l'utérus est recouverte par le péritoine, qui forme autour de cet organe plusieurs replis remarquables. La face interne est recouverte par une muqueuse. En regardant cette surface avec une forte loupe, on y aperçoit une multitude de petites ouvertures dont les unes, moins nombreuses et plus grosses, appartiennent aux veines de l'organe, et les autres, bien plus multipliées, paraissent propres aux capillaires artériels.

Les artères de l'utérus sont flexueuses et très-considérables, relativement à son volume : les veines sont aussi multipliées et volumineuses; elles forment dans l'épaisseur de son tissu ce que les anatomistes ont improprement nommé *sinus utérins* : les nerfs sont moins nombreux et viennent du plexus hypogastrique.

La cavité de l'utérus communique au dehors par le *vagin*, canal membraneux placé à peu près verticalement dans le petit bassin. Sa longueur est de six à sept pouces; sa largeur est variable, suivant que la femme a fait ou non des enfans. Sa face interne présente surtout inférieurement un grand nombre de plis transversaux qui permettent dans la grossesse au vagin de s'allonger. Dans la femme vierge, son extrémité inférieure est garni par l'*hymen*, membrane mince, en forme de croissant, qui en ferme en grande partie l'entrée.

Des fibres grisâtres, entrecroisées en tout sens, assez analogues à celles de la matrice, composent le tissu du vagin. En bas, il est entouré par de nombreuses veines qui ont l'aspect du tissu des corps caverneux, et qui forment le *plexus rétiforme*. On croit cette partie du vagin susceptible d'érection. Toute la surface interne de cet organe est revêtue par une membrane moyenne qui contient beaucoup de follicules muqueux et sébacés.

Parties gé-
nitales ex-
ternes de la
femme.

Les parties génitales externes de la femme com
prennent les *grandes* et les *petites lèvres*, repli
destinés à s'effacer pendant l'accouchement, et l
clitoris, espèce de petit pénis imperforé, compos
de deux corps caverneux, et d'une sorte de glan
recouvert d'un prépuce. Il jouit d'une grande sensibilité et d'une érection semblable à celle de l
verge.

De la menstruation.

Menstrua-
tion.

Dans le plus grand nombre des femmes, l'aptitude à la génération ou la fécondité est marquée
par un écoulement sanguin, périodique, qui a
lieu par la face interne de la matrice, et qui est
une véritable exhalation sanguine ; il porte les
noms de *règles*, de *menstrues*, de *menstruation*, etc., parce qu'il revient assez régulièrement
tous les mois. Cependant bien des femmes ont
leurs règles tous les quinze jours, d'autres tous
les deux mois, d'autres à des époques qui n'ont
rien de fixe, d'autres enfin ne sont jamais réglées.

Quelques signes particuliers, tels qu'un sentiment de pesanteur dans les lombes, de lassitude
dans les membres, de picotement, de douleur
dans les mamelles, annoncent l'approche des règles. Cette apparition est quelquefois marquée
par des accidens beaucoup plus graves ; d'autres

ois l'écoulement s'établit brusquement sans aucun indice précurseur.

La durée totale de l'écoulement, son mode, la
quantité de sang exhalée, la couleur, la consistance de ce sang, ne sont pas moins variables. Chez
quelques femmes, la quantité du sang menstruel
est considérable, s'élève à plusieurs livres; les
règles durent huit ou dix jours sans discontinuer;
le sang a toutes les qualités artérielles : chez d'autres, à peine sort-il quelques gouttes d'un sang
tantôt aqueux et dépourvu de fibrine, et qui,
d'autres fois, a toutes les apparences de sang veineux; l'écoulement dure à peine un jour, ou se
suspend à diverses reprises.

Tant que dure la menstruation, les femmes sont
d'une susceptibilité extrême; le moindre bruit les
effraie, la moindre contrariété les affecte, elles
sont plus irascibles.

La régularité ou l'irrégularité du retour des
règles, la nature et la quantité du sang évacué,
la durée de l'évacuation, sont étroitement liées
avec l'état de santé ou de maladie de la femme,
et méritent toute l'attention du médecin.

On s'est assuré, par l'ouverture de cadavres de
femmes mortes pendant l'époque de leurs règles,
que le sang s'échappe de la face interne de la matrice, dont les vaisseaux ont été trouvés rouges
et remplis de sang, qu'il était facile de faire couler

dans la cavité de l'organe par une légère pression.

Menstruation.

Quoique presque toujours l'écoulement menstruel se fasse par l'utérus, cet organe n'est cependant pas exclusivement destiné à le produire : souvent des femmes ont été réglées par la membrane muqueuse du gros intestin, de l'estomac, du poumon, de l'œil, etc. Les divers points de la peau donnent aussi quelquefois issue au sang des règles : ainsi on a vu le sang sortir tous les mois par un ou plusieurs doigts, par la joue, la peau de l'abdomen, etc.

Croirait-on que des auteurs estimés se sont occupés de trouver la cause immédiate des règles, et qu'elles aient été attribuées à l'influence de la lune, à la position verticale de la femme, à sa nourriture trop abondante, etc. ?

L'époque à laquelle se fait la première menstruation arrive dans nos climats vers treize à quatorze ans ; elle est plus tardive dans le nord et plus précoce dans les pays chauds. Dans les régions équatoriales, les filles sont souvent nubiles à sept ou huit ans. Vers cinquante ans, plus tard dans le nord, plus tôt dans les pays chauds, les règles cessent, et avec elles finit l'aptitude à la génération. Cette époque, nommée *âge de retour, temps critique*, est souvent marquée par le développement de maladies graves.

Ce que nous venons de dire sur la menstruation souffre de nombreuses exceptions. Des jeunes filles ont quelquefois conçu avant d'être réglées; des femmes chez qui les règles avaient cessé à l'époque ordinaire, les ont vues reparaître à 70 ou 80 ans, et sont devenues mères; enfin, des femmes chez qui la menstruation ne s'est jamais montrée, n'en ont pas été moins fécondes.

Copulation et fécondation.

Nous avons dit quels sentimens instinctifs protégent notre existence individuelle; un sentiment de la même nature, mais plus vif et plus impérieux, parce que sa fin est plus importante, assure la conservation de l'espèce en portant les sexes à se rapprocher et à se livrer à la copulation. Le rôle de l'homme, dans l'acte reproducteur, consiste à déposer le sperme dans la cavité du vagin, plus ou moins près de l'orifice de l'utérus. La part qu'y prend la femme est beaucoup plus obscure; un grand nombre ressentent à cet instant des sensations voluptueuses très-vives; d'autres y paraissent tout-à-fait insensibles, et quelques-unes, enfin, n'éprouvent qu'un sentiment pénible et douloureux. Il en est qui répandent une mucosité abondante au moment où le plaisir est le plus vif, tandis que la plupart n'offrent rien de semblable. Sous tous ces rapports,

Copulation.

27.

il n'y a peut-être pas deux femmes qui se ressemblent entièrement.

Ces divers phénomènes sont communs aux copulations les plus fréquentes, c'est-à-dire, qui ne sont point fécondantes, et à celles qui sont suivies de la fécondation. Que se passe-t-il de plus dans ces dernières?

S'il faut en croire les ouvrages de physiologie les plus récens (1), la matrice s'entr'ouvre, aspire le sperme et le dirige jusqu'à l'ovaire au moyen des trompes, dont l'extrémité frangée embrasse étroitement cet organe. Le contact du sperme détermine la rupture d'une des vésicules, et le fluide qui en sort, ou la vesicule elle-même, passe dans l'utérus, où se développera le nouvel individu.

Quelque satisfaisante que paraisse cette explication, il faut pourtant se garder de l'admettre; car elle est purement hypothétique et même contraire aux expériences des observateurs les plus exacts.

Dans les nombreuses tentatives faites sur les animaux par Harvey, de Graaf, Valisnieri, etc., jamais le sperme n'a été aperçu, même dans la ca-

---

(1) Je passe sous silence les systèmes des anciens et des modernes sur la génération; à quoi bon surcharger l'esprit des élèves de ces brillantes rêveries, qui nuisent plus qu'on ne pense aux progrès de la science.

vité de l'utérus, encore moins a-t-il été vu dans la trompe, à la surface de l'ovaire. Il en est de même du mouvement par lequel la trompe embrasserait la circonférence de l'ovaire : jamais il n'a été reconnu par l'expérience. Quand même on supposerait que le sperme pénètre dans l'utérus au moment du coït, ce qui n'est pas impossible, quoiqu'on ne l'ait point observé, il serait encore très-difficile de comprendre comment le fluide passerait dans les trompes et arriverait à l'ovaire. La matrice, à l'état de vacuité, n'est point contractile, l'orifice utérin des trompes est d'une étroitesse extrême, et ces conduits n'ont aucun mouvement sensible connu.

C'est à cause de la difficulté de concevoir le transport du sperme à l'ovaire, que quelques auteurs ont imaginé que ce n'était pas cette matière qui y était portée, mais seulement la vapeur qui s'en exhale, ou l'*aura seminalis*. D'autres pensent que le sperme est absorbé dans le vagin, passe dans le système veineux et arrive aux ovaires par les artères (1). Les phénomènes qui accompagnent la fécondation de la femme sont donc à peu près inconnus. Une obscurité pareille règne sur la fé-

Féconda-
tion.

____

(1) Si cette idée a quelque fondement, une femelle pourrait être fécondée par l'injection du sperme dans les veines. Cette expérience serait curieuse à tenter.

condation des autres femelles mammifères. Cependant, chez celles-ci, il serait plus facile de concevoir le passage du sperme aux ovaires, puisque l'utérus et les trompes sont doués d'un mouvement péristaltique semblable à celui des intestins.

Toutefois la fécondation chez les poissons, les reptiles et les oiseaux, se faisant par le contact du sperme avec les œufs, il n'est guère présumable que la nature emploie un autre mode pour les mammifères; il faut donc considérer comme très-probable que le sperme parvient, soit à l'instant même du coït, soit plus ou moins long-temps après, jusqu'à l'ovaire, où il porte plus spécialement son action sur la vésicule plus développée.

Mais quand il serait hors de doute que le sperme arrive jusqu'aux vésicules de l'ovaire, il resterait encore à savoir comment son contact anime le germe qu'elle contient. Or, ce phénomène est un de ceux sur lesquels nos sens, ni même notre esprit, n'ont aucune prise : c'est un de ces mystères impénétrables dont nous sommes, et dont nous serons peut-être toujours environnés (1).

____

(1) La même obscurité environne ce qui regarde la ressemblance physique et morale du père avec les enfans, la transmission des maladies héréditaires, le sexe du nouvel individu, etc.

Nous avons pourtant sur ce sujet des expériences très-ingénieuses de Spallanzani, qui ont reculé la difficulté aussi loin qu'elle semble pouvoir l'être. Ce savant a constaté, par un grand nombre d'essais, 1°. que trois grains de sperme, dissous dans deux livres d'eau, suffisent pour donner à celle-ci la vertu fécondante ; 2°. que les animalcules spermatiques ne sont point nécessaires à la fécondation comme beaucoup d'auteurs, et en dernier lieu Buffon, l'avaient pensé ; 3°. que la vapeur du sperme n'a aucune propriété fécondante ; 4°. que l'on peut féconder une chienne en injectant du sperme dans son vagin avec une seringue, etc., etc.

Il faut aussi considérer comme conjectural ce que disent les auteurs sur des signes généraux de la fécondation. Au moment même de la conception, la femme éprouve, dit-on, un tressaillement universel, accompagné d'une sensation voluptueuse qui se prolonge quelque temps ; les traits se décomposent, les yeux perdent leur brillant, les pupilles se dilatent, le visage est pâle, etc. Sans doute la fécondation est quelquefois accompagnée de ces signes ; mais combien de mères ne les ont jamais éprouvés, et parviennent jusqu'au troisième mois de leur grossesse sans soupçonner leur état !

On a des notions plus exactes sur les changemens qui se passent dans l'ovaire après la fécondation. Tous les bons observateurs ont décrit un corps de couleur jaunâtre qui se développe dans le tissu de l'ovaire chez les femelles fécondées, et qui, d'abord, assez volumineux, va en diminuant de dimension à mesure que la grossesse avance; mais ces phénomènes appartiennent à l'histoire de la gestation, dont nous allons nous occuper.

Grossesse ou gestation.

Le temps qui s'écoule depuis le moment de la fécondation jusqu'à l'accouchement est appelé *grossesse* ou *gestation*; il est ordinairement de neuf mois, ou deux cent soixante-dix jours : tout ce temps est employé au développement des organes du nouvel individu.

Pour prendre des notions exactes sur la grossesse, il faut étudier successivement les phénomènes qui se passent dans l'ovaire après la fécondation, ceux qui ont lieu dans la trompe, ceux qui appartiennent à l'utérus et à ses annexes, ceux qui se voient dans l'économie entière, et enfin ceux qui sont particuliers au fœtus.

Malgré les nombreux travaux des anatomistes et des physiologistes sur les changemens qui ont lieu dans l'ovaire après la fécondation, on est encore loin d'être suffisamment instruit à cet égard. La difficulté consiste à savoir ce qui se détache de l'ovaire pour passer dans l'utérus : les uns disent avoir vu une petite vésicule se détacher de l'ovaire et passer dans la trompe, et les autres soutiennent n'avoir jamais rien observé de semblable. Je vais dire ce que mes observations m'ont appris sur ce point.

Vingt-quatre ou trente heures après un coït fécondant, les vésicules de l'ovaire, qui étaient les plus développées, augmentent sensiblement de volume. Le tissu de l'ovaire, qui les environne, devient plus consistant. Il change de couleur et devient gris jaunâtre.

Dans cet état, le tissu de l'ovaire prend le nom de corps jaune, *corpus luteum*. La vésicule continue de grossir le deuxième, troisième et quatrième jour. Le corps jaune croît dans la même proportion à cette époque : il contient dans ses aréoles un liquide blanc, opaque, analogue au lait pour l'apparence. Au-delà de ce terme, la vésicule rompt la tunique externe de l'ovaire et se porte à sa surface, où elle adhère cependant par un de ses côtés. J'ai vu sur des chiennes des vésicules ainsi sorties de l'ovaire, et qui avaient le volume d'une noisette ordinaire. A cet état, elles ne présentent rien à leur intérieur qui puisse être considéré comme un germe ; leur surface est lisse ; le liquide qu'elles contiennent ne se prend plus en masse, comme cela arrive avant la fécondation.

Après la sortie de la vésicule, le corps jaune reste dans l'ovaire; il offre dans son centre une cavité d'autant plus grande qu'on est plus près de l'époque de la conception. A mesure qu'on s'en éloigne, cette cavité diminue ainsi que le corps jaune lui-même; mais la diminution de celui-ci est très-lente, et l'ovaire contient toujours ceux de la génération précédente, ce qui en a imposé plusieurs aux fois observateurs.

Ainsi les premiers effets de la fécondation se passent dans l'ovaire et consistent dans le développement d'une ou plusieurs vésicules, et d'autant de corps jaunes; quelquefois on trouve des vésicules qui sont remplies de sang; elles semblent avoir été trop fortement affectées par le sperme; il paraît aussi que dans certains cas, la vésicule d'un ou plusieurs corps jaunes se rompt avant leur entier développement; car il n'est pas rare de trouver plus de corps jaunes dans l'ovaire que de vésicules à sa surface.

Action de la trompe.

Parmi les vésicules développées attachées à la surface de l'ovaire, il y en a ordinairement une qui adhère à l'orifice évasé et muqueux de celle-ci, dont le tissu est d'ailleurs ramolli et gorgé de sang, et présente un mouvement péristaltique évident. Je n'ai jamais aperçu directement la vésicule dans la trompe ; mais j'ai vu plusieurs fois une vésicule descendue jusqu'à la partie la plus inférieure de la corne de l'utérus, tandis qu'une autre avait déjà contracté des adhérences avec l'extrémité de la trompe. A cet instant, le corps de celle-ci était élargi au point d'avoir près d'un demi-pouce de diamètre : il avait par conséquent bien assez de largeur pour laisser passer les vésicules.

Le moment où les vésicules passent à travers la trompe paraît variable suivant les espèces. Dans les lapines, il paraît se faire du troisième au quatrième jour ; dans les chiennes, du sixième au huitième. Il est probable qu'il est encore plus tardif dans les femmes, et qu'il ne se fait guère avant le douzième. M. le docteur Maygrier m'a assuré avoir vu le produit de la fécondation rendu par un avortement le douzième jour de la grossesse : c'était une petite vésicule légèrement tomenteuse à sa surface, et pleine d'un fluide transparent.

Action de la trompe utérine.

Les appendices vasculaires par lesquels la trompe se termine dans l'espèce humaine, ont probablement pour usage de contracter des adhérences avec la vésicule qui se détache de l'ovaire, et de verser sur elles un fluide qui favorise son développement. Après le passage de celles-ci, la trompe se resserre et reprend son étroitesse ordinaire.

Arrivé dans la cavité de l'utérus, l'œuf s'unit

intimement avec la surface intérieure de cet organe ; il y puise les matériaux nécessaires à son accroissement, et y acquiert un volume considérable. L'utérus se prête à cet accroissement, change de forme, de position, etc.

Changemens de l'utérus dans la grossesse.

Changemens de l'utérus dans la grossesse.

Durant les trois premiers mois de la grossesse le développement de l'utérus est peu considérable et se fait dans l'excavation du bassin ; mais dans le quatrième l'organe croît plus rapidement et davantage ; il ne peut plus être contenu dans cette cavité ; il s'élève et vient se loger dans l'hypogastre. L'organe continue de croître en tout sens pendant les cinq, six, sept et huitième mois ; il occupe un espace de plus en plus considérable dans l'abdomen, comprime et déplace les organes circonvoisins, refoule les intestins dans les flancs et les régions iliaques. A la fin du huitième mois il remplit presque à lui seul les régions hypogastrique et ombilicale, son fond approche de la région épigastrique ; passé cette époque, le fond baisse et se rapproche de l'ombilic.

Le col de l'utérus éprouve peu de changement dans les sept premiers mois de la gestation, et l'organe conserve durant ce temps une figure conoïde ; mais alors le col diminue de longueur,

s'entr'ouvre et finit par s'effacer presque entièrement, alors la matrice a une forme ovoïde prononcée, et son volume est, selon Haller, près de
douze fois plus considérable que dans l'état de vacuité.

Il est impossible que l'utérus change ainsi de
forme, de volume et de situation sans que ses
rapports avec ses annexes ne soient modifiés; en
effet, les lames péritonéales qui forment les ligamens larges s'écartent, le vagin est alongé dans
le sens de sa longueur. Les ovaires, retenus par
leurs artères et leurs veines, ne peuvent point s'é-
lever avec le fond de l'utérus; ils sont appliqués,
ainsi que les trompes, sur ses parties latérales.
Les ligamens ronds se prêtent à son élévation,
autant que le permet leur longueur; ensuite ils
y mettent plus ou moins d'obstacle, et tendent à
porter le fond de l'utérus en avant, ce qui doit
avoir un effet avantageux pour la circulation abdominale, en diminuant la compression des gros
vaisseaux. Les parois abdominales éprouvent une
extension considérable; de là les vergetures qui
se voient sur l'abdomen des femmes qui ont eu
plusieurs enfans.

A mesure que l'utérus se développe, son tissu
perd de sa consistance; il prend une couleur
rouge assez foncée et une disposition spongieuse;
sa structure fibreuse devient plus évidente. On

Change-
mens dans la
structure de
l'utérus pen-
dant la gros-
sesse.

y voit, à l'extérieur, des fibres longitudinales qui, du fond, se rendent au col, où elles son coupées à angle droit par des fibres circulaires. Au-dessous de cette couche, le tissu d l'utérus présente un entrelacement inextricabl de fibres où l'on ne peut distinguer aucun arrangement régulier ; dans cet état, l'organe paraî doué d'une contractilité particulière qui, dan les animaux, a la plus grande analogie avec l mouvement péristaltique des intestins ; sa surface intérieure présente, presque aussitôt après la fécondation, une couche albumineuse qui y est très-adhérente. Cette couche croît avec l'organe dans les premiers temps de la grossesse, mais disparaît ensuite en grande partie. G. Hunter (1), qui le premier l'a décrite avec soin, la nomme *membrane caduque*. Elle paraît destinée à favoriser l'adhérence de l'œuf avec la face interne de la matrice.

Ces changemens dans le volume et la structure de l'utérus nécessitent des modifications dans sa circulation. En effet, les artères subissent une dilatation très-considérable ; les veines grossissent aussi beaucoup ; elles forment dans le parenchyme de l'organe ce qu'on a improprement nommé les *sinus utérins* ; les vaisseaux lympha-

____

(1) Voyez son magnifique ouvrage *De Utero gravido, etc.*

tiques deviennent aussi très-volumineux. Il est évident que la quantité de sang qui traverse l'utérus dans un temps donné est en rapport avec les changemens qu'il a éprouvés et les nouvelles fonctions qu'il est appelé à remplir.

Phénomènes généraux de la grossesse.

Tandis que tous ces phénomènes se passent dans l'utérus, d'importantes modifications arrivent dans les fonctions de la mère, et commencent souvent à se manifester immédiatement après la fécondation.

La femme qui a conçu ne voit plus d'écoulement menstruel reparaître, ses mamelles se gonflent; si elle allaite, son lait devient séreux et cesse d'être profitable à l'enfant; ses paupières sont gonflées et bleuâtres; le visage est décoloré; la transpiration prend une odeur particulière; une pâleur générale se montre, et avec elle des dégoûts pour la plupart des alimens, quelquefois coïncidens avec des appétits bizarres; des nausées continuelles, de violens maux de tête, se font sentir et sont suivis de vomissemens très-fatigans; l'abdomen devient d'une sensibilité extrême, s'aplatit d'abord pour se gonfler ensuite; quelques femmes perdent le sommeil, et cependant ne peuvent quitter le lit sans une extrême fatigue; en revanche, des femmes délicates, valétudinaires, voient leur santé devenir pros-père : souvent des maladies graves sont arrêtées dans leur cours, et ne reprennent leur marche qu'après l'accouchement, etc.

En général, chez les femmes enceintes les facultés intellectuelles sont affaiblies, elles s'affectent sans raison, les événemens les plus ordinaires produisent chez elles des impressions profondes et presque toujours tristes; de là, la nécessité des soins de tous genres, dont la femme doit être l'objet, et la sollicitude qu'elle inspire à chacun.

A ces différens accidens qu'il est impossible d'expliquer, se joignent des phénomènes qui tiennent évidemment à l'augmentation du volume de l'utérus : tels que des crampes dans les membres inférieurs, le gonflement des veines superficielles des cuisses et des jambes, un sentiment d'engourdissement, ce fourmillement né de la gêne qu'éprouve la circulation. Dans les derniers temps de la grossesse, la vessie et le rectum étant fortement comprimés, les envies d'uriner et d'aller à la garde-robe sont fréquentes.

Ne joignons pas à ces phénomènes, dont l'existence est certaine, des suppositions dénuées de fondement : telles, par exemple, que les fractures des femmes enceintes guérissent plus difficilement que celles des autres femmes : l'expérience prouve directement le contraire.

Développement de l'œuf dans l'utérus.

Dans les premiers momens du séjour de l'œuf dans l'utérus, il y est libre; son volume est à peu près celui qu'il avait en abandonnant l'ovaire; mais, dans le cours du second mois, ses dimensions augmentent, il se couvre de filamens longs d'environ une ligne, qui se ramifient à la manière des vaisseaux sanguins, et qui s'implantent dans la membrane caduque. Dans le troisième mois on ne les aperçoit plus que d'un seul côté de l'œuf, les autres ont à peu près disparu; mais ceux qui restent ont acquis plus d'étendue, de grosseur et de consistance, et se sont implantés plus profondément dans la caduque : le tout ensemble forme le *placenta*. Dans le reste de sa surface, l'œuf ne présente qu'une couche molle tomenteuse, nommée *caduque réfléchie*. L'œuf continue de croître et de se développer jusqu'à la fin de la grossesse, où son volume égale à peu près celui de l'utérus; mais sa structure éprouve des changemens importans que nous allons examiner.

D'abord, ses deux membranes se sont prêtées à son agrandissement, tout en devenant plus épaisses et plus résistantes : l'extérieure a pris le nom de *chorion*; l'autre est nommée *amnios*. Le liquide que contient cette dernière augmente dans la proportion du volume de l'œuf. D'après M. le

Dévelop-
pement de
l'œuf dans
l'utérus.

Développe-
pement de
l'œuf dans
l'utérus.

professeur Vauquelin, il présente à la fois les
propriétés acides et alcalines. Il est formé d'eau,
d'albumine, de soude, de muriate de soude, et de
phosphate de chaux : M. Berzelius dit y avoir reconnu de l'acide fluorique ; peut-être n'est-il pas
identique aux différentes époques de la gestation.
Il existe aussi une certaine quantité de liquide
entre le chorion et l'amnios, dans le second mois
de la grossesse, mais il disparaît pendant le troisième.

Jusqu'à la fin de la troisième semaine l'œuf
n'offre rien qui indique la présence du germe ; le
liquide qu'il contient est transparent, et en partie coagulable comme il était auparavant. A cette
époque on commence à apercevoir du côté où
l'œuf est adhérent à l'utérus, quelque chose de
légèrement opaque, gélatiniforme, dont toutes les
parties paraissent homogènes ; bientôt quelques
points deviennent plus opaques, il se forme deux
vésicules distinctes, réunies par un pédicule, et
à peu près égales en volume, dont l'une est adhérente à l'amnios par un petit filament. Presque
en même-temps se montre au milieu de cette
dernière un point rouge, d'où l'on voit partir des
filamens jaunâtres : c'est le cœur et les principaux vaisseaux sanguins. Au commencement du
second mois la tête est bien visible, les yeux forment deux points noirs très-gros relativement au

De l'em-
bryon.

volume de la tête ; de petites ouvertures indiquent la place des oreilles et des narines ; la bouche, d'abord fort grande, se rétrécit ensuite par le développement des lèvres, qui arrive vers le soixantième jour, avec celui des oreilles, du nez des membres, etc.

Successivement, jusqu'au milieu environ du quatrième mois, se fait le développement de tous les principaux organes ; alors cesse l'état d'*embryon* et commence celui de *fœtus*, qui se prolonge jusqu'au terme de la grossesse. Pendant ce temps, toutes les parties croissent avec plus ou moins de rapidité, et se rapprochent de la disposition qu'elles doivent présenter après la naissance. Nous avons fait connaître les principales particularités qui regardent les fonctions de relation ; il faut dire quelques mots des organes de la vie nutritive.

Du fœtus.

Avant le sixième mois les poumons sont très-petits, le cœur est volumineux, mais ses quatre cavités sont confondues, ou du moins difficiles à distinguer ; le foie est considérable et occupe une grande partie de l'abdomen ; la vésicule biliaire n'est point pleine de bile, mais d'un fluide incolore et non amer ; dans sa partie inférieure, l'intestin grêle contient une matière jaunâtre, peu abondante, nommée *méconium* ; les testicules sont placés sur les côtés des vertèbres lombaires supérieures; les ovaires occupent la même position. A la fin du septième mois, les poumons prennent une teinte rougeâtre qu'ils n'avaient pas auparavant; les cavités du cœur deviennent distinctes; le foie conserve ses dimensions considérables, mais il s'éloigne un peu de l'ombilic; la bile se montre dans la vésicule, le méconium est plus abondant, et descend plus bas dans le gros intestin; les ovaires se rapprochent du bassin, les testicules se dirigent vers les anneaux inguinaux. A cette époque le fœtus est *viable*, c'est-à-dire que, s'il vient à être expulsé de l'utérus, il pourra respirer et vivre. Tout va encore en se perfectionnant dans le huitième et le neuvième mois.

Nous ne pouvons suivre ici les détails intéressans de cet accroissement des organes; ils sont du ressort de l'anatomie : occupons-nous des phénomènes physiologiques qui s'y rapportent.

Fonctions de l'œuf et du fœtus.

Dès qu'il y est arrivé, l'œuf croît dans la cavité de la matrice, sa surface se couvre d'aspérités qui se transforment promptement en vaisseaux sanguins : la vie existe donc dans l'œuf. Mais nous n'avons aucune idée de ce mode d'existence; probablement que la surface de l'œuf absorbe les fluides avec lesquels elle se trouve en contact, et que ceux-ci, après avoir subi une

élaboration particulière de la part des membranes, sont ensuite versés dans la cavité de
l'amnios.

Qu'était le germe avant son apparition? exis-
tait-il où s'est-il formé à cet instant? la petite
masse légèrement opaque qui le compose con-
tient-elle les rudimens de tous les organes du
fœtus et de l'adulte, ou bien ceux-ci sont-ils
créés à l'instant où ils commencent à se montrer?
quelle peut être une nutrition aussi compliquée, aussi importante, qui se fait sans vaisseaux,
sans nerfs, sans circulation apparente? Comment le cœur commence-t-il à se mouvoir avant
l'apparition du système nerveux? d'où vient le
sang jaunâtre qu'il contient d'abord? etc., etc.
Il est impossible dans l'état actuel de la science
de répondre à aucune de ces questions.

On n'est guère instruit sur ce qui se passe
dans l'embryon, où les organes ne sont encore
qu'ébauchés; cependant on y reconnaît une sorte
de circulation. Le cœur envoie du sang dans les
gros vaisseaux et dans le placenta rudimentaire;
probablement que du sang retourne au cœur par
des veines, etc. Mais quand le nouvel être est
parvenu à l'état de fœtus, que la plupart des organes sont bien apparens, alors il est possible de
reconnaître quelques-unes des fonctions particulières à cet état.

Fonctions du germe et de l'embryon.

Fonctions
du fœtus.

Des fonctions du fœtus, la circulation est la mieux connue; elle est plus compliquée que celle de l'adulte, et se fait d'une manière tout-à-fait différente.

En premier lieu, il serait impossible de la partager en veineuse et en artérielle; car le sang du fœtus a sensiblement partout la même apparence, c'est-à-dire, une teinte rouge brunâtre: du reste; il se comporte à peu près comme le sang de l'adulte; il se coagule, se sépare en caillot et en sérum, etc. Je ne sais pourquoi de savans chimistes ont cru qu'il ne contient pas de fibrine.

Du placenta.

L'organe le plus singulier et l'un des plus importans de la circulation du fœtus est le placenta; il succède à ces filamens qui, durant le premier mois de la grossesse, recouvrent l'œuf. D'abord fort petit, il acquiert promptement une étendue considérable. Par sa face extérieure il adhère à l'utérus, présente des sillons irréguliers, qui indiquent sa division en plusieurs lobes ou *cotylédons*, dont le nombre et la forme n'ont rien de fixé. Sa face fœtale est recouverte par le chorion et l'amnios, excepté à son centre, qui donne insertion au cordon ombilical. Des vaisseaux sanguins, divisés et subdivisés, forment son parenchyme. Ils appartiennent aux divisions des artères ombilicales et aux radicules de la veine du même nom. Les vaisseaux d'un lobe ne communiquent point avec ceux des lobes voisins ; mais ceux du même cotylédon ont des anastomoses fréquentes, car rien n'est si facile que de faire passer des injections des uns dans les autres.

Le *cordon ombilical* s'étend depuis le centre du placenta jusqu'à l'ombilic de l'enfant ; sa longueur est souvent de près de deux pieds ; il est formé par les deux artères et la veine ombilicales, réunies par un tissu cellulaire très-serré ; il est recouvert par les deux membranes de l'œuf. Dans les premiers mois de la grossesse, une vésicule, à laquelle viennent se rendre de petits vaisseaux, prolongement de l'artère mésentérique et de la veine mésaraïque, se trouve dans l'épaisseur du cordon, entre le chorion et l'amnios, non loin de l'ombilic. Cette vésicule n'est point l'analogue de l'allantoïde ; elle représente la membrane du jaune des oiseaux et des reptiles, et la vésicule ombilicale des mammifères (1). Elle contient un fluide jaunâtre qui paraît être absorbé par les veines répandues dans ses parois.

Née du placenta, et parvenue à l'ombilic, la

—————————————

(1) Voyez le *Mémoire* de M. Dutrochet, *sur les enveloppes de l'œuf*, inséré parmi ceux de la Société médicale d'Emulation, tom. VIII, et les belles recherches de M. Cuvier sur le même sujet. (*Annales du Muséum*, 1817.)

Veine om-
bilicale.

veine ombilicale s'engage dans l'abdomen, et parvient jusqu'à la face inférieure du foie; là, elle se divise en deux grosses branches, dont l'une se distribue dans le foie de concert avec la veine porte, tandis que l'autre se termine brus-

Canal vei-
neux.

quement à la veine cave, sous le nom de *canal veineux.* Cette veine a deux valvules, l'une à l'endroit de sa bifurcation, et l'autre à sa jonction avec la veine cave.

Cœur du
fœtus.

Le cœur et les gros vaisseaux du fœtus viable sont bien différens de ce qu'ils seront après la naissance; la valvule de la veine cave est très-développée; la cloison des oreillettes présente une ouverture très-large, garnie d'une valvule

Trou Botal.

en croissant, et nommée *trou Botal.* L'artère pulmonaire, après avoir envoyé deux petites branches aux poumons, se termine presque aussitôt dans l'aorte, à la partie concave de sa crosse :

Canal arté-
riel.

elle est nommée, dans cet endroit, *canal artériel.*

Artères om-
bilicales.

Un dernier caractère propre aux organes circulatoires du fœtus, c'est l'existence des *artères ombilicales* qui naissent des iliaques internes, se portent sur les côtés de la vessie, s'accollent à l'ouraque, sortent de l'abdomen par l'ombilic, et vont gagner le placenta, où elles se distribuent comme il a été dit plus haut.

D'après cette disposition de l'appareil circulatoire du fœtus, il est évident que le mouvement

du sang doit y être tout autre que dans l'adulte.
Si nous supposons que le sang part du placenta,
il est clair qu'il parcourt la veine ombilicale
jusqu'au foie ; là, une partie du sang passe dans le
foie, et l'autre dans la veine cave ; ces deux routes
le conduisent au cœur par la veine cave inférieure ;
arrivé à cet organe, il pénètre dans l'oreillette
droite et dans la gauche, en traversant le trou
Botal au moment où elles se dilatent. A cet instant
le sang de la veine cave inférieure se mêle inévitablement avec celui de la supérieure. En effet, comment deux liquides de même nature, ou
à peu près, pourraient-ils rester isolés dans une
cavité où ils arrivent en même temps, et qui se
contracte pour les expulser? Je n'ignore pas que
Sabatier, dans son beau *Mémoire sur la circulation du fœtus*, a soutenu l'opinion contraire ;
mais j'avoue que ses raisons ne changent pas
mon sentiment à cet égard.

Quoi qu'il en soit, la contraction des oreillettes succède à leur dilatation ; le sang est poussé
dans les deux ventricules au moment où ils se
dilatent ; ceux-ci, à leur tour, se resserrent et
chassent le sang ; le gauche dans l'aorte, et le
droit dans la pulmonaire ; mais comme cette artère se termine à l'aorte, il est clair que tout le
sang des deux ventricules passe dans l'aorte, à
l'exception d'une très-petite partie qui va aux

poumons. Sous l'influence de ces deux agens d'impulsion, le sang parcourt toutes les divisions de l'aorte, et revient au cœur par les veines caves; mais, en outre, il est porté au placenta par les artères ombilicales, et il revient au fœtus par la veine du cordon.

Usage du trou botal.

Il est facile de concevoir l'utilité du trou botal et du canal artériel : l'oreillette gauche ne recevant point, ou très-peu, de sang du poumon, ne pourrait point en fournir au ventricule gauche, si elle n'en recevait par l'ouverture de la cloison des oreillettes. D'un autre côté, le poumon n'ayant aucune fonction, si tout le sang de l'artère pulmonaire s'y était distribué, la force d'impulsion du ventricule droit aurait été inutilement consumée, tandis que par le moyen du canal artériel, la force des deux ventricules est employée à faire mouvoir le sang dans l'aorte; sans cette réunion de l'action des deux ventricules, il est probable que le sang n'aurait pu parvenir jusqu'au placenta, et revenir ensuite au cœur.

Les mouvemens du cœur sont très-rapides chez le fœtus; ordinairement ils dépassent cent vingt par minutes : la circulation a nécessairement une vitesse proportionnée.

Maintenant se présente à examiner une question délicate. Quels sont les rapports de la circulation de la mère avec celle du fœtus? Pour arriver à quelque notion précise sur ce point, il faut examiner d'abord le mode de jonction du placenta et de l'utérus.

Les anatomistes ont varié à cet égard. On a cru long-temps que les artères utérines s'anastomosaient directement avec les radicules de la veine ombilicale, et que les dernières divisions des artères du placenta s'abouchaient avec les veines de la matrice; mais l'impossibilité reconnue de faire passer dans la veine ombilicale des injections poussées dans les veines utérines, et réciproquement à faire parvenir des matières liquides, injectées dans les artères ombilicales, jusque dans les veines de l'utérus, a fait renoncer à cette idée. Il est assez généralement admis aujourd'hui qu'il n'existe point d'anastomose entre les vaisseaux du placenta et ceux de l'utérus. J'ai fait quelques recherches sur cette question; en voici les principaux résultats:

J'ai d'abord répété les tentatives d'injections du placenta par les vaisseaux de l'utérus; mais sans aucun succès; je les ai même faites sur des animaux vivans sans mieux réussir; je me suis servi de matières vénéneuses dont les effets m'étaient connus, de matières odorantes, et rien ne m'a fait soupçonner une communication directe.

Dans les chiennes, vers le milieu de leur gestation, on voit un grand nombre d'artérioles qui, sortant du tissu de l'utérus, s'enfoncent dans le placenta, où elles se divisent en plusieurs ramifications. A cette époque, il est impossible de séparer ces deux organes sans déchirer ces artérioles, et produire une hémorrhagie considérable; mais à la fin de la gestation, en tirant tant soit peu l'utérus, ces petits vaisseaux se séparent du placenta avec leur division, et il n'y a aucun écoulement de sang.

Quand on injecte dans les veines d'un chien une certaine quantité de camphre, le sang prend aussitôt une odeur camphrée très-forte. Après avoir fait cette injection sur une chienne pleine, j'ai extrait un fœtus de l'utérus : au bout de trois ou quatre minutes, son sang n'avait aucune odeur de camphre; mais celui d'un second fœtus, extrait après un quart d'heure, avait une odeur de camphre prononcée. Il en fut de même des autres fœtus.

Ainsi, malgré le défaut d'anastomose directe entre les vaisseaux de l'utérus et ceux du placenta, il est impossible de douter que le sang de la mère, ou quelques-uns de ses élémens, ne passe au fœtus avec une certaine promptitude, il est probablement déposé par les vaisseaux utérins à la surface ou dans le tissu du placenta, et absorbé par les radicules de la veine ombilicale.

Il est beaucoup plus difficile de savoir si le sang
du fœtus revient à la mère. Sur les animaux,
parmi les petits vaisseaux qui vont de l'utérus au
placenta, on n'en voit aucun qui ait l'apparence
de veine. Chez la femme, de larges ouvertures qui
communiquent avec les veines utérines, se voient
sur la partie de l'utérus, où est adhérent le placenta ; mais on ignore si ces orifices veineux sont
destinés à absorber le sang du fœtus ou à laisser
échapper le sang de la mère à la surface du placenta : j'admettrais plus volontiers cette seconde
idée, mais il n'existe cependant aucune preuve.

J'ai souvent poussé dans les vaisseaux du cordon ombilical, en les dirigeant vers le placenta,
des poisons très-actifs, je n'ai jamais vu la mère
en éprouver les effets, et si celle-ci meurt d'hémorrhagie, les vaisseaux du fœtus restent pleins de
sang.

Puisque l'anastomose des vaisseaux de l'utérus
n'existe point, il n'est guère présumable que la
circulation de la mère influe sur celle du fœtus
autrement qu'en versant du sang dans les aréoles
du placenta : le cœur du fœtus serait alors le principal mobile du sang chez celui-ci. On cite cependant des fœtus bien développés, venus au monde
sans cœur ; mais ces observations sont-elles bien
exactes? Il existe des cas bien constatés de placentas
entièrement séparés de fœtus morts, et qui ont

continué seuls à se développer. M. Ribes vient d'en observer récemment un cas où le cordon ombilical était rompu et parfaitement cicatrisé. Comment s'était faite alors la circulation dans cet organe ?

Concluons que les rapports de la circulation de la mère avec celle du fœtus demandent de nouvelles expériences.

Quelques auteurs ont avancé que le placenta était au fœtus ce qu'est le poumon à l'enfant qui respire ; d'autres ont cherché à expliquer le volume considérable du foie en lui attribuant le même usage. Ces assertions n'ont aucun fondement. Une épaisse obscurité envrironne ce qui regarde les fonctions des capsules surrénales, du thymus, de la thyroïde, dont les dimensions sont considérables dans le fœtus ; ce sujet a souvent exercé l'imagination des physiologistes sans aucun profit réel pour la science.

Malgré l'autorité imposante de Boerrhaave, il est impossible d'admettre que le fœtus avale continuellement l'eau de l'amnios, qu'il la digère et s'en nourrit.

Son estomac contient, il est vrai, une matière visqueuse en quantité assez considérable ; mais elle ne ressemble en rien au liquide amniotique, elle est très-acide, gélatiniforme ; du côté du pilore elle est grisâtre et opaque ; il paraît qu'elle est chimi-

fiée dans l'estomac, qu'elle passe dans l'intestin
grêle, où, après avoir subi l'action de la bile, et
peut-être du suc pancréatique, elle fournit un chyle
particulier. Le résidu descend ensuite vers le gros
intestin, où il forme le méconium, qui est évidemment le résultat de la digestion qui s'est opé-
rée pendant la grossesse. D'où vient la matière
digérée? Il paraît probable qu'elle est sécrétée par
l'estomac lui-même, ou qu'elle descend de l'œsophage; rien ne s'oppose cependant à ce que dans
certains cas le fœtus n'avale quelques gorgées
d'eau de l'amnios, les poils analogues à ceux de
la peau, qui se trouvent dans le méconium, sem-
bleraient l'indiquer. Il est important de remarquer
que le méconium est une substance très-peu azo-
tée.

Rien n'est encore connu touchant l'usage de
cette digestion dans le fœtus; il n'est pas probable
qu'elle soit essentielle à son développement, puisqu'il est né des enfans qui ne présentaient point
d'estomac ni rien qui le remplaçât.

Quelques personnes disent avoir vu du chyle
dans le canal thoracique du fœtus; je n'ai jamais
rien aperçu de semblable : sur les animaux vivans, ce canal et les lymphatiques contiennent
un fluide qui paraît être analogue à la lymphe, et
qui se coagule spontanément comme elle.

J'ai fait quelques tentatives pour m'assurer di-

Absorption
veineuse du
fœtus.

rectement si l'absorption veineuse existe chez le fœtus encore contenu dans l'utérus. J'ai injecté dans la plèvre, dans le péritoine, et dans le tissu cellulaire, des substances vénéneuses très-actives, mais je n'ai obtenu aucun résultat satisfaisant; car le système nerveux des fœtus qui n'ont pas respiré, ne paraît pas sensible à l'action des poisons.

Exhalations
du fœtus.

Il paraît certain que les exhalations ont lieu chez le fœtus, car toutes les surfaces sont lubrifiées à peu près comme elles le seront par la suite; la graisse est abondante, les humeurs de l'œil existent. Il est aussi très-probable que la transpiration cutanée s'effectue, et qu'elle se mêle continuellement à la liqueur de l'amnios. Quant à cette dernière liqueur, il est difficile de dire d'où elle tire son origine; aucuns vaisseaux sanguins apparens ne se portent à l'amnios, et cependant il est probable que c'est cette membrane qui en est l'organe sécréteur.

Sécrétions
folliculaires
chez le fœ-
tus.

Les follicules cutanés et muqueux sont développés, et paraissent avoir une action très-énergique, surtout à dater du septième mois, alors la peau est recouverte d'une couche assez épaisse de matière grasse sécrétée par les follicules: plusieurs auteurs l'ont considérée, mais à tort, comme un dépôt de la liqueur de l'amnios. Le mucus est aussi très-abondant dans les deux derniers mois de la gestation.

Toutes les glandes qui servent à la digestion Sécrétions glandulaires du fœtus. ont un volume considérable, et paraissent avoir une certaine activité; on sait peu de chose de l'action des autres. On ignore, par exemple, si les reins forment de l'urine, et si ce fluide est rejeté par l'urètre dans la cavité de l'amnios. Les testicules et les mamelles paraissent former un fluide qui ne ressemble ni au lait, ni au sperme, et qui se trouve dans les vésicules séminales et dans les canaux lactifères.

Que dire sur la nutrition du fœtus? Les ouvrages de physiologie ne contiennent que des conjectures plus ou moins vagues sur ce point; il paraît certain que le placenta puise chez la mère les matériaux nécessaires au développement des organes, mais nous ignorons quels sont ces matériaux, et comment ils se comportent.

La respiration n'ayant pas lieu avant la naissance, Chaleur animale chez le fœtus. la chaleur animale du fœtus ne peut en dépendre. L'expérience a démontré qu'elle ne s'élève pas au-dessus de 27 ou 28 degrés; elle est plus élevée, dit-on, quand le fœtus est mort dans l'utérus. Si ce fait est exact, le fœtus aurait un moyen de refroidissement qui n'existe plus après la naissance.

Voilà le peu qu'on sait touchant les fonctions nutritives du fœtus; ce qui a rapport aux fonctions de relation a déjà été exposé.

Puisque la mère transmet au fœtus les maté-

Rapport des fonctions de la mère avec celles du fœtus.

riaux nécessaires à sa nutrition, celle-ci est nécessairement liée avec la nature et la quantité des matériaux transmis : s'ils sont de bonne nature, et si la quantité en est suffisante, l'accroissement se fera d'une manière satisfaisante ; mais si la proportion en est trop faible, ou si les qualités n'en sont pas convenables, le fœtus se nourrira mal, cessera de se développer, ou même périra. Or, l'état du moral de la mère pouvant modifier la proportion et la nature des élémens qui passent au placenta, il est vrai de dire que son imagination influe sur le fœtus. C'est ainsi qu'une terreur subite, un chagrin violent, une joie immodérée, peuvent causer la mort du fœtus ou ralentir son accroissement. Des causes physiques, tels que des coups, des chutes, l'action de certains médicamens, la mauvaise qualité des alimens, peuvent avoir le même résultat, parce qu'ils nuisent de même à la transmission des matériaux nutritifs du fœtus. Si la mère est affectée d'une maladie contagieuse, le fœtus en présente bientôt les symptômes ; ainsi la vie du fœtus est dans une dépendance évidente de celle de la mère.

Maladies du fœtus.

Indépendamment des lésions qui lui viennent de cette source, le fœtus est fréquemment atteint de maladies spontanées, telles que des hydropisies, des fractures, des ulcères, des gangrènes, des éruptions cutanées, la séparation d'un ou plusieurs membres, et beaucoup d'autres lésions intérieures, locales ou générales. Souvent ces maladies le font mourir avant de naître, ou, si elles permettent qu'il arrive vivant jusqu'à la naissance, elles le mettent dans l'impossibilité de pouvoir vivre au-delà. Les membranes de l'œuf, le placenta, la liqueur de l'amnios, ne sont pas toujours étrangers à ces désordres.

Vices de conformation. Par l'effet de causes inconnues, les diverses parties du fœtus se développent quelquefois d'une manière vicieuse; une ou plusieurs des ouvertures naturelles de son corps peuvent ne point exister, ou être closes par des membranes; les poumons, l'estomac, la vessie, les reins, le foie, le cerveau, manquent quelquefois entièrement ou présentent des dispositions inaccoutumées; en général, selon la remarque de M. Béclard, quand un nerf manque, la partie où il se distribue principalement n'existe point.

Monstruosités. D'autres *malformations* ou *monstruosités*, qui arrivent aussi sans causes connues, paraissent dépendre de la confusion de deux germes; d'où résultent des enfans à deux têtes avec un seul tronc, ou à deux troncs avec une seule tête; quelques-uns ont quatre bras et quatre jambes bien ou mal conformés. On a trouvé plusieurs fois un fœtus non développé dans l'abdomen d'individus déjà avancés en âge, etc. Il n'y a aucune raison de croire que l'imagination de la mère puisse influer sur la formation de ces monstres ; d'ailleurs des productions de ce genre s'observent journellement dans les animaux et jusque dans les plantes.

Grossesses multiples.

Il n'est pas rare qu'au lieu d'un seul fœtus, l'utérus en contienne deux. En France ce cas arrive une fois sur quatre-vingts ; il paraît encore plus fréquent en Angleterre. La gestation de trois fœtus est beaucoup plus rare : sur 36 mille accouchemens qui ont eu lieu à l'Hospice de la Maternité de Paris, il n'a été observé que quatre fois. On a quelques exemples bien authentiques de femmes qui ont porté à la fois quatre et même cinq fœtus ; mais, au-delà de ce nombre, les récits des auteurs paraissent fabuleux. Dans ces grossesses multiples, le volume et le poids des fœtus sont en rapport avec leur nombre ; les jumeaux sont plus petits que les fœtus ordinaires ; les trijumeaux et les quadrijumeaux le sont bien davantage ; mais, quelle que soit leur dimension, ils sont chacun entourés par un amnios et un chorion particulier, et ont un placenta distinct. Aussi leur existence est-elle indépendante, au point que l'un peut mourir à une époque peu avancée de la grossesse, tandis que les autres continuent à se développer.

Rien ne porte à croire que dans les grossesses

multiples la fécondation ait eu lieu en deux ou trois fois différentes, et qu'il existe réellement des *superfétations*. Les histoires que l'on raconte à cette occasion sont loin de présenter le degré de certitude nécessaire dans une science de faits.

De l'accouchement.

Après sept mois révolus de grossesse, le fœtus a toutes les conditions pour respirer et pour exercer sa digestion, il peut donc se séparer de sa mère et changer de mode d'existence; il est rare cependant que l'accouchement arrive à cette époque : le plus souvent le fœtus reste encore deux mois entiers dans l'utérus, et ce n'est qu'après neuf mois révolus qu'il sort de cet organe.

On cite des exemples d'enfans qui sont nés après dix mois entiers de gestation, mais ces cas sont fort douteux, car il est très-difficile de savoir au juste l'époque de la conception. Notre législation actuelle consacre cependant le principe qu'un accouchement peut avoir lieu le 299ᵉ jour de la grossesse.

Rien de plus curieux que le mécanisme par lequel le fœtus est expulsé; tout s'y passe avec une précision admirable, tout semble avoir été calculé, prévu, pour favoriser son passage à travers le bassin et les parties génitales.

Les causes physiques qui déterminent la sortie

du fœtus sont la contraction de l'utérus et celle des muscles abdominaux ; sous leur puissance, le liquide de l'amnios s'écoule ; la tête du fœtus s'engage dans le bassin, le parcourt de bas en haut, et sort bientôt par la vulve dont les replis se sont effacés ; ces divers phénomènes ne se passent que successivement et durent un certain temps : ils sont accompagnés de douleurs plus ou moins vives, du gonflement et du ramollissement des parties molles du bassin et des parties génitales externes, et d'une sécrétion muqueuse abondante dans la cavité du vagin. Toutes ces circonstances, chacune à sa manière, favorisent le passage du fœtus.

Pour faciliter l'étude de cet acte compliqué, il faut le partager en plusieurs temps ou périodes.

Première période de l'accouchement. Elle se compose de signes précurseurs. Deux ou trois jours avant l'accouchement il se fait un écoulement muqueux par le vagin, les parties génitales externes se gonflent et deviennent plus molles, il en est de même des ligamens qui réunissent les os du bassin ; le col de l'utérus s'aplatit, son ouverture s'agrandit, ses bords deviennent plus minces ; de légères douleurs, connues sous le nom de *mouches*, se font sentir dans les lombes et dans l'abdomen.

Deuxième période. Des douleurs d'un genre

particulier se développent : elles commencent dans la région lombaire, et semblent se propager vers le col de l'utérus ou vers le fondement; elles ne se renouvellent qu'à des intervalles assez longs, tels qu'un quart d'heure ou une demi-heure. Chacune d'elles est accompagnée d'une contraction évidente du corps de l'utérus, et d'une tension manifeste de son col, avec dilatation de l'ouverture; le doigt, porté dans le vagin, fait reconnaître que les enveloppes du fœtus font une saillie qui devient de plus en plus considérable et se nomme *poche des eaux* : bientôt les douleurs deviennent plus fortes et les contractions de l'utérus plus énergiques; cette poche se rompt et une partie du liquide s'écoule; l'utérus revient sur lui-même et s'applique à la surface du fœtus.

Troisième période. Les douleurs et les contractions de l'utérus prennent un accroissement considérable : elles sont instinctivement accompagnées de la contraction des muscles abdominaux. D'ailleurs, la femme qui reconnaît leur efficacité est portée à les favoriser, en faisant tous les efforts musculaires dont elle est capable : son pouls devient alors plus élevé, plus fréquent; sa figure s'anime, ses yeux brillent, son corps tout entier est dans une agitation extrême, la sueur coule en abondance. La tête s'engage alors dans le bassin, l'occiput, placé d'abord au-dessus de la cavité cotyloïde gauche, est porté en dedans et en bas, et vient se placer au dessous et derrière l'arcade du pubis.

4e Période de l'accouchement.

Quatrième période. Après quelques instans de repos, les douleurs et les contractions expulsives reprennent toute leur activité; la tête se présente à la vulve, fait effort pour passer, et y parvient quand il arrive une contraction assez forte pour amener cet effet. Une fois la tête dégagée, le reste du corps suit facilement à raison de son volume moindre. On pratique alors la section du cordon ombilical, et on en fait la ligature à peu de distance de l'ombilic.

5e Période de l'accouchement.

Cinquième période. Si l'accoucheur n'a pas procédé à l'extraction du placenta immédiatement après la sortie du fœtus, au bout de quelque temps de petites douleurs se font sentir, l'utérus se contracte faiblement, mais avec assez de force pour se débarrasser du placenta et des membranes de l'œuf : cette expulsion porte le nom de *délivrance.* Pendant les douze ou quinze jours qui suivent l'accouchement, l'utérus revient peu à peu sur lui-même, la femme éprouve des sueurs abondantes, ses mamelles sont distendues par le lait qu'elles sécrètent ; un écoulement d'abord sanguinolent, puis blanchâtre, nommé *lochies,* qui se fait par le vagin, est l'indice que les organes de la femme reprennent peu à peu la disposition qu'ils avaient avant la conception.

Aussitôt qu'il est séparé de sa mère, et quelquefois même auparavant, l'enfant dilate sa poitrine, attire l'air dans ses poumons, qui se laissent graduellement distendre à mesure que les mouvemens d'inspiration se répètent : dès ce moment la respiration est établie et durera toute la vie. La distension du poumon par l'air permet au sang de l'artère pulmonaire de s'y diriger, et il en passe d'autant moins par le canal artériel, qui se rétrécit peu à peu, ainsi que le trou Botal, et finit par s'oblitérer. Le même phénomène a lieu à la partie abdominale de la veine et des artères ombilicales, qui se transforment en une espèce de ligament fibreux.

L'enfant naissant a de dix-huit à vingt pouces de longueur, et pèse de cinq à six livres. En général, le nombre des naissances des garçons est supérieur à celui des filles. La quantité d'enfant qui peuvent naître de la même mère n'excède point le nombre des vésicules contenues dans l'ovaire, c'est-à-dire, environ quarante.

De l'allaitement.

L'acte douloureux que nous venons d'étudier ne termine point le rôle que la nature a confié à la femme dans la génération; d'autres soins doivent être donnés par elle au nouveau-né : il faut qu'elle le garantisse contre les intempéries de l'air et des saisons ; qu'elle veille à sa conservation et à son éducation physique et morale ; enfin, elle doit lui fournir son premier aliment, le seul qui soit en rapport avec la faiblesse de ses organes.

Des ma-
melles.Cet aliment est le *lait* ; il est sécrété par les mamelles, dont le nombre, la forme et la situation sont des caractères distinctifs de l'espèce humaine. Leur parenchyme est tout-à-fait distinct de celui des autres organes sécréteurs. Chaque mamelle a douze ou quinze canaux excréteurs qui s'ouvrent au sommet et sur les côtés du *mamelon*. Les artères qui se rendent aux mamelles sont peu volumineuses, mais très-multipliées ; les vaisseaux lymphatiques y abondent, ainsi que les nerfs : aussi jouissent-elles d'une vive sensibilité. Le mamelon, en particulier, est très-sensible, et susceptible d'un état analogue à l'érection.

Jusqu'à l'époque de la fécondation, les mamelles sont inactives, ou du moins n'exercent aucune sécrétion apparente ; mais, dès les premiers temps de la grossesse, la femme y ressent des picotemens, des élancemens particuliers, ces organes se gonflent. Au bout d'un certain temps, surtout quand la fin de la gestation approche, le mamelon laisse écouler un fluide séreux, quelquefois très-abondant, et qui est appelé *colostrum*. La sécrétion a souvent les mêmes caractères pendant les deux ou trois jours qui suivent l'accouchement, mais le lait, proprement dit, ne tarde pas à paraître, et c'est le liquide que fournissent les mamelles jusqu'à la fin de l'allaitement.

Le lait est une des liqueurs glanduleuses les plus azotées ; sa couleur, son odeur et sa saveur sont connues de tout le monde : d'après M. Berzélius, il est composé de crême et de lait proprement dit. Ce dernier contient : eau, 928,75 ; fromage avec une trace de sucre, 28,00 ; sucre de lait, 35,00 ; muriate de potasse, 1,70 ; phosphate, 0,25 ; acide lactique, acétate de potasse et lactate de fer, 6,00 ; phosphate de chaux, 0,30. La crême contient : beurre, 4,5 ; fromage, 3,5 ; petit-lait, 92,0, où l'on trouve 4,4 de sucre de lait et de sel.

Depuis long-temps on a observé que la quantité et la nature du lait changent avec la quantité et la nature des alimens, et c'est ce qui a donné lieu à l'opinion bizarre que les lymphatiques étaient les vaisseaux destinés à apporter aux mamelles les matériaux de leur sécrétion ; mais il en est du lait comme de l'urine qui varie de propriété suivant les substances solides ou liquides introduites dans l'estomac. Par exemple, le lait est plus abondant, plus épais, moins acide, si la femme est nourrie avec des matières animales ; il est moins abondant, moins épais et plus acide, si elle a fait usage de végétaux. Le lait prend aussi des qualités particulières si la femme a pris des substances médicamenteuses; il devient purgatif, par exemple, si elle a fait usage de rhubarbe ou de jalap, etc.

La sécrétion du lait se prolonge jusqu'à l'époque où les organes de la mastication de l'enfant auront acquis le développement nécessaire à la digestion des alimens ordinaires; elle ne cesse que dans le courant de la seconde année.

Quoique la sécrétion du lait semble propre à la femme accouchée, elle a été vue quelquefois sur de jeunes vierges, et même chez l'homme (1).

DU SOMMEIL.

En terminant l'histoire des fonctions de relation, nous avons dit que ces fonctions étaient périodiquement suspendues; nous avons ajouté que, durant cette suspension, les fonctions nutritives

(1) Je n'ai pas cru convenable d'introduire dans cet ouvrage, simple abrégé de la science, une description spéciale des âges, des sexes, des tempéramens, des caractères zoologiques de l'homme, des variétés de l'espèce humaine, etc.: ces considérations sont du ressort de l'hygiène et de l'histoire naturelle. — Voyez les articles HYGIÈNE de l'*Encyclopédie méthodique*, et le nouvel ouvrage de M. Cuvier, sur le *Règne animal*.

et génératrices étaient modifiées : le moment est *Du som-*
venu d'examiner ces phénomenes.

Lorsque l'état de veille s'est prolongé seize ou dix-
huit heures , nous éprouvons un sentiment général
de fatigue et de faiblesse; nos mouvemens deviennent plus difficiles, nos sens perdent leur
activité, l'intelligence elle-même se trouble, reçoit avec inexactitude les sensations, et commande avec difficulté à la contraction musculaire. A ces signes, nous reconnaissons la nécessité de nous livrer au *sommeil;* nous choisissons
une position telle, qu'il faille peu ou point d'efforts pour la conserver; nous recherchons l'obscurité et le silence, et nous nous abandonnons à
l'assoupissement.

L'homme qui s'assoupit perd successivement
l'usage de ses sens; c'est d'abord la vue qui cesse
d'agir par le rapprochement des paupières, l'odorat ne s'endort qu'après le goût, l'ouïe qu'après
l'odorat, et le tact qu'après l'ouïe; les muscles des
membres se relâchent, et cessent d'agir avant ceux
qui soutiennent la tête, et ceux-ci avant ceux de
l'épine. A mesure que ces phénomènes se passent,
la respiration devient plus lente et plus profonde;
la circulation se ralentit; plus de sang se porte à
la tête; la chaleur animale baisse; les diverses sécrétions deviennent moins abondantes. Cependant
dant l'homme plongé dans cet état n'a point en-

core perdu le sentiment de son existence ; il a la conscience de la plupart des changemens qui se passent en lui, et qui ne sont pas sans charmes ; des idées plus ou moins incohérentes se succèdent dans son esprit ; enfin il cesse entièrement de sentir qu'il existe, il est *endormi*.

Pendant le sommeil, la circulation et la respiration restent ralenties, ainsi que les diverses sécrétions ; par suite, la digestion se fait avec moins de promptitude. J'ignore sur quel fondement plausible la plupart des auteurs disent que l'absorption seule acquiert plus d'énergie. Puisque les fonctions nutritives continuent dans le sommeil, il est évident que le cerveau n'a cessé d'agir que comme organe de l'intelligence et de la contraction musculaire, et qu'il continue d'influencer les muscles de la respiration, le cœur, les artères, les sécrétions et la nutrition.

Le sommeil est *profond* quand il faut employer des excitans un peu forts pour le faire cesser, il est *léger* quand il cesse facilement.

Tel qu'il vient d'être décrit, le sommeil est complet, c'est-à-dire, qu'il résulte de la suspension d'action des organes de la vie de relation, et de la diminution d'action des fonctions nutritives ; mais il n'est pas rare que plusieurs organes de la vie de relation conservent leur activité pendant le sommeil, comme il arrive quand on dort debout ;

il est fréquent aussi qu'un ou plusieurs sens restent éveillés, et transmettent au cerveau des impressions que celui-ci perçoit; il est encore plus
fréquent que le cerveau prenne connaissance des
diverses sensations internes qui se développent
pendant le sommeil, tels que besoins, désirs, douleur, gêne, etc. L'intelligence elle-même peut
s'exercer chez l'homme endormi, soit d'une manière irrégulière et incohérente comme dans la
plupart des rêves, soit d'une manière conséquente
et régulière, comme cela se rencontre chez quelques individus heureusement organisés.

La direction que prennent les idées dans le sommeil, ou la nature des rêves, dépend beaucoup de
l'état des organes; l'estomac est-il surchargé d'a-
limens indigestes, la respiration est-elle difficile
par la position, ou d'autres causes, les rêves sont
pénibles, fatigans; la faim se fait-elle sentir, on
rêve qu'on se repaît d'alimens agréables; est-ce
l'appétit vénérien, les rêves sont érotiques, etc.
Les occupations habituelles de l'esprit n'ont pas
moins d'influence sur le caractère des songes;
l'ambitieux rêve ses succès ou ses disgrâces, le poëte
fait des vers, l'amant voit sa maîtresse, etc. C'est
parce que le jugement s'exerce quelquefois dans
toute sa rectitude durant les rêves relativement
aux événemens futurs, que dans des temps d'ignorance on a accordé à ceux-ci le don de la divination.

Rien de plus curieux dans l'étude du sommeil que l'histoire des *somnambules*. Ces individus d'abord profondément endormis, se lèvent tout à coup, s'habillent, entendent, voyent, parlent, se servent de leurs mains avec adresse, se livrent à différens exercices, écrivent, composent, puis se remettent au lit, et ne conservent à leur réveil aucun souvenir de ce qui leur est arrivé. Quelle différence y a-t-il donc entre un somnambule de cette espèce et un homme éveillé? une seule bien évidente, l'un a la conscience de son existence, l'autre en est privé.

Nous n'irons point, à l'exemple de certains auteurs, rechercher la cause prochaine du sommeil, et la trouver dans l'affaissement des lames du cervelet, l'afflux du sang au cerveau, etc. Le sommeil, effet immédiat des lois de l'organisation, ne peut dépendre d'aucune cause physique de ce genre. Son retour régulier est une des circonstances qui contribuent le plus à la conservation de la santé; sa suppression, pour peu qu'elle se prolonge, a souvent des inconvéniens graves, et dans tous les cas ne peut être portée au-delà de certaines limites.

La durée ordinaire du sommeil est variable; en général elle est de six à huit heures : les fatigues du système musculaire, les fortes contentions d'esprit, les sensations vives et multipliées

le prolongent, ainsi que l'habitude de la paresse,
l'usage immodéré du vin et des alimens trop sub-
stantiels. L'enfance et la jeunesse, dont la vie de
relation est très-active, ont besoin d'un repos
plus long ; l'âge mur, plus avare du temps et plus
tourmenté de soucis, s'y abandonne moins ; les
vieillards présentent deux modifications opposées,
ou bien ils sont dans une somnolence presque
continuelle, ou bien ils dorment peu et d'un sommeil très-léger, sans qu'il faille en trouver la
raison dans la prévoyance qu'ils ont de leur fin
prochaine.

Par un sommeil paisible, non interrompu, et
restreint dans les limites convenables, les forces se
réparent et les organes récupèrent l'aptitude à
agir avec facilité ; mais si des songes pénibles,
des impressions douloureuses troublent le sommeil, ou simplement s'il est prolongé outre mesure, bien loin d'être réparateur, il épuise les
forces, fatigue les organes, et devient quelquefois
l'occasion de maladies graves, telles que l'idio-
tisme et la folie.

DE LA MORT.

L'existence individuelle de tous les corps organisés est temporaire ; aucun n'échappe à la dure
nécessité de cesser d'être ou de mourir; l'homme
subit le même sort. L'histoire particulière des

De la mort. fonctions nous a fait voir que dès les premiers temps de la vieillesse, et quelquefois auparavant, les organes se détériorent, que plusieurs cessent complétement d'agir; que d'autres sont absorbés et disparaissent; qu'enfin, dans la décrépitude, la vie est réduite à quelques restes des trois fonctions vitales, et à quelques fonctions nutritives détériorées; dans cet état, la moindre cause extérieure, le plus petit coup, la chute la plus légère, suffisent pour arrêter l'une des trois fonctions indispensables à la vie, et la mort arrive immédiatement, comme le dernier degré de la destruction des organes et des fonctions.

Mais un très-petit nombre d'hommes arrivent à cette fin qu'amènent les seuls progrès de l'âge. Sur un million d'individus, à peine quelques-uns y parviennent : le reste meurt à toutes les époques de la vie, d'accidens ou de maladies, et cette grande destruction d'individus par des causes en apparence éventuelles, paraît entrer aussi bien dans les vues de la nature, que les précautions prises par elle pour assurer la reproduction de l'espèce.

BIBLIOTHÈQUE ROYALE

TABLE DES MATIÈRES

CONTENUES DANS CE VOLUME.

FIN DE LA TABLE.

De l'Imprimerie de CELLOT, rue des Grands-Augustins, n° 9.

www.ingramcontent.com/pod-product-compliance
Lightning Source LLC
Chambersburg PA
CBHW051250060726
47596CB00001B/52